MATTHEW MOCKRIDGE
**DEIN NÄCHSTES GROSSES DING**

**Bibliografische Information der Deutschen Nationalbibliothek:** Die Deutsche Nationalbibliothek verzeichnet diese Publikation in der Deutschen Nationalbibliografie; detaillierte bibliografische Daten sind im Internet über http://dnb.d-nb.de abrufbar.

ISBN 978-3-86936-692-0
**Lektorat:** Dr. Sandra Krebs, GABAL Verlag GmbH, Offenbach **Umschlaggestaltung:** Florian Eckelmann (KEEN Holding) mit Martin Zech Design, Bremen I www.martinzech.de **Satz und Layout:** Martin Zech Design, Bremen I www.martinzech.de **Druck und Bindung:** Salzland Druck, Staßfurt © **2016 GABAL Verlag GmbH, Offenbach.** Alle Rechte vorbehalten. Vervielfältigung, auch auszugsweise, nur mit schriftlicher Genehmigung des Verlages.

www.gabal-verlag.de
www.facebook.com/Gabalbuecher
www.twitter.com/gabalbuecher

MATTHEW MOCKRIDGE

# NÄCHSTES
# GROSSES
# DING

**DEIN**

### GUTE IDEEN AUS DEM NICHTS ENTWICKELN

MIT EINEM VORWORT VON BILL MOCKRIDGE

GABAL

# 1

# 4

# 5

# Vorwort von Bill Mockridge

Es ist ganz erstaunlich: Kurz nach der Geburt eines Kindes bekommt man das Gefühl, dass dieser winzig kleine Mensch, der erst vor einer Stunde das Licht der Welt erblickt hat, schon als ganze Person komplett fertig ist. Natürlich weiß man, dass die Erziehung, die Umgebung und vor allem die Freunde ihren Einfluss auf die Entwicklung dieser Person haben werden, und trotzdem wird man das Gefühl nicht los: Die Persönlichkeit dieses kleinen Menschen ist schon vollendet.

Genauso war es mit Matthew: Seine Geburt war schnell und unkompliziert, und als Säugling wirkte er schon hellwach und neugierig auf alles. Er war bereits als Kind in der Schule ein »natural born leader«, aber anstatt selber im Mittelpunkt zu stehen, war er eher damit beschäftigt, anderen zu helfen, sie zu fördern und ins Rampenlicht zu stellen. Aus diesem Grund hat es mich nicht überrascht, als er mir erzählte, dass er einen Ratgeber für Jungunternehmer schreiben wolle, um ihnen auf dem Weg durch die ersten Geschäftsjahre zu helfen.

Ich gab ihm den Rat, seine Informationen kurz und prägnant zu halten. Mir wurden in den letzten Jahren viele unterschiedliche Projekte angeboten und ich entwickelte schnell eine Taktik, um gute Ideen von schlechten zu unterscheiden. Meinem Gegenüber habe ich gesagt: »Sie haben 59 Sekunden, um mich zu überzeugen.« Kurz, knapp und auf den Punkt. Wer das konnte, hatte meine ungeteilte Aufmerksamkeit. Wer nicht, der kam bei mir nicht weiter. Ich bin fest davon überzeugt, dass viele Inhalte gar nicht so kompliziert sind, wie manche glauben, sondern das Komplizierte liegt eher an ihrer Vermittlung. Man kann einfache Dinge sehr kompliziert und komplizierte Dinge sehr einfach sagen. Worauf es ankommt: Du musst von deiner Idee überzeugt und begeistert sein und sie in zwei Sätzen beschreiben können.

Volles Haar

- 1998 -

Ich hatte vor 34 Jahren eine Idee, von der ich total begeistert war, und diese Idee hat mein Leben vollkommen verändert. Ich wollte Anfang der Achtzigerjahre das Improvisationstheater, das ich bestens aus Nordamerika kannte, nach Deutschland importieren und hier produzieren. Damals wechselte ich als Schauspieler von der Bühne auf die Produktionsseite und fing an, bundesweit Comedy-Shows zu produzieren. Die Umstellung vom Künstler zum Geschäftsmann fiel mir nicht leicht. Ich hatte immer so viele Fragen, die mir Freunde und Fachleute, so gut es ging, zu beantworten versuchten, aber ich merkte, dass mir das Fachwissen an allen Ecken und Enden fehlte. Was hätte ich damals für einen guten und wirklich fundierten Ratgeber gegeben, der mir kurze und präzise Antworten auf meine Fragen gegeben und Lösungen für meine Probleme geboten hätte! Ein Regelwerk, das mir kurz-, mittel- und langfristig die Möglichkeit gibt, mein Projekt immer wieder neu zu evaluieren. Ein Buch, das mir hilft, ein wirklich gutes Team zusammenzustellen, auf das ich mich verlassen kann und mit dem ich mich weiterentwickeln möchte.

Ich finde, Matthew ist es gelungen, mit *Dein nächstes großes Ding* ebendiesen fundierten, aber auch saucoolen Ratgeber für Jungunternehmer zu schreiben.

- 2015 -

Komplizierte Sachverhalte werden hier durch die Zerlegung in Einzelteile sofort verständlich und beherrschbar, und viele praktische Tipps kann man unmittelbar anwenden. Das Buch ist übersichtlich gegliedert und sehr sinnvoll strukturiert, sodass du es auch als Nachschlagewerk immer wieder zur Hand nehmen kannst, wenn Probleme auftauchen und du nach Lösungen suchst. So war es bei mir: Ich habe es beim ersten Mal in einem Rutsch durchgelesen und danach in das Regal direkt über meinem Schreibtisch an vorderste Stelle gelegt, mit dem Hinweis: »Schau öfter mal rein!«

Also, wenn du ein junger Mensch mit super Ideen und viel Energie bist und mit deinem Unternehmen auf dem heutigen Markt einen durchschlagenden Erfolg erzielen willst, dann kann ich dir kein besseres Buch empfehlen als *Dein nächstes großes Ding*. Das ist einfach so!

Ich bin jetzt tierisch gespannt auf *Dein nächstes großes Ding!*

**HAU REIN!**
**BILL MOCKRIDGE**

## LET THE SHOW
## BEGIN

Erster Akt: Das Cover dieses Buches ist in Blau/Rot gestaltet. Warum? Weil meine Generation durch Facebook über die letzten fünf Jahre hinweg darauf konditioniert wurde, diese Farbkombi mit der Freude über eine »Neuigkeit« zu verbinden – so wie bei einer neuen Facebook-Nachricht. Dieser unterbewusste Dopamin-Trigger erhöht die Pick-up-Rate im Buchladen beziehungsweise die Klickrate im Online-Shop. An dieser Stelle gilt mein Dank also Mark Zuckerberg: Thanks for the Brain-Ninja, Buddy!

# STARTING
## UP

Respekt für die Tatsache, dass du dieses Buch in deinen Händen hältst – das sagt mir viel über dich. Ich weiß jetzt, dass du mehr willst, hungrig bist, zu den wenigen gehörst, die wirklich etwas bewegen wollen und nicht nur reden. Das begeistert mich und ich bin jetzt schon ein Fan von dir!

# Intro

Es ist immer schon meine Faszination gewesen, Menschen wie dir und mir verstehen zu helfen, wie Dinge funktionieren. Scheinbar unerklärliche Erfolge zu analysieren, auf ihre einzelnen Bestandteile herunterzubrechen, wirklich zu begreifen und duplizierbar zu machen. Das ist meine Passion.

Meine eigenen und fremde, bewiesene und erprobte Ideen, Mechanismen und Methoden dienten bei der Recherche zu diesem Buch als Variablen in einer Serie von Formeln und Applikationen, die ich aus immer wiederkehrenden Mustern ableiten konnte. Ich hoffe, du lässt mich dein Übersetzer und Wegweiser sein, und zusammen entschlüsseln wir die Komplexität erfolgreicher Kreativität: Wir bahnen uns einen Pfad durch diesen dichten Dschungel auf dem Weg zu deiner nächsten wirklich guten Idee und deinen unentdeckten Fähigkeiten – auf dem Weg zu deinem nächsten großen Ding!

Ich nehme dich an die Hand während deiner Reise durch 60 Killer-Applikationen, die auch dir die Möglichkeit geben werden, bahnbrechende Ideen zu produzieren, unerwartete Leistungen abzurufen und Dinge zu realisieren, die dein Leben verändern können, genauso wie sie mein Leben für immer verändert haben. Praktische, taktische Werkzeuge wie in Kapitel 3 geben dir die Möglichkeit, sofort Ideen zu generieren – stell dir das mal vor! Ein ganz neues Mindset auf Basis systematischer Erfolgsgedanken und einer ganzen neuen Anordnung deiner neuronalen Denkwege in Kapitel 4 wird dir Perspektiven eröffnen, die dich deine Welt mit ganz neuen Augen sehen lassen werden.

Aber, warte! Widersteh der Versuchung, jetzt gleich schon einige Kapitel zu überspringen, denn hier geht es um mehr als nur um Werkzeuge, hier geht es um einen kompletten Shift in deiner aktuellen Wahrnehmung. Wir konfigurieren die kreative Denkleistung deines Gehirns komplett neu. Hier geht es nicht um Stärke, sondern um Effizienz und Effektivität. Wir durchleuchten, welche Gedanken du zu dir durchdringen und reifen lässt und wie du nicht nur Mechanismen richtig einsetzt, sondern auch die richtigen Mechanismen fokussierst. Am Ende dieses Buches wirst du Chancen, Ideen und Potenziale sehen, wo andere nur Probleme vorfinden. Und das, ohne es erst lang üben zu müssen – es passiert ganz automatisch. Kannst du dir vorstellen, an welche unglaublichen Orte dich auch nur eine einzige wirklich gute Idee führen kann? Wie wirst du dich fühlen, wenn du wie ein Zauberer Dinge aus dem Hut ziehst, die Menschen glücklich machen und staunen lassen? Das ist die Reise deines Lebens – als Mensch und Unternehmer! Auf geht's Amigo, let's do this!

Warum du dieses Buch lesen solltest (vor allem wenn du denkst, dass du unkreativ bist, Lernprobleme oder keine guten Ideen hast – so denken übrigens die meisten Menschen über sich, so dachte ich auch, also, keine Sorge!): *Dein nächstes großes Ding* bezieht sich nicht nur auf Ideen, es berührt alle Teile deines Wesens. Versteh die verschiedenen Applikationen und Berührungspunkte mit deinem besten Leben wie die Fäuste eines Weltklasse-Boxers. Ich werde dir im Laufe der kommenden Kapitel immer wieder sehr viel, sehr dicht geballtes Wissen und harte Theorie anbieten. Das tue ich, weil ich möchte, dass du ein Maximum an praktischen Handlungsschritten mitnehmen kannst, in der kürzesten Zeit und auf dem schnellsten Weg. Nimm die Flut an Strategie und Taktik wie ein Boxer in seinen Kampfstil auf. Lerne Schritt für Schritt, eine Bewegung nach der anderen. Zuerst nur die Deckung, bis sie komplett undurchdringlich ist, dann nur die Linke, bis sie perfekt wird, dann nur die Rechte, so lange, bis sie immer trifft. Dann geh über zu Kombinationen, zu Rechts-links-Folgen, zum Ducken, rechts, links, zu Haken und zur Beinarbeit. Werde allmählich der Muhammad Ali deiner ganz persönlichen Entwicklung, nimm jede neue Applikation ganz bewusst in deine Routinen auf, gib dir und den neuen Abläufen Zeit, wirklich ein Teil zu werden. Werde ein Boxer, dessen Kampfstil hart und doch ruhig, gefestigt und doch schnell ist, lern jede Bewegung ganz in Ruhe, werde eins mit deinem neuen Wissen, überstürz es nicht, gib dir Zeit.

»SCHWEBE WIE EIN
SCHMETTERLING,
STICH WIE EINE BIENE.«
MUHAMMAD ALI

# LEBEN

**Du wirst lernen, wie du dein bestes Leben lebst
und wie dieses Leben dir Ideen schenkt!**

Ideenreichtum und Kreativität sind immer Produkt
eines Lebens, das dich herausfordert, Spaß
macht, dich überrascht, weiterentwickelt und
erfüllt. Die Applikationen in diesem Buch, die
scheinbar dazu dienen, großartige Ideen zu
generieren, werden vor allem auch die Basis für
dein bestes Leben schaffen, voller Abenteuer und
innerlicher Erfüllung. Deine nächste große Idee
beginnt mit Antritt deines nächsten großen
Lebensabschnitts, voller neuer Erkenntnisse
und Perspektiven, du wirst dein »altes« Leben
nicht wiedererkennen und deine Reise wird
dich glücklich machen.

# LIEBE

**Du wirst verstehen, wie eine einzige Idee
dich zu ganz besonderen Menschen führen
kann und wie es weitergeht!**

Ideen sind Fortbewegungsmittel. Eine einzige
Idee, eine einzige neue Erkenntnis kann dich an
unerwartete Orte führen, mit ganz neuen Menschen in Berührung bringen, deine Passion und
Leidenschaft sichtbar machen (auch für andere
Menschen) und dich Situationen »aussetzen«,
die du sonst niemals erleben würdest. Dass in
dieser neu gefundenen Welt auch ganz neue
Bekanntschaften auf dich warten, muss nicht
eigens gesagt werden. Deine Träume zu leben
ist attraktiv, es gleicht dich aus und macht
dir klar, was du wirklich brauchst in deinem
Leben. Einen Menschen zu finden, während du
etwas tust, das du liebst, ist immer etwas
Besonderes und garantiert dir schon gleich zu
Beginn eurer Bekanntschaft eine Schnittmenge
aus Interessen und Werten.

## BUSINESS

**Deine Ideen formen dein Business!**

Kreative Denkwege sind die neuronalen Auto-
bahnen und Hauptverkehrsknoten für deinen
Erfolg im Geschäft. Über die richtige oder falsche
Idee kommst du unaufhaltsam zum Business
deines Lebens. Es gibt keine Fehler, nur einen
unvergesslichen Weg. Eine einzige Idee
hat mein Leben als Mann und Geschäftsmann
komplett verändert.

## FREUNDSCHAFT

**Du wirst ein Freund werden für viele!**

Eine Idee verbindet Menschen, im eigenen Team
und innerhalb der Zielgruppe. Eine einzige Idee
wird immer auch ein Feuerwerk an neuen sozialen
Kontakten am Himmel explodieren lassen. Du
wirst dich entwickeln, deine Freundschaften und
Kontakte wachsen mit dir, deine Idee wird zum
Motor deines sozialen Umfelds. Am Beispiel meiner Story und der ihr zugrunde liegenden Freundschaft zwischen meinen drei besten Freunden
und mir sprechen wir über die Bedeutung der
Menschen, die du wirklich in dein Leben lässt.

## FITNESS

**Du wirst richtig stark!**

Fitness bedeutet, ein Leben zu führen, in dem du
deine körperlichen und geistigen Potenziale
maximierst. Deine Idee wird immer nur so gut, wie
dein Körper die Idee pushen kann. Wir werden uns
die Grundelemente von wirklich gutem, gesundem
Fitnesstraining anschauen und immer wieder
die unverkennbaren Parallelen zur Kreativität und
zum Business verdeutlichen. Ich habe dieses Buch
auch geschrieben, weil ich will, dass du in
die Form deines Lebens kommst, nicht nur am
Schreibtisch!

### GESUNDHEIT

**So bleibst du wirklich lang auf Sendung!**

Gesundheit ist Freiheit! Während ich diese Zeilen schreibe, habe ich Menschen im Kopf, die mehr vom Leben wollen. Wer mehr will, muss auch mehr geben, verzichten und fest zupacken, Welle machen. Deine Gesundheit ist die Basis für jeden nächsten Schritt und ermöglicht dir erst deine mentale und zeitliche Freiheit, aus deren Mitte heraus du geniale Ideen entwickeln wirst.

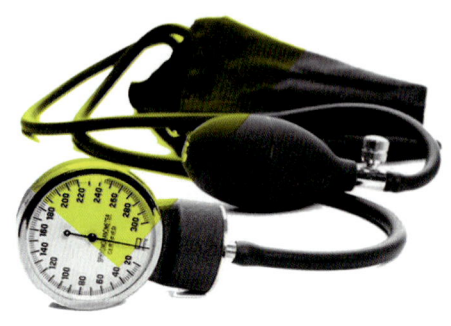

### FINANZEN

**Geld wird zu einem Werkzeug,
das du wirklich beherrschen wirst!**

Ohne Geld taugt die beste Idee nicht, daher werden wir ganz genau hinschauen, was mit der Kohle passiert, die in deine Ideen fließt. Wir werden klare Parameter aufstellen, Regeln entwickeln und den Cashflow schützen wie ein Vater seine Kids.

### ZEIT

**Deine Tage werden unvergleichlich,
jetzt fängst du an zu leben!**

Zeit ist deine wertvollste Ressource. Deine Zeit bekommst du niemals wieder. Verlorenes Geld kannst du wieder verdienen, Fehler berichtigen und dich bei Menschen entschuldigen. Aber verschwendete Zeit ist die größte Respektlosigkeit gegenüber deinem eigenen Potenzial. Ich habe effektive Timing-Hacks in diesem Buch zusammengefasst, um dir maximalen Wert pro investierter Zeiteinheit zu sichern.

# DAMALS
# HEUTE

## 1986

Ich werde in Bonn geboren, der zweite von
sechs Jungs, meine Eltern sind Schauspieler.
Kreativität und Künstlertum sind Teil
meiner frühsten Kindheit.

## 1993

In der Grundschule verkaufe ich nach Karneval
meine Süßigkeiten und arbeite nebenbei als
Bandenchef. Meine italienische Oma übernimmt
zu dieser Zeit große Teile meiner Erziehung, meine
Eltern arbeiten viel und hart: Ich verstehe
den Wert von Familie, Religion, Respekt und
echter, selbstständiger Arbeit, die Träume erfüllt.
Noch heute rufe ich meine Oma jeden Tag an
und besuche sie einmal in der Woche – ein
unbeschreiblich gutes Gefühl.

## 1997

Ich komme aufs Gymnasium, eine katholische Jungenschule. Ich lerne
Latein. Gebet vor jeder Stunde, jeden Dienstag Gottesdienst, samstags
gibt es auch Unterricht. Sport ist ganz wichtig. Ich lerne Disziplin,
Ordnung, Fleiß, Rudelpsychologie und sehr wenig Mathe.

## 2000

Ich bin 13 Jahre alt und versuche während des großen Handy-Hypes,
mit dem Kommunionsgeld von meiner Oma 800 Mobiltelefone von China
nach Deutschland zu importieren. Das Geld ist weg, die Telefone
kommen nie an. Ich schließe mein Import/Export-Business und verdiene
mir meine ersten Sporen in der wichtigsten Unternehmerlektion meines
Lebens: hinfallen, wieder aufstehen, umdenken. Ich suche weiter, finde
einen Zulieferer, der tatsächlich günstig Telefone liefert, kaufe aber
nichts ein (mein Kommunionsgeld ist ja weg), sondern verstehe, dass
andere Menschen sicherlich auch ein Import/Export-Business haben
wollen. Also verkaufe ich den Händlerkontakt an interessierte Kids
aus der Nachbarschaft, die schnelles »Handy-Money« verdienen wollen.
Ich bekomme Geld für eine E-Mail-Adresse – mein unternehmerisches
Denken hat sich für immer verändert.

# 2006

Abitur mit den Leistungskursen Sport und Englisch, haha: Ich spreche
fließend Englisch (durch meinen kanadischen Vater), und Sport ist
meine große Passion (in den letzten Jahren habe ich dreimal pro Woche
fanatisch im Basketballverein gespielt). Ich bin die letzten zwei Schul-
jahre kaum anwesend, nicht aus Faulheit, sondern purer Effizienz, und
schaffe mein Abitur trotzdem. Ich systematisiere meine Leidenschaft für
bestmögliche Ergebnisse bei minimalem Input. Noch während der Abi-
Prüfungen ziehe ich von zu Hause aus und werde für eine Boygroup
gecastet. Nach einem Jahr voller peinlicher Tanzschritte, BRAVO-Titel-
seiten und herzzerreißenden Balladen verlasse ich die Band und fange
an, Business zu studieren, weil ich im letzten Jahr mehr mit Platten-
label-Bossen, Verlegern und Managern gesprochen habe als mit meinen
Bandkollegen: Business ist meine Musik, ich will nichts anderes hören!

# 2012

Ich schließe in Miami, USA, mein Studium (Inter-
national Business and Management) ab, bin
Mitglied einer Studentenverbindung, werde zum
Senator des College of Business gewählt und
später für den Young Business Alumni »Hall of
Fame« Award nominiert – das Uni-System der
USA ist gut zu mir, eine wirklich tolle Erfahrung.
In der Zwischenzeit habe ich aus meinem
13-Quadratmeter-Uni-Zimmer heraus mit meinen
drei besten Freunden zwei Firmen aufgebaut.
Eine davon ist NEONSPLASH – Paint-Party®, eine
verrückte Idee, die später unser erster richtiger
Hit werden wird! Damals füllen wir noch jede
Flasche Farbe selber ab.

Mr.
Paint
-2011-

Positive workethics

Unterdruck

state of the art
Abfüllstutzen

efficient Resource
allocation

## 2014

Mittlerweile sind mit ZOMBIE RUN® und City Slide® neue Konzepte gefolgt und es scheint, als würde jedes Wochenende irgendwo in Europa eine unserer Shows stattfinden. Von Ibiza bis Amsterdam erleben unsere Gäste immer wieder unvergessliche Momente. Meine Jungs und ich wohnen zusammen, arbeiten hart, reisen viel, lachen viel, leben unseren Traum!

Ich werde neuerdings immer wieder gefragt: »Wie geht so was, wie lebt man so wie du?« Also setze ich mich hin und schreibe ein Buch.

## MATTHEWS Q&A

**Was wenige über mich wissen:**

- **Ich dusche immer eiskalt.**
- **Musik:** situationsabhängig. Gym/Club: elektronisch. Work/Focus: Klassik. Unter der Dusche: 90's Pop. Im Auto, beim Spazieren und beim Kochen: Hörbücher/Podcast
- **Essen:** gesund (Sushi/Thai/Salat/Italienisch)
- **Urlaub:** Muskoka, Kanada
- **Coke oder Pepsi:** stilles Wasser
- **Schwäche:** Ich kann nur sehr schwer »Nein« zu neuen Chancen sagen, dadurch bin ich nicht immer voll fokussiert. Wichtig: If it's not a hell yes, it's a no!

- **Stärke: Disziplin.** Ich bin nie der Beste/Intelligenteste/Stärkste/Talentierteste gewesen, aber ich arbeite immer härter und kontinuierlicher, als jeder von mir erwarten könnte. Create winning habits!
- **Stolzester Unternehmer-Moment:** mit meinen drei besten Freunden eine gleichberechtigte Geschäftspartnerschaft einzugehen.
- **Aha-Erlebnis:** Das Leben funktioniert von innen nach außen.
- **Bester Rat:** Finde etwas, das du liebst, und du musst nie wieder arbeiten (thanks, Dad).
- **Buch:** *The Monk Who Sold His Ferrari –* Robin Sharma
- **Film:** *Das Leben ist schön*
- **Zitat:** »Sei du selbst die Veränderung, die du dir wünschst für diese Welt!« Gandhi

MIT FREUNDEN MACHT MAN KEINE GESCHÄFTE

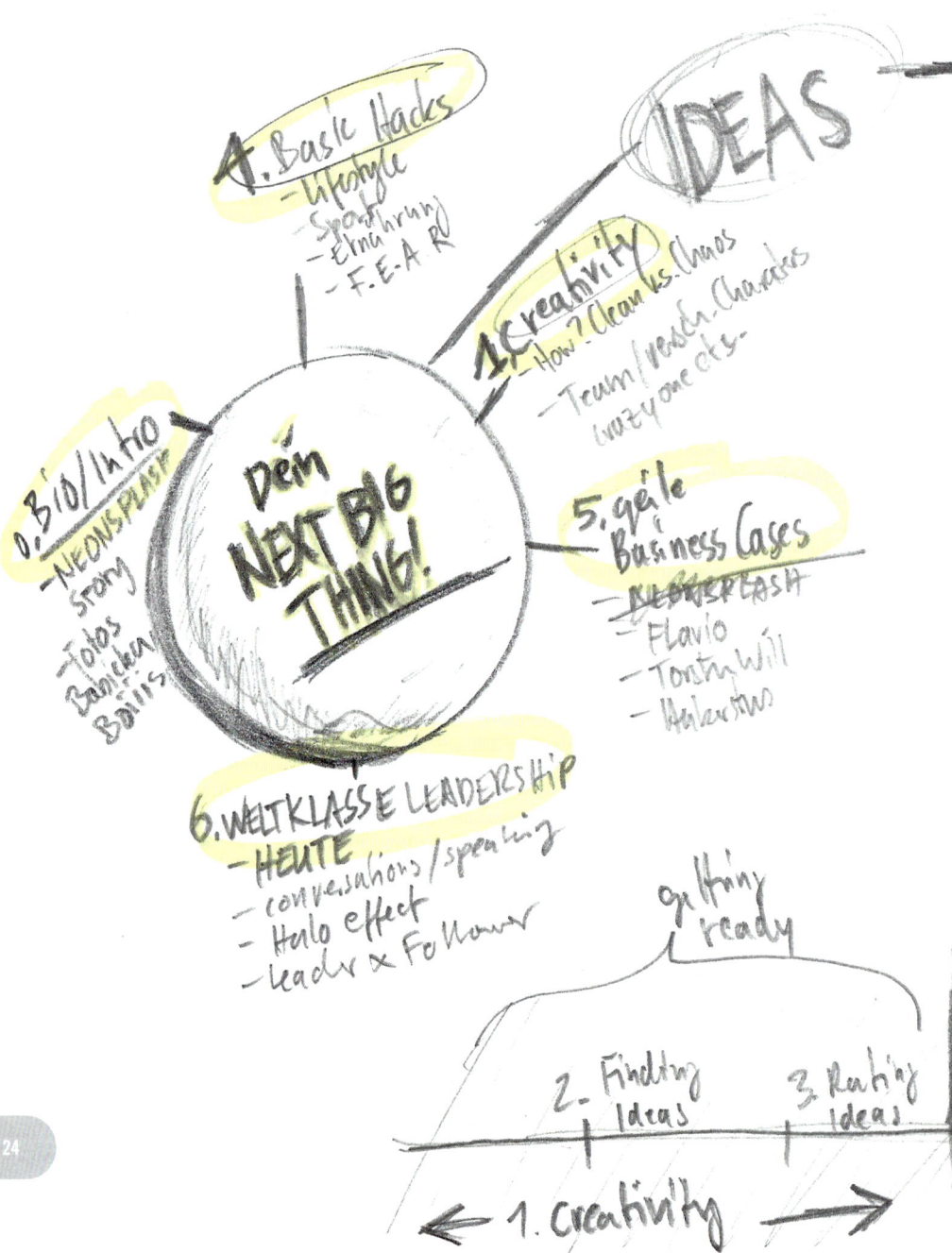

## 2. FINDING IDEAS
- Brainstorming
- Divergent / Convergent $\langle \overset{\cdot}{\cdot} \rangle \twoheadrightarrow$

## 3. RATING IDEAS!
- Kritiker
- Bei 100 anfangen!
- System vs. Mensch

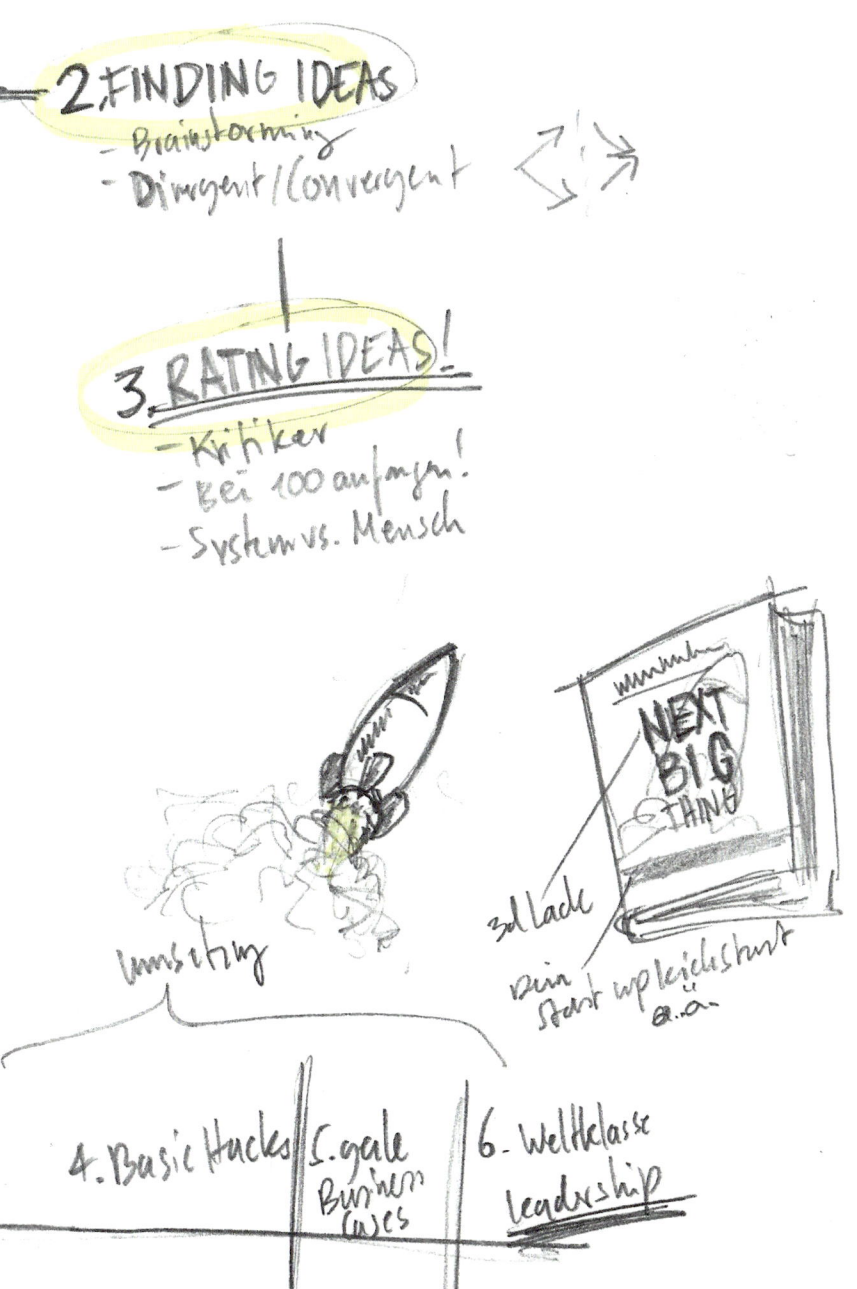

NEXT BIG THING

3d Lack

Bein Start wp leichshurt @..a..

Umsetzing

4. Basic Hacks | 5. geile Business Cases | 6. Weltklasse Leadership

# Wie dieses Buch funktioniert

Zwei Prinzipien, die ich für deinen Erfolg konstruiert habe:

Mein einziges Ziel in diesem Buch ist, dir zu helfen und dir schnellstmöglich den größten RoI (Return on Investment, im Hinblick auf Zeit und Geld) zu generieren, der nur irgendwie möglich ist.

Während meiner Recherche zur Basis und zur Struktur dieses Buches habe ich mich von zwei Grundtheorien der Physik inspirieren lassen, um die optimale Synergie aus Stabilität (hier: Substanz) und gleichzeitig Durchdringung (hier: Praktikabilität) zu erzeugen. Die Stabilität wird durch die Gesamtgewichtsverteilung erzeugt, wobei die Durchdringung vom Impuls ausgeht, die den mechanischen Bewegungszustand eines physikalischen Objekts beschreibt.

Mein Anspruch an die Konzeption dieses Buches war sehr klar definiert: Es muss architektonisch so konzipiert sein, wie ich es auch gerne lesen würde. Meine Leidenschaft für Systematisierung, Effizienz und hohe Hebelwirkung (Pareto-Prinzip, Frage: »Welche 20 Prozent meiner Aufwendungen sind für 80 Prozent meiner Ergebnisse verantwortlich?« – später mehr dazu) haben dazu geführt, dass ich alles Wissen immer eher in kurzen Sprints aufnehme. Ich lese kurze Artikel oder einzelne Kapitel immer lieber als lange Passagen. Ich höre kurze Interviews (30 bis 60 Minuten) mit Experten und erwarte dichtesten Inhalt. Ich interessiere mich für das Wesentliche und konsumiere Informationen entsprechend. Das bedeutete für den Aufbau von *Dein nächstes großes Ding:* eine Sammlung der wichtigsten Gedanken, klar strukturiert, wenig Schleim, eindeutige Action-Steps und die Möglichkeit, das Buch auf jeder Seite öffnen zu können, ohne dass man verloren ist. Der strukturelle Anspruch war damit für mich deutlich herausgearbeitet.

Zurück zum Anspruch an Stabilität und Durchdringung:
Mein Buch sollte sein wie ein Nagel!

## STABILITÄT

Warum funktioniert der alte Fakir-Trick aus dem Zirkus mit dem Nagelbrett, dessen scharfe Spitzen die Haut des Fakirs niemals durchdringen? Weil das Gewicht, das auf dem Brett lastet, gleichmäßig verteilt wird. Durch die Streuung, oder die Distribution, wird der Druck abgefedert, neu verteilt und die Gefahr somit gebannt. Die Applikationen in diesem Buch sind genauso aufgebaut. Mein Ziel ist es, dir den Druck zu nehmen, die tief einschneidende, beängstigende Nervosität deiner Verantwortung gegenüber deinen genialsten Ideen und deinem besten Leben zu brechen, ganz neu anzuordnen und gleichmäßig zu verteilen – ein Fundament entsteht: echte Stabilität. Es geht in diesem Buch nicht um die Idee, es geht um die Anordnung der Nägel, um echte Stabilität zu kreieren. Verwirrung wird zu Klarheit, dein Publikum applaudiert, du wirst jetzt zum scheinbar unverwundbaren Fakir, dessen Zauber die Menschen fasziniert.

## DURCHDRINGUNG

In Summe und korrekter Anordnung stabil, sind die einzelnen Nägel dieses Buches trotzdem spitz und ein unerlässliches Werkzeug bei der Konstruktion deiner kreativsten Arbeiten und deines besten Lebens. Die übertragenen Impulse penetrieren, verbinden und fixieren deine Rohstoffe, schaffen neue Formen und durchdringen den Status quo. Ideen sind die Basis und das Ergebnis zugleich. Wir verfolgen die Basis gemeinsam zurück zum Ursprung, Nagel für Nagel, zurück zur logischen Quelle. Jede einzelne Applikation in diesem Buch ist ein Nagel im Haus, ein Zahn im Uhrwerk. Dieser Blick ins Innenleben wird deine Perspektive für immer verändern.

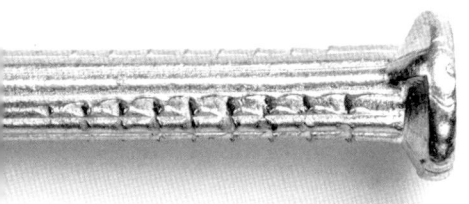

**Nagel, der**

Substantiv, maskulin – am unteren Ende
zugespitzter, am oberen Ende abgeplatteter oder
abgerundeter [Metall]stift, der in etwas hinein-
getrieben wird (und zum Befestigen von etwas
oder zum Verbinden dient)

## WAS IST EIN »NÄCHSTES GROSSES DING«?

Bevor wir damit starten, zu begreifen, wie du dein nächstes großes Ding entwickeln kannst, sollten wir klarstellen, welche Attribute ein echtes nächstes
großes Ding überhaupt ausmachen. So haben wir fixe Werte, an denen wir uns
in der Betrachtung verschiedener Modelle immer wieder orientieren können.
Wir einigen uns auf eine Art Checkliste; so haben wir eine Referenz und können
alles Weitere immer sofort abgleichen. Ein echtes nächstes großes Ding bein-
haltet alle oder Teile der folgenden Merkmale:

### SINN/WERTIGKEIT

Ein echtes nächstes großes Ding kostet Zeit, Energie, Aufmerksamkeit, wird
immer auch Teil seines Gründers und ist eng verwoben mit Team, Umfeld, Kunden und Partnern. Die Frage nach dem Sinn und der Wertigkeit des nächsten
großen Dings, des Next BIG Thing, eröffnet den Dialog über die Überzeugung,
das »Warum« und die Vision, die das Fundament dieser Idee bilden. Ohne
»echten« Sinn und belastbare Werte fehlt das emotionale »BIG« in jeder Unter-
nehmung.

### FAIRNESS

Richtig und falsch sind Fakten, unumstößlich und immer klar definiert. Ein
echtes nächstes großes Ding hat Moral, Ethik, ist legal, fair und ehrlich.

### PROBLEMLÖSUNG

Große Probleme schaffen eine Bühne für große Ideen. Wie groß ist die Frage,
die beantwortet wird, wie groß das Problem, das gelöst wird? Das nächste große
Ding löst das nächste große Problem und erschließt einen Markt, der ein ent-
sprechendes Potenzial besitzt.

### DUPLIZIERBAR/SKALIERBAR

Ein wahres nächstes großes Ding ist immer größer als der einzelne Kopf dahinter. Kann die Idee wirklich hoch skalieren, funktionieren und wachsen, auch ohne dass der Gründer danebensteht? Multiplikation schafft exponentielles Wachstum und ebnet das Rollfeld für weite Reisen.

### OPTIMIERTES RISIKO

Der Markt belohnt Risiko und Brillanz. Ein smartes nächstes großes Ding generiert Profite antiproportional zum Risiko. Ein nächstes großes Ding geht mit einem optimierten Risiko tief rein und mit einem guten Ertrag hoch raus.

## DAS SYSTEM HINTER DEN KAPITELN

Lies das Inhaltsverzeichnis wie eine Roadmap. Eine systematische Bauanleitung, die dich zur erfolgreichen Konstruktion deiner nächsten ganz großen Idee führt. Ganz wichtig: Es geht nur in einem von sechs Kapiteln um die eigentliche Ideenfindung. Selbstverständlich bildet deine Idee die Basis deines nächsten großen Dings, aber du brauchst alle anderen Kapitel, um auf dieser Basis aufzubauen. Stell dir vor, du baust ein Haus:

**1** **Im ersten Kapitel mit seinen zehn Gedanken zur Kreativität geht es um den Mechanismus hinter deiner Vision.**
Es gibt noch kein Haus, nur ein Grundstück und eine Vision. Je klarer deine Vision definiert ist, desto eher wird dein Haus dich für immer und in jedem Detail wirklich erfüllen. Es ist eine Kunst, Visionen zu haben, denn sie sind für andere immer unsichtbar.

**2** **Im zweiten Kapitel mit seinen zehn praktischen Ideenfindungs-Tools wirst du zum Architekten deines Hauses.**
Du produzierst die Pläne und technischen Zeichnungen, kalkulierst den Materialbedarf und legst den theoretischen Grundstein für dein Bauwerk.

**3** Im dritten Kapitel mit seinen zehn Ideenbewertungs-Tools werden deine Baupläne von Statikern geprüft und abgesegnet: Es geht um Sicherheit, Stabilität, Langlebigkeit, Effizienz und Sinn. Wenn deine Pläne hier bestehen, steht deinem Haus nichts mehr im Weg.

**4** Im vierten Kapitel führen dich zehn Erfolgsgedanken für maximierte Umsetzungskraft durch die Bauphase deines Hauses. Hier lernst du, wie das Fundament entsteht, die ersten Steine gelegt werden und schon bald aus deiner Vision Wirklichkeit geworden ist. Dein Haus ist jetzt fertig.

**5** Im fünften Kapitel stelle ich dir zehn verschiedene Unternehmerpersönlichkeiten vor: Freunde, Familie, Bekannte und Kollegen. Ich tue das, weil ich dir zeigen möchte, wie wichtig es für die Qualität deines Hauses ist, wer alles darin wohnt. Jim Rohn sagte einmal treffend: »Du bist der Durchschnitt der fünf Menschen, mit denen du die meiste Zeit verbringst.« Lass dich von diesen zehn Persönlichkeiten und ihren Geschichten inspirieren und überleg dir gut, wer in deinem neuen Haus ein und aus gehen soll.

**6** Die Vision ist wahr geworden, die Pläne sind erfüllt, dein Haus steht, es ist gefüllt mit tollen Menschen, die dich begeistern. Jetzt geht es darum, einen Haushalt zu führen, der nicht nur funktioniert, sondern der Spaß macht, dich erfüllt, dir und allen anderen viele glückliche Momente schenkt und zu einem Lebenswerk wird, das dich wirklich stolz macht. Zehn Gedanken zu Weltklasse-Leadership machen dich vom Hausbesitzer zum haushohen Sieger im Spiel um dein bestes Leben, das du aus deinem nächsten großen Ding heraus leben wirst.

# 1

## MATTHEWS 10 GEDANKEN ÜBER

## KREATIVITÄT

Okay, ich weiß, du denkst gerade: »Aber ich bin gar nicht kreativ!« Wichtiger Gedankengang, bevor wir uns zusammen auf das dünne Eis der Kreativität begeben: Kreativität ist keine Fähigkeit, sie ist eine Bewertung! Kreativität folgt als Bewertungsmechanismus immer einer Handlung, einverstanden?

Ein Künstler kotzt vier Gelbtöne auf eine Leinwand und verkauft die Kiste für zehn Millionen Euro, weil es irgendwo irgendeinen Typ gibt, der das Ganze unglaublich kreativ findet. Was war zuerst da? Die Handlung oder die Kreativität?

Lass uns für einen Augenblick diesen Gedankengang weiterverfolgen: Was wäre, wenn wir die Nervosität und die Unsicherheit über die eigene Kreativität übersprängen und uns nur noch auf das Element des kreativen Denkprozesses konzentrierten, das wir kontrollieren können: die Handlung? Wir demontieren Kreativität und fokussieren ab hier nur noch Nägel, die wir versenken können. Volle Kontrolle, Amigo.

**FANG AN, BEVOR DU BEREIT BIST!**

Die nachstehenden zehn Gedanken über Kreativität sind extrem praktikabel, komplett wasserdicht, fernab von jedem Small Talk aus der Kunstgalerie und vor allem umsetzbar. Fang an, bevor du bereit bist! Kreativität kann dir immer erst attestiert werden, nachdem du den ersten Pinselstrich gemacht hast. Hol dir deine Kreativität ab, fordere sie ein, indem du einfach erst mal anfängst! Der Glaube an deine Gabe, dein Talent, den Kunstgriff deiner nächsten, wirklich großen Idee – das ist wahre Kreativität und führt dich vor die Staffelei. Unter uns: Für mich ist Kreativität vor allem ein perfektes Synonym für Mut. Lass uns zusammen raus aufs dünne Eis gehen! Lass mich dir helfen, den Mut zu fassen und der Welt deine Kunst zu zeigen – ein Schritt nach dem anderen!

## 1. JUNGE, WIE KOMMST DU ZU SOLCHEN KREATIVEN IDEEN?

Wir haben es geschafft: Ein Jungunternehmer-Traum wird wahr! Eine Stunde vor Einlass unserer (das sind meine drei besten Freunde und Mitgründer Flo, David, Siamak und ich) erst vierten NEONSPLASH – Paint-Party®-Veranstaltung stehen über 5.000 Gäste in einer scheinbar endlosen Schlange vor der Tür und warten darauf, endlich in die restlos ausverkaufte Konzerthalle gelassen zu werden. Sie sind alle hier, um sich mit Neonfarbe beschießen zu lassen und dabei zu heftiger elektronischer Musik zu tanzen. Was damals für die meisten unvorstellbar, unrealisierbar und vor allem irgendwie eklig klang, war meine erste wirklich erfolgreiche Geschäftsidee. Sie hat funktioniert, richtig gut sogar, mittlerweile würden das auch die über 500.000 Menschen in ganz Europa sofort unterschreiben, die uns bis heute in einer der über 60 Städte besucht haben. »Die beste Party meines Lebens«, lautet meistens das Fazit nach einer NEON-SPLASH – Paint-Party®. Aber warum?

Ich werde immer wieder gefragt, wie man zu solchen Ideen kommt. Die Antwort ist kurz und ehrlich: »Du kommst nicht zu solchen Ideen, solche Ideen kommen zu dir!« Ideen sind immer die Summe aller Eindrücke, denen du ausgesetzt bist, das Produkt deiner Umwelt. Versuch mal, dich zu Hause hinzusetzen und eine gute Idee zu Papier zu bringen, auf Knopfdruck. Vergiss es! Aber geh spazieren, sprich mit neuen Menschen, lies Bücher, die dich herausfordern, besuch Orte, die du noch nicht kennst, und du wirst dich vor guten Ideen gar nicht mehr retten können.

Fakt: Veränderung schafft Fortschritte. Die durchschnittliche Amtszeit bei ultrakreativen Unternehmen wie Google beträgt etwas über ein Jahr. Warum? Weil stetige Veränderung eine dauerhafte Evolution ermöglicht und fördert. Es besteht eine Korrelation zwischen Veränderung und Weiterentwicklung. Wenn die Hausbank um die Ecke 30 Jahre lang die gleiche Strategie fährt, liegt das sicherlich auch daran, dass 30 Jahre lang die gleichen Köpfe im Meeting sitzen. Wenn wir davon ausgehen, dass die Implementierung neuer Ideen mit der Fluktuationsgeschwindigkeit der Mitarbeiter und den damit verbundenen neuen Gedanken zusammenhängt, dann entwickelt sich Google 30-mal schneller als die Hausbank.

Es ist Sommer 2008, mein erstes Jahr an einer typischen US-amerikanischen University in Tampa, im Bundesstaat Florida. Mein Buddy David und ich trinken zu dieser Zeit nur noch aus roten Plastikbechern, lieben das Leben am Beach und realisieren unsere Version des American Dream.

Was wir noch nicht wissen – allein die Tatsache, dass wir Zigtausende von Kilometern weit weg sind von Zuhause, von allem, was wir kennen und verstehen, wird den Grundstein unserer Unternehmergeschichte legen. Wir kennen uns nicht aus, wir sind oft orientierungslos, verloren, müssen nach dem Weg fragen,

# VERÄNDERUNG SCHAFFT FORTSCHRITTE!

sind verletzlich und nicht immer voll unter Kontrolle – wichtige Zutaten für Bodenständigkeit und Ehrlichkeit, vor allem für zwei halbstarke College-Boys!

Ein Samstagabend wie jeder andere, aber doch irgendwie speziell: Eine Studentenverbindung lädt zu einer sogenannten »Blacklight-Paint-Party«. Schwarzlicht, und die Gäste sollen sich gegenseitig mit Farbe Sprüche, Namen und andere Kuriositäten aufs T-Shirt malen. Klingt ausgefallen und verrückt, also sind wir natürlich dabei! Was wir erleben, wird unser Leben für immer verändern. Aus dem Malen wird mit jedem geleerten roten Plastikbecher eher ein Matschen: Hier geht was! Etwa 100 Gäste, laute Musik, die Luft brennt, wenig Platz zum Tanzen, und jeder, aber auch wirklich jeder Einzelne, der in dieser Nacht dabei ist, spürt, dass hier gerade etwas ganz Außergewöhnliches passiert. Das Malen ist schon längst vergessen, alle schmieren sich gegenseitig mit der Farbe ein, es gibt keine Tabus, Flirten war noch nie so einfach, die Interaktion war noch nie so hoch – die Killer-Version eines Party-Spiels für junge Erwachsene entsteht und ist unaufhaltsam.

Und jetzt kommt es darauf an! Da fährt mit Sirenen und Blaulicht eine absolute Granatenidee an mir vorbei, sicher noch sehr roh und unstrukturiert, aber sichtbar! Nicht weil ich so kreativ bin, sondern weil ich gerade hier bin. Wer jetzt nicht zupackt, ist selbst schuld.

Du kommst nicht auf solche Ideen, sie kommen zu dir! Du musst dich von deinen kognitiven Abhängigkeiten lösen und vergessen, was normalerweise möglich wäre. Stell immer wieder jede herkömmliche Logik infrage, male große Bilder und erschaff deine eigene Realität – grenzenlos.

Wie ein Kameraobjektiv zoome ich weit raus und sehe alles in der Totalen. Sehe Dinge nicht als das, was sie sind, sondern als das, was sie sein könnten. Ich schaue mir die tobende Meute an, spüre die Energie, die den Raum zum Beben bringt, und die Maschine beginnt zu laufen. Nicht 100 Gäste, sondern 5.000, eine Bühne, eine Show, ein Countdown wie an Silvester, bis zum ersten Mal die Farbe kommt, ein Thema, eine Tournee. Mein Kopf dreht sich und mir wird klar: Das ist das nächste große Ding!

## 2. KREATIV SEIN HEISST FINDEN UND AUFBLASEN UND NICHT IMMER NEU ERFINDEN!

Die Aufgabe ist klar: Es gibt eine Grundidee, die ich aufblasen muss. Aber wie? Kreativität heißt nicht automatisch erfinden, sondern oft zunächst einfach nur finden und dann richtig nutzen. Ideen bauen immer aufeinander auf; sie sind viel eher Evolutionen als Revolutionen. Die Fixpunkte waren bei unserer ersten wirklich erfolgreichen Killer-Idee NEONSPLASH – Paint-Party® gesetzt: Farbe, Musik, Schwarzlicht. Ich habe sie genau so vorgefunden. Jetzt geht es also darum, den Status quo herauszufordern, neue Elemente zu finden und sie mit der Grundidee zu kombinieren. Muss das Rad hier neu erfunden werden? Nein, aber es muss rollen, und zwar richtig schnell!

### GEFUNDEN: DIE FARBE IST DER HÖHEPUNKT!

Aufgeblasen: Wir schaffen eine künstliche Verknappung und konstruieren dabei einen Spannungsbogen, der den Handlungsrahmen vorgibt – einen Countdown, genau wie an Silvester. Am Ende eines Zwei-Stunden-Countdowns kommt zum ersten Mal die Farbe von der Bühne!

### GEFUNDEN: T-SHIRTS

Aufgeblasen: Weiße T-Shirts werden ab sofort Pflicht für alle Gäste; das hat zwei Gründe:

1. Die Neonfarbe wirkt auf weißen T-Shirts durch den Kontrast sehr stark.
2. Wir ziehen die Gäste wie eine Mannschaft an; sie erscheinen sozusagen im einheitlichen Trikot. Das Gemeinschaftsgefühl wird damit auf die Spitze getrieben.

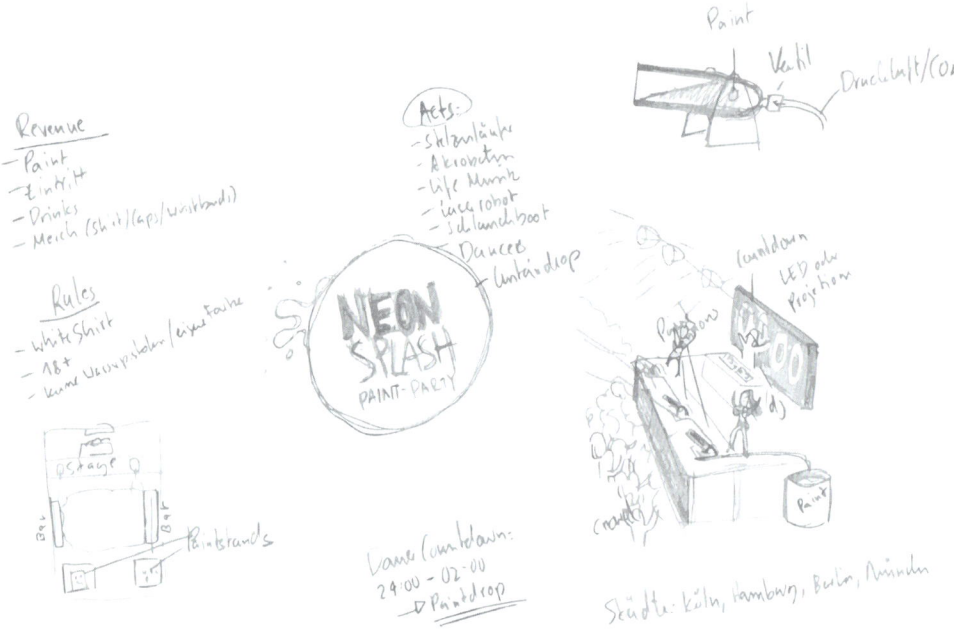

### GEFUNDEN: GUTER RAHMEN OHNE NAMEN

Aufgeblasen: Wir geben der Show eine Story, einen Titel, eine Botschaft, genau wie im Kino oder auf großen Konzerttourneen. Warum? Weil Menschen Geschichten lieben und weil immer neue Geschichten die Lebensdauer immer gleichbleibender Handlungen verlängern. So gab es 2011 die LOVE THRU PAINT Tour, 2012/13 die Color Is Creation Tour und 2014 die UTOPIA 3D Tour (ja richtig, mit den rot-blauen Papier-3-D-Brillen aus den Kinos der 90er und 3-D-Bildeffekten auf der Leinwand während der Show). Alles Events mit der gleichen Grundidee: Farbe, Musik, Schwarzlicht. Aber jede Show mit neuer Story und somit neuem Grund zur Teilnahme. Dazu: große Bühne, große Effekte, große Künstler, große Preise.

Wir identifizieren die Ansatzpunkte extrem erfolgreicher Ausnahmeveranstaltungen, bauen sie in unsere Grundidee ein und schaffen so einen neuartigen Hybriden, der es wirklich in sich hat. Das angewandte kreative Denken ist also kein Prozess der Erfindung, sondern die systematisierte Identifikation und untypische Kombination vergangener Erfahrungen zur Kreation ganz neuer Konfigurationen, die im richtigen Setting Ergebnisse produzieren, die vorhersehbar, aber auch bahnbrechende Killer sein können.

In seinem Buch *Tipping Point* spricht Malcolm Gladwell in diesem Kontext vor allem auch vom Timing. Gladwell erklärt am Beispiel eines Glases, in das Tropfen für Tropfen Wasser gefüllt wird, dass der Inhalt irgendwann überlaufen muss. Spannend ist, dass dieser Augenblick, der »Tipping Point«, erst dann eintritt, wenn schon mehr Wasser im Glas ist, als physikalisch betrachtet möglich wäre. Die stetig wachsende Masse hält einander zusammen, bis der »Berg« aus Wasser auseinanderfällt und überläuft.

**TIPPING POINT**

Jeder neue Tropfen repräsentiert neue Player im Markt, die der spürbaren Sogwirkung wirklich guter Ideen folgen und ein Momentum kreieren: Die Masse dehnt sich aus, der Druck wird erhöht, so lange, bis die »Dämme brechen« und der Trend zum festen Bestandteil eines Marktes wird. Hier nicht in den Fluten zu versinken ist essenziell. Wenige überleben bis zum »Tipping Point«, noch weniger gleiten aus diesem Sturm heraus und beherrschen danach ganze Segmente. Die paar Killer-Companys, denen das gelingt, haben schon beim ersten Tropfen ins Glas eine ganz klare Vision und analysieren die Dynamik im Glas so genau, dass sie mit deutlich erhöhter Stabilität und Daseinsberechtigung ins Rennen starten.

Nehmen wir ein konkretes Beispiel: Amazon. Mittlerweile der Player im E-Commerce-Segment und meiner Meinung nach immer noch am Anfang seiner Weltherrschaft. Lass uns mal für einen Augenblick nachzeichnen, was der Amazon-Gründer Jeff Bezos 1994 (!) gefunden und aufgeblasen haben muss, wie das Glas des E-Commerce-Marktes damals ausgesehen haben muss und was geschehen ist. Versetzen wir uns mal für einen Augenblick in seine Schuhe (sicherlich Converse Chucks, bevor sie zum dritten Mal cool geworden sind): Er erkennt das Wachstum und die unendlichen Potenziale des Internets, will online Dinge verkaufen. Er findet ein Gerüst, eine Schnittstelle, die seine Idee tragen und transportieren kann, das Spielfeld seiner Idee ist entschieden, das Glas ist damals noch relativ leer. Viel wichtiger aber: Wen schickt er ins Spiel, wer steht in seiner Startelf?

Wäre Amazon das, was es heute ist, wenn Jeff Bezos sich dazu entschlossen hätte, dieses »neue Internet« dazu zu nutzen, um frisches Obst zu verkaufen? Niemals (nichts gegen die zahlreichen Start-ups aus der Fresh-fruit-Nische, good job, guys, ich mag gesundes Essen)! Jeff Bezos findet etwas vor und denkt es weiter, bläst es auf. Bücher sind ein spannender Artikel für seine neue Idee. Warum?

Weil du kein Buch physisch anfassen musst, um zu einer Kaufentscheidung zu gelangen. Sorry noch mal an meine »Fresh-fruit-aus-dem-Internet-Jungs«, aber ich will wissen, ob die Banane, die ich kaufe, matschig ist oder nicht. Bei einem Buch spielt das keine Rolle, es gibt keine Überraschungen. Weiteres Killer-Attribut, das Bezos beim Buch findet: Variantenreichtum. Es gibt unzählige verschiedene Bücher, und er kann sie alle anbieten, weil er sie nicht besitzen muss. Er ist damit besser sortiert als jeder andere Buchladen der Welt. Und der Kicker: Er ist nicht nur besser sortiert, sondern kann seine Bücher auch noch billiger verkaufen, weil seine Fixkosten geringer sind und seine Zielgruppe viel größer ist (das gilt natürlich nicht bei uns in Deutschland, wo Bücher preisgebunden sind und damit überall dasselbe kosten, aber für die Anfänge von Amazon in den USA war das entscheidend). Er tauscht mit dem Kunden den Luxus des »Anfassens« und des augenblicklichen Werteaustauschs gegen minimierte Transaktionskosten (keiner muss mehr zum Buchladen laufen), die größere Auswahl sowie (in vielen Ländern) den besseren Preis. In dieser Zeit tropfen Player aus aller Welt in den E-Commerce-Markt, das Glas füllt sich schnell, aber als es überläuft, ist Jeff Bezos besser aufgestellt als die anderen, er ist ready, die Welle zu reiten, bis zum Weltkonzern, der Amazon heute ist.

Finde bestehende Potenziale, ordne sie neu an und blase sie auf! Die Konkurrenz wird folgen, Tropfen für Tropfen. Wichtig nur: Sei der Tropfen, der den Sturm überlebt! Look what's inside the glass, before you think outside the glass!

# 3. KANN ICH KREATIVITÄT LERNEN ODER ERBEN?

Kreativität ist eine Einstellung, viel mehr eine Sichtweise als eine Fertigkeit. Das Produkt, die Idee, ist in den meisten Fällen eine Kombination aus zahlreichen Versuchen und effektiven Bewertungsmechanismen. Meine Oma sagte immer: »Wirf 100 Dinge in die Luft und irgendwas wird schon funktionieren!« Wie viel Mystik um das kreative Genie steckt noch im Staubsauger-Milliardär James Dyson, wenn du hörst, dass er über 15 Jahre lang 5.126 Prototypen baute, bevor er mit seiner Zyklon-Technik einen funktionierenden weltweiten Verkaufshit landete? Kreativität werde viel zu oft mit Expertise verwechselt, schreibt auch Teresa Amabile von der Harvard Business School. Wir sehen oft die jahrelange Arbeit, den Prozess und das unaufhörliche Spiel von Trial and Error nicht, das hinter scheinbar kreativen Meisterleistungen steckt.

Kreativität wird weder vererbt noch wie das Abc gelernt, um plump rezitiert zu werden. Um den Prozess der kreativen Ideenfindung zu erleichtern, zu stimulieren oder zu führen, gibt es Modelle und Übungen (dazu kommen wir bei Matthews 10 Lieblings-Ideenfindungs-Tools), aber es ist wie mit dem Handlauf im Treppenhaus: Du kannst dich zwar daran festhalten, die Stufen musst du trotzdem selbst hinaufsteigen. Kreativität ist nicht der Wein, sondern die Wurzel in Verbindung mit Regen, Sonne, Sturm, Erdreich, Auslese, Winzer, Fass und Standort. Gib der Wurzel, was sie braucht, fordere sie heraus!

Wenn du etwas erlebst, was du noch nicht kennst, arbeitet dein Gehirn mit unvorstellbarer Geschwindigkeit und einem riesigen Netzwerk aus Neuronen an der Interpretation des Erlebten. Passiert dir dasselbe noch mal, sind durch die Erinnerung und die entsprechenden Erfahrungen schon deutlich weniger Neuronen involviert und aktiv. Lös dich also von erfahrungsabhängiger Kategorisierung und Schubladendenken!

### ERSTER SCHRITT: VERKAUF DEINEN FERNSEHER!

Beim Fernsehen operiert das Gehirn vornehmlich über tiefe Alphawellen, das bedeutet, dein Verstand befindet sich in einem passiven Zustand, in einer Art »Wachschlaf«. Dein Gehirn muss aktiv und stimuliert sein, um komplexe Denkprozesse überhaupt erst anzutreten und ein Stadium aus hohen Alphawellen zu erzeugen (lesen/schreiben/Bewegung).

### ZWEITER SCHRITT: NO PHONES!

Flugmodus einschalten und deine Produktivität, Kreativität und dein genereller Fokus werden sich deutlich erhöhen. Ich habe in einem Taxi in Amsterdam mein Handy verloren und war überrascht, wie gut sich das Leben ohne Handy anfühlt. Probier es mal aus und frag dich vor allem, wie viele deiner Telefonate tatsächlich produktiv, nett und unentbehrlich sind! Vom SMS-Schreiben, Spielen oder anderen Dingen ganz abgesehen. Ich habe in dieser Zeit die wichtigen Telefonate über Skype (damit kannst du auch Telefone und Handys anrufen) geführt und war sogar deutlich produktiver und schneller als mit dem Handy. Plötzlich machst du alles, was du tust, aktiv und geplant und reagierst nicht bloß auf äußere Reize (der Moment, wenn dein Handy klingelt und du aus allem anderen gerissen wirst). Du musst jetzt Meetings verbindlicher planen, viel besser vorausdenken, pünktlich sein und über die Relevanz eines jeden Gesprächs viel genauer nachdenken. Try it!

Lass dich überraschen! Du darfst nicht immer wissen, was als Nächstes passiert, nicht immer vorbereitet und qualifiziert sein – dann erst arbeitet dein Gehirn mit mehr Vorstellungskraft, Einsatz und Kreativität.

Niemand wird kreativ geboren, aber jeder Mensch, jedes Umfeld, jeder Freund, jede Situation, Eltern, Schule, Uni oder Job kann kreatives Denken in Gang setzen. Setz dich unbekannten Situationen aus, je verrückter, neuartiger, drastischer und schärfer der Wechsel, desto innovativer das Ergebnis. Erschrick dich selbst und alle um dich herum, und schau zu, was passiert!

## 4. MUSS ES IMMER EIN EXPERTE SEIN?

Wiederholung schafft Erfahrung und ebendiese jahrelange Erfahrung ist die Basis von echter Expertise. Expertentum hat aber immer auch einen Preis: starre Strukturen, so dicht und stabil wie das Wissen, auf dem sie aufgebaut sind. Könnte es sein, dass eine hohe Expertise mit der Abnahme von Flexibilität und Vorstellungskraft korreliert? Ab wann schaffen Expertise, voreingenommene Wahrnehmung und ein unerschöpflicher Erfahrungsschatz, der alles zu erklären vermag, eine Blockade für wirklich innovative Denkansätze?

In seinem Buch *The Myths of Creativity* erzählt David Burkus die Geschichte vom Prothesenhersteller Martin Bionics, dessen Gründer Jay Martin einen ganzen Stab der erfahrensten, bestbezahlten Ärzte und Physiker feuerte, weil sie die Entwicklung einer in Echtzeit reagierenden Fußgelenkprothese für technisch unmöglich erklärten. Er tauschte das Superstar-Forschungsteam gegen einfache Studenten aus, erfahren genug, um komplexe Zusammenhänge zu begreifen, aber frisch genug, um scheinbar Unmögliches nicht allein deshalb auszuschließen, weil sie es noch nicht zu Ende denken können. Nach wenigen Monaten schloss Jay Martin das Projekt mit seinem Studententeam erfolgreich ab und entwickelte den scheinbar unrealisierbaren Fußgelenkersatz, der bis heute den Prothesenmarkt revolutioniert hat.

Kreativität ist nicht das Ergebnis eines Experten, der ein Wunder vollbringt, sondern das Resultat eines richtig entworfenen »Ökosystems« mit dem richtigen Team und verschiedenen Perspektiven – neuen und alten. Nicht zu wissen, dass etwas unmöglich ist, macht es wieder möglich!

# 5. DER GEISTESBLITZ –
# GIBT ES IHN?

Und plötzlich war sie da, völlig aus dem Nichts, eine absolute Killer-Idee! Die Geschichte vom Geistesblitz, von zufälliger Eingebung und plötzlicher Genialität ist weit verbreitet. Jeder kennt die Symbolik der Glühbirne, die blitzschnell über dem Kopf anspringt – die Idee ist einfach da, in Lichtgeschwindigkeit. Aber was ist dran an diesem Million-Dollar-Moment? Oder anders: Was fehlt?

Stets übersehen wird die Recherche, die intensive Auseinandersetzung mit der Problemstellung. Warum wird sie übersehen? Weil sie unsichtbar ist. Unterbewusst laufen Mechanismen ab, die keiner sieht, hört, spürt oder versteht. Das Unterbewusstsein verarbeitet Gedankengänge millionenfach schneller als das Bewusstsein. Wir denken paradoxerweise beim Schlafen, beim Duschen oder Spazierengehen in ganz anderen Sphären, als wenn wir denken, dass wir denken. Die Idee wird der Mittelpunkt der Erfolgsgeschichte, nicht der Weg, nicht der Mensch, nicht die stille Inkubation aller Eindrücke und Inspirationen, die letztendlich die Grundidee erst schlüsselfertig schlüpfen lassen.

Menschen jedoch lieben die Geschichte vom Geistesblitz und wollen ihr Glauben schenken, auch wenn sie längst wissenschaftlich widerlegt ist. Warum? Weil sie eine wunderbare Ausrede für all diejenigen ist, die glauben, dass sie unkreativ sind und keine guten Ideen haben. Es wird plötzlich so einfach, sich dem Druck der Genialität zu entziehen, die Erwartungshaltung im Keim zu ersticken. Das Problem: Wir glauben uns jetzt selbst die Ausrede, und wirklich gute Ideen werden somit tatsächlich ausbleiben.

Die Rezeptur für geistesblitzartige Killer-Ideen besteht also nicht nur aus der Idee und dem Menschen, sondern aus neuen Eindrücken, aus unterbewusster Verarbeitung, aus Überzeugung, Geduld und Gelassenheit, Distanz und aus Offenheit. Die größten Künstler und Denker aller Zeiten, die da Vincis und Michelangelos, hatten immer viele Projekte gleichzeitig am Start. Was auf den ersten Blick wie Überforderung oder fehlende Struktur wirkt, wird unterbewusst stets weiter bearbeitet, inkubiert, vorangetrieben. Früher oder später kommt der Moment, an dem die Idee ausgereift ist; viele verwechseln das mit dem Geistesblitz. Die eigentliche Idee liegt aber im Inkubationsprozess. Durch selektives Vergessen werden in den Denkpausen die typischen und bekannten Denkwege vergessen. Wenn dann plötzlich ein neuer Impuls entsteht und andere Wege beschritten werden, folgen ganz neue Ideen und Lösungsansätze.

## 6. WER SIND DEINE 5?

Ideen sind Produkte unserer Umwelt, so weit sind wir schon. Unser direktes Umfeld, die Menschen, die uns am nächsten stehen, das sind die Variablen, die wirklich auf die Hervorbringung unserer Ideen Einfluss nehmen. Sie inspirieren uns, sie formen unsere Ansichten, sie bestimmen unsere Art zu denken. Alles, was wir für möglich halten, unsere Überzeugungen und die eigene Vorstellungskraft, all das sind direkte Ebenbilder unserer sozialen Kontakte und damit die kumulierten Erkenntnisse über Möglichkeiten und Potenziale, an die wir glauben. Sich diesen erlesenen Kreis, diese fünf engsten Verbündeten, diese Mannschaft an Weggefährten wirklich präzise und mit großer Vorsicht auszusuchen, schafft die Basis, eine Grundruhe, die wir brauchen, um kreativ zu sein.

Was sind die Kriterien für diese Mannschaft? Wer kann mitspielen? Sind verschiedene Positionen zu besetzen oder suchen wir fünf Stürmer? Bevor es um das Stellungsspiel geht, geht es zunächst um die Philosophie. Woran glaubt diese Mannschaft, was will sie erreichen und warum? Die Kultur des Ökosystems dieser fünf engsten Berater, die Stimmung in der Umkleide vor dem großen Spiel stimmt den Akkord, der erklingt, wenn alle die Köpfe zusammenstecken. Dieser Akkord klang bei mir und meinen Jungs meistens viel zu laut und sehr elektrisch, sodass die Nachbarn auch gern mal vorbeikommen mussten, um sich zu beschweren. Klar, wird dann leiser gedreht, aber die Überzeugung der Gruppe bleibt dieselbe, auch wenn man sie kaum noch hören kann. Diese fünf hören sie immer glasklar.

**W & W – WILLE UND WAHRHEIT**

Die Basis: W & W – Wille und Wahrheit. Der Wille, dass jeder Einzelne der Beste wird in dem, was ihn begeistert. Allein dieser Wunsch erstickt unendliches Konfliktpotenzial und limitierende Denkmuster schon im Keim. Die Überzeugung, dass diese fünf sich voneinander wünschen, zu Weltklasse-Performern ihrer Passionen zu werden, und sich immer dabei helfen werden, kreiert einen Auftrieb, den jeder spüren kann. Hier gibt es keine Eifersucht, nur den echten Wunsch nach mehr für deinen Nächsten.

Reinste Wahrheit, so sauber, so klar und so erfrischend wie ein eiskalter Bergsee. So plötzlich und so unmittelbar, dass es oft wehtut. Diese Wahrheit kreiert das Fundament, auf das diese Mannschaft aufbaut. Es gibt keine Zweifel, denn es gibt nur das Wort. Im perfekten Zusammenspiel entstehen durch blindes

Vertrauen und wortloses Verständnis Spielzüge, Ideen und Traumsituationen, die für ein ganzes Stadion von Außenstehenden wie Zauberei aussehen. Aber für diese fünf ist es nur ein Spiel. Ein Kampf, klar. Aber mit Leichtigkeit und Liebe zur Sache, Passion für das Team und Begeisterung für jeden Einzelnen. Die Welt schaut zu und staunt, wenn diese fünf ihre Gegner austanzen. Aber nach dem Spiel in der Kabine, im Herzen, in der Umarmung nach dem Siegestreffer, da lebt die Kraft dieser fünf Kameraden. Das sieht und versteht aber nur der innerste Kreis.

### DEINE 5 ZWEITEN GRADES

Und wer sind die weiteren 5 von jedem Einzelnen deiner 5? Dein indirektes Umfeld hat direkten Einfluss auf dich. Du spürst sofort, wenn einer deiner 5 glücklich ist, es macht dich auch glücklich, nimmt Einfluss auf dein Wesen. Diese Energie kannst du jetzt Menschen in deinem direkten Umfeld weitergeben, aber nur weil du sie von deinem direkten Umfeld bekommen hast. Wenn wir diese Ereignisverkettung verfolgen, wird klar, dass nicht nur das direkte Umfeld deine Energie, dein Wohlbefinden, deine Produktivität und deinen Erfolg beeinflusst, sondern dass die indirekten Umfelder, die 5 deiner 5 und deren 5 usw., ganz spürbar an deinem Status quo beteiligt sind. Menschliches Glück ist niemals nur das Ergebnis einer eindimensionalen Interaktion, sondern immer das Produkt der Dynamik aller sozialen Kontakte, über mehrere Linien hinweg. Diese sozialen Netzwerkeffekte beeinflussen auch deine Entscheidungen. Wenn ein Freund eines Freundes raucht, erhöht das die Wahrscheinlichkeit, dass du zum Raucher werden könntest, erheblich. Seit die Gesetzeslage hier geändert wurde, sterben die Raucher förmlich aus, weil sie an den Rand sozialer Interaktion gedrängt wurden, ein direkter Einschnitt in die Dynamik deiner 5.

Such dir diese 5 also ganz genau aus und stell sicher, dass sie sich ihre 5 auch gut aussuchen und die wiederum sich ihre 5 auch gut aussuchen ...

**SMART ENTREPRENEUR LAB**

Heads up: Ich werde im Kontext von Netzwerken und meinen 5 immer wieder gefragt, ob ich Teil von Mastermind Groups bin. Hier die Antwort, quick and dirty: Ja, und du kannst dabei sein! Wenn du dich sofort mit »like-minded people« umgibst und deine 5 exponentiell explodieren sehen willst, dann schau dir auf jeden Fall meine eigene Mastermind Group »Smart Entrepreneur

Lab« an. Check einfach www.matthewmockridge.com/mastermind und werde Teil der Family! Stell dir mal vor, dir steht 24 Stunden am Tag und 7 Tage die Woche eine Mastermind Community von Menschen aus aller Welt zur Verfügung, mit der du dich austauschen kannst und von der du direktes Feedback für deine neuen Ideen bekommst. Diese einzigartige Gemeinschaft hilft dir dabei, *Dein nächstes großes Ding* messerscharf zu machen, sodass es richtig gut funktionieren kann. Deine eigene Start-up-Family inklusive wöchentlicher Google-Hangouts und echter Entrepreneur-Gespräche, die dein Business durch die Kraft der Synergie unvorstellbar beschleunigen werden. Ein unvergleichliches Netzwerk aus motivierten Menschen, die dich umgeben und unendliche Antworten auf deine wichtigsten Fragen haben – das ist Smart Entrepreneur Lab. See you out there!

# 7. ÖKOSYSTEM LEBENS-/ARBEITSRAUM

Wie fühlt es sich an, am Schreibtisch zu sitzen? Wie inspiriert bist du dort wirklich? Bringt dein Arbeitsplatz das Beste in dir hervor, öffnet er dich für deine größten Ideen und Visionen und motiviert er dich, immer wieder über dich hinauszuwachsen und die beste Version deines Lebens zu leben?

Die Korrelation zwischen Raum und Ergebnis ist längst bewiesen. Dr. Ibrahim Karim präsentiert in seinem Buch *Back to a Future for Mankind* das Konzept der Biogeometrie. Räume, ihre Einrichtung und die ihnen zugrunde liegende Architektur haben laut seiner Recherche erheblichen Einfluss auf Energie, Harmonie und Vitalität. Fernab von spirituellen Feng-Shui-Feelings geht es in seinen Studien um wissenschaftlich belegbare Ergebnisse zur Wirkung von Räumen auf Menschen. Es gibt Experimente, die belegen, dass ein Bild an der Wand eines Raumes höhere Ausschüttungen von Serotonin hervorgerufen hat als jede chemische Droge. Dieser Fokus auf das physische Umfeld ist extrem spannend im Hinblick auf die Prozessoptimierung. Wir verbringen so viel Zeit im Büro. Das heißt, wir tragen Verantwortung gegenüber unserem eigenen Potenzial, diese Zeit effizient zu nutzen und jede Sekunde für die Maximierung unserer Möglichkeiten zu verbuchen! Sich einen inspirierenden Lebens- und Arbeitsraum zu schaffen ist extrem wichtig und glücklicherweise gar nicht so schwer.

**MEINE FÜNF TIPPS:**

_Handschriftliche Notiz: |kAn| → One way Mail_

### ORDNUNG

**Ordnung ist Fokus und schärft die Sinne. Jedes Blatt Papier, das herumliegt und nicht zugeordnet werden kann, schießt gegen deine Klarheit und Struktur.** Das heißt: Jedes Dokument, die Post oder anderen Kram am besten sofort bearbeiten und niemals ablegen. Smarte Office Tools wie Hängeregister stapeln sich nicht in die Höhe, sondern geordnet in die Länge, sauber beschriftet und archiviert. Jede Aufgabe, die nicht bearbeitet und gedanklich abgeschlossen wird, bleibt im Hinterkopf und besetzt Ressourcen. Das Gleiche gilt natürlich auch für den Desktop, Kalender und das E-Mail-Postfach. Ganz wichtig: Nicht auf jede einzelne E-Mail warten, um sie zu beantworten, sondern in komprimierten 90-Minuten-Sprints alles abarbeiten, was reingekommen ist, und dann zehn bis 20 Minuten Abstand nehmen, spazieren gehen, etwas essen, ein Gespräch führen, abschalten, um dann wieder frisch an den Start zu gehen. Ordnung ist Struktur und schafft Produktivität.

> **QUICK TIPP**
>
> One-way-E-Mails mit »kAn«
> (keine Antwort nötig) unterzeichnen,
> damit das Postfach nicht voll ist
> von Antworten wie
> Ja/Danke/Okay/Cool usw.

### BILDER

**Bilder sind Visionen, sie schaffen Fluchtorte und Inspiration, lenken ab und verbinden dich mit Emotionen deiner Wahl.**

Während ich dieses Kapitel schreibe, habe ich auf meinem Schreibtisch vier Bilder vor mir: meine Eltern, meine Familie, meine drei besten Freunde und Geschäftspartner und dann noch Michael Jordan, wie er unter Tränen den NBA-Championship-Pokal umklammert.

Bilder drücken emotionale Knöpfe, sie versetzen uns in andere Welten, sie geben uns Sicherheit und Kraft und sie sind Ebenbilder unserer Empfindungen. Schon ein kurzer Blick schafft einen Bruch, der gesund ist, weil er uns Kraft und Halt schenkt. Die Augen sind die Fenster zur Seele. Es geht nicht nur darum, was du siehst, sondern auch darum, was dich anschaut und was dich berührt. Lass nur schöne Bildnisse in deine Seele, Dinge, die dich froh, stolz und glücklich machen, denn ein Bild sagt immer mehr als 1000 Worte.

*Motivierende Bilder auswählen!*

## KÜCHE

**Schon während der wilden Studentenpartys in den USA war mir klar: In der Küche läuft die beste Party! Und auch heute noch in unserem Office ist die Küche immer wichtiger Dreh- und Angelpunkt, eine Art Schaltzentrale. Aber warum?** Die Küche ist ungezwungen, hier gelten nicht die üblichen Schreibtischgesetze, hier ist man Mensch, weil man Hunger hat. Hier werden normale Gespräche geführt, hier kannst du abschalten, hier fällt die Maske – alles wichtige Voraussetzungen für tolle Ideen, lockeres Mitdenken und frische Eindrücke. Ein Bruch in der Routine durch ein neues Umfeld und eine neue Aufgabe. Du bist zum Essen hier und dein Blick weicht für einen Augenblick von der unlösbaren Tagesaufgabe, und schon ist die Lösung da.

Das Potenzial der Küche ist riesig, um ein Vielfaches potenziert, wenn sie auch noch mit den richtigen Zutaten gefüllt ist. Ich empfehle frisches Obst und Gemüse, viel stilles Wasser (am besten einen Kühlschrank mit Wasserspender besorgen), Fisch (Räucherlachs schmeckt super, ist gesund und muss nicht noch zubereitet werden), Proteinpulver (für die Pumper), Vollkornbrot, frisch gepresste Säfte und Nüsse oder Studentenfutter. Am besten so oft wie möglich zusammen im Team essen, lachen, gute Gespräche führen und sich an der Partnerschaft freuen. Die Küche ist also immer auch eine gute Gelegenheit, um die Kultur der Firma und die Philosophie des Teams zu definieren und zu stärken.

## LICHT

**Ich verabscheue OP-Raum-Leuchtstoffröhren, die versuchen, künstliches Tageslicht zu erzeugen und dabei einfach nur steril und langweilig aussehen. Viel Tageslicht, warme (eher orange) Töne und helle Wandfarben schaffen eine angenehme Stimmung und schöne Atmosphäre.**

Was kannst du tun, damit du und dein Team möglichst lange im Büro sein wollen? Andersrum: Was würdest du tun, um deine Wohnung für ein nettes Date herzurichten? Richtig: aufräumen und eine schöne Lichtstimmung erzeugen. Es muss gemütlich und schön sein, angenehm und inspirierend. In unserem Office haben wir bodentiefe Fenster an der ganzen Front, eine große Dachterrasse, warme Lichtquellen und sanfte Deckenfluter sowie farbige LED-Leuchten, mit denen wir verschiedene Lichtbilder erzeugen können. Konzerte, Festivals und Clubs kreieren ganz eigene Welten nur über Lichtkonzepte. Mach es dir nett und du wirst gern im Büro sein und positive Emotionen mit deiner Arbeit assoziieren!

## KULTUR

Wofür steht dein Arbeitsplatz? Auf welcher Werte-Basis existiert das Team? Philosophie, Mission, Führung, Umgang und Moral sind die emotionale Einrichtung deines Arbeitsplatzes. Wie sieht er aus? Eher steril und glatt, gemütlich und warm oder einfach nur durcheinander?

Eine erfüllte Persönlichkeit, ein starkes Team oder auch ganze Unternehmen haben klare Visionen, teilen diese viel und offen und geben einander alles, was sie für die Erfüllung ihrer Träume brauchen. Sie vertrauen sich blind, sie teilen das letzte Hemd, sie kommen auf einer Basis von Prinzipien, gemeinsamer Passion und Glauben überein, so kongruent, dass unaufhaltsame Energie entsteht. Ein starkes Team räsoniert, man erkennt den Siegeswillen, sieht ihn in den Augen blitzen und spürt ihn in jedem Handschlag.

Mein Tipp für eine bessere Unternehmenskultur oder einfach nur mehr Sinn für dich ganz allein im täglichen Trubel deiner Träume: Stell gute Fragen!

Stell gute Fragen, erhalte gute Antworten und verändere in fünf Minuten den Spirit deines Umfelds!

*Werte!*

**WOFÜR STEHEN WIR?**

**WAS WOLLEN WIR?**

**WIE KOMMEN WIR DAHIN?**

**WIE SOLLEN ANDERE UNS SEHEN?**

**WAS WOLLEN WIR NICHT?**

*Produktiver Standort!*

**STURM STATT ABWEHR**

Ich lebe und arbeite in unzähligen Städten, weil wir durch unsere Events und durch meine Arbeit als Speaker viel unterwegs sind, aber meine Homebase ist und bleibt Köln. Und zwar nicht die Kölner City, sondern ein kleines Dorf, 15 Minuten außerhalb von Köln: Köln-Pesch! 30 Minuten entfernt von meinem Elternhaus und meiner Oma, in der Nähe von meinem Bruder. Umgeben von Wäldern und Seen und doch nah genug an der Stadt, um sich nicht komplett ausgeschlossen zu fühlen. Dieser Standort ist ganz bewusst ausgewählt. Die Mieten sind um ein Vielfaches günstiger als in der Stadt, ich gehe gern am See spazieren, es gibt Parkplätze und vor allem spiele ich hier draußen immer nur im Sturm. In der Stadt spielst du oft sehr häufig nur noch Abwehr. Alle wollen etwas von dir, laden sich zum Lunch ein, viele Meetings, abends gibt's noch Drinks – die eigene Produktivität fällt der Stadt oft zum Opfer. Mein Standort erlaubt es mir, nur noch im Sturm zu spielen. Ich mache die Regeln, ich lade Menschen zu mir ein, wenn ich das möchte, ich habe Ruhe, lebe meinen Zeitplan und nicht den Zeitplan der Stadt, der Rushhour und der Masse. Ich bin aktiv und nicht reaktiv, eine Produktivitätsstrategie, die es mir erlaubt, deutlich mehr zu schaffen und dabei viel entspannter zu sein.

Finde einen Standort, der dich im Sturm positioniert, nicht in der Abwehr – dann fallen Tore!

**WOFÜR SIND WIR DANKBAR?**

**WAS MACHT UNS STARK?**

**WIE KÖNNEN WIR DAS VERHINDERN?**

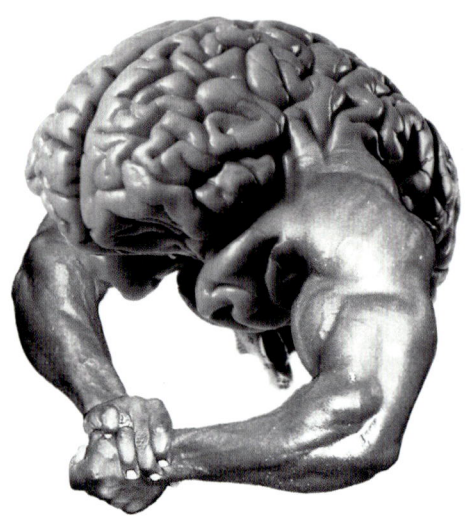

## 8. DAS KREATIVE GEHIRN UND DEIN BIZEPS

Das Gehirn ist ein Muskel, der tatsächlich trainierbar ist. Ich bin ein großer Fitnessfan, bin sechsmal die Woche im Fitnessstudio, achte auf meine Ernährung, besitze teures Equipment und gute Pläne, beschäftige mich mit Nahrungsergänzungsmitteln und habe Fitness wirklich zu einem Teil meines Lebensmodells gemacht. Warum? Es ist ein toller Ausgleich: Ich starte mit einem guten Training und gesundem Frühstück super in den Tag. Die »Ich fühle mich richtig gut«-Neurotransmitter wie Endorphin, Dopamin und Serotonin werden im Körper ausgeschüttet – eine gesunde Droge. Der daraus resultierende Körperbau ist natürlich auch super – ein tolles Konzept!

Der Killer: Mit deinem Gehirn kannst du genau das Gleiche tun! Beweis: Die Orientierung eines jeden Menschen befindet sich im sogenannten präfrontalen Cortex, Teil des Frontallappens der Großhirnrinde auf der Stirnseite. Bei Taxifahrern aus London, dessen Straßennetz in Sachen Komplexität einen absoluten Höllenritt darstellt, haben Wissenschaftler festgestellt, dass Teile ebendieses präfrontalen Cortex deutlich größer sind als bei anderen Menschen. Die kontinuierliche Forderung, die Auseinandersetzung mit der Materie, der Lern- und Trainingsprozess haben zu einem echten Muskelzuwachs geführt – im Gehirn! Quasi ein Six-Pack-Waschbrettbauch im Kopf! Das Ganze nennt sich neuronale Plastizität. Was wäre also, wenn wir die Lehren aus dem Fitnessstudio auf unsere Denkwege, unsere Lernprozesse und unsere Weiterbildung übertragen würden? Kann ich mein Gehirn bewusst trainieren, und zwar außerdem speziell den Teil des Gehirns, der für die Kreativität zuständig ist? Yes, Sir!

Das Gehirn trainieren!

# NO PAIN — NO GAIN!

Ganz konkret und als Pendant zum Bankdrücken: Schreib 3 x 10 Ideen auf. Die ersten paar sind leicht, natürlich, genau wie beim Training, aber das Wachstum, der Reiz, der Muskelaufbau liegt in den späteren, den letzten Wiederholungen. Geh dahin, wo es wehtut, wo du nicht mehr kannst, wo es scheinbar keine Ideen, keine Kraft mehr gibt. Geh über Grenzen hinweg und du wirst wachsen!

Und übrigens: Auch alle anderen Konzepte aus dem Gym sind auf das Training des kreativen Gehirns übertragbar. Besorg dir einen Trainingspartner, der dich motiviert und der an dich glaubt! Sport lehrt dich das Verlieren, unterstreicht die Tatsache, dass ein Verlust nur ein Feedback und nicht das Ende ist. Der Schmerz geht vorüber, der Muskel heilt – im Leben, im Business und im Bizeps. Trainier regelmäßig, bemerk deinen Fortschritt, mach einen Plan, iss gesund, lass kein Training aus, bilde dich weiter, lies Fachliteratur, mach Pausen, um zu wachsen, hör niemals auf, sei geduldig! Ergebnisse kommen nicht über Nacht – du integrierst einen ganz neuen Teil in dein Leben, das passiert über Jahre, nicht Tage. Freu dich über die Reise und fixiere nicht die Ankunft! Setz dich Ideen aus, generier Ideen, unterhalte dich über Ideen, lies, schreib, hör, schau, immer weiter, bis es wehtut, und du wirst irgendwann wirklich fit sein. No pain – no gain!

# 9. DEIN KILLER-TEAM UND DESSEN MITGLIEDER

In den besten Teams wird es zwischendurch mal richtig laut, nicht aus Respektlosigkeit, aber weil die eigene Meinung wirklich verteidigt wird. »Jasager« sind unkompliziert, bringen aber keinen Mehrwert auf dem Weg zum bestmöglichen Ergebnis. In unserem Team fliegen immer wieder mal die Fetzen, Meinungsverschiedenheiten sind ganz normal und jede Idee wird sofort angegriffen, weitergedacht, auf links gedreht, getestet und provokant erwidert. Wirklich gute Ideen entstehen dann, wenn der augenblickliche Status herausgefordert wird, wenn jemand mehr will, kritisch hinterfragt und sich nicht mit scheinbar passablen Kompromissen zufriedengibt. Umgib dich immer mit starken Persönlichkeiten und konstruier ein Team aus verschiedenen Menschentypen!

HIER SIND DIE TYPISCHEN KANDIDATEN
EINES ALL-STAR-TEAMS:

### DER TRENDSCOUT

**Er ist viel unterwegs, stöbert, liest alles, was ihm in die Finger kommt, spricht mit jedem, kennt jeden, hat ein gutes Auge für Dinge, die funktionieren, oder spürt, dass sie bald funktionieren könnten.** Ein analytischer Hipster, ein Querdenker, nicht klassisch, aber emotional intelligent. Ein Connector mit schwarzem Gürtel im Small-Talk-Kung-Fu. Hat im Ausland gelebt, selbst immer auch (ein wenig) Trendhure. Er sieht das nächste große Ding zuerst und braucht ein Team um sich herum, das seine Beobachtung mit Leben füllt. Sagt Dinge wie: »Skaliert ohne Ende!«

### DER GENERAL

**Kurze, abgehackte Sätze in Wort und Schrift, glasklare Ansagen, brutale Ehrlichkeit. Meistens mit den Finanzen der Firma betraut. Spricht fließend über Steuermodelle, korrekte Rechnungsstellung und generelle Buchhaltungsthemen.** Der Bad Cop in jeder Verhandlung! Fordert fehlende Bankbelege und Quittungen ein und droht mit Konsequenzen. Er durchleuchtet jede neue Idee mit dem Spotlight der Finanzabteilung: Was wird es kosten, ist es tragbar? Ein Realist, der jede noch so große, anfängliche Euphorie auf den Boden der Tatsachen zurückholt. Typischerweise ein Excel-Profi mit ultraaufgeräumtem Schreibtisch und farblich gekennzeichneter, perfekt sortierter Dokumentenablage. Sagt Dinge wie: »Yes, wir kriegen noch Skonto!«

### DER KREATIVE

**Hornbrille, ultra-intelligent, zeichnet freihändig fotoechte Porträts und versteht Kunst besser als jeder andere. Wortgewandter, rhetorischer Scharfschütze mit beeindruckendem Fachvokabular aus allen Bereichen.** Er bedient sich künstlerischer Eindrücke aus aller Welt, die er in Museen, Büchern, Blogs und Ateliers aufgesogen hat, und verarbeitet sie in Perfektion zum Gesicht einer neuen Idee. Hier geht es niemals nur um die Frage, wie dieses Gesicht aussehen soll, sondern vor allem auch um das »Warum?«. Scharfkantige Positionierung, kaum spürbare Nuancen, die das Produkt trotzdem sehr klar von allem Bekannten abheben. Er ist ein freigeistiger Artwork-Ninja mit der Gabe, ein griffiges Profil zu entwerfen, wo vorher nur Gedanken waren. Sagt Dinge wie: »Schöner Font!«

### DAS ARBEITSTIER

Die Idee ist an Bord, hat ein Gesicht und ist finanziert – jetzt kommt er! Fit, stark, ein Leader und Anpacker. Schnell, zielsicher, ein Spielmacher und Motivator. Organisiert und sympathisch, bekannt an der Front. Er hat ganze Mannschaften unter sich und bringt die Idee auf die Straße. Sein Tisch ist immer zu voll, weil er von allen anderen beschossen wird und diese Flut an Lust auf mehr kanalisieren muss, um sie umsetzen zu können. Wie ein Maurermeister auf dem Bau zieht er eine tragende Wand nach der anderen hoch, macht sich dreckig und kommt rum. Er ist immer da, man kennt und mag ihn draußen. Sagt Dinge wie: »Boah, ich bin komplett am Arsch!«

### MR. MARKETING

Die vier Ps hat er auf den Oberarm tätowiert. Ein cooler Nerd mit gekonntem Kleidungsstil. Er begreift Verhaltensmuster, antizipiert die Perspektive des Kunden, jongliert treffsicher mit Zielgruppenjargon und lebt auf Facebook, und zwar dem Back- und Frontend. Er besucht Seminare, begreift die Wichtigkeit von A/B-Tests, von Recherche und von Reichweiten, interessiert sich nicht für Sales, sondern für Conversions und CPOs (Cost per Order). Er argumentiert nicht mit Emotionen, sondern mit CTRs (Click-Through Rates) und trommelt on- und offline eine Gefolgschaft aus treuen Fans zusammen, die den Ball erst wirklich ins Rollen bringen. Sagt Dinge wie: »Call to action!«

### DIE LADY

Der Laden läuft jetzt und braucht genau wie eine Familie: Liebe, Organisation, Menschlichkeit, Freundlichkeit – kurzum: eine Frau! Ladys, was würden wir nur ohne euch machen?

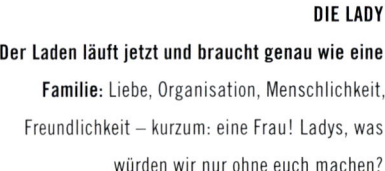

FOLGENDE TYPEN SOLLTEST DU
UNBEDINGT VERMEIDEN:

### DER HAI

Groß, meistens gut aussehend, eloquent, rechthaberisch. Vorsicht! Der Hai ist immer auf
den eigenen Vorteil aus, ein Einzelgänger, der
keine Scheu davor hat, die Gruppe auszunutzen.
Er ist egoistisch, selbstverliebt, oft hinterhältig
und geizig. Mögliche Art der Zusammenarbeit:
klare Verträge, auf keinen Fall Beteiligungen,
offene Gespräche und klare Kommunikation. Es ist
wie beim Tauchen: Solange du den Hai im
Auge behältst, nicht in Panik gerätst, keine Angst
zeigst und er gefressen hat, ist dieses Tier
wunderbar anzusehen und oft zu unglaublicher
Performance in der Lage. Sagt oft Dinge wie:
»Das sehe ich anders!«

### DER PESSIMIST

»Alles eher schwierig« lautet sein Motto. Das
Problem: Er hindert Teams oft daran, einfach
zu starten oder weiterzumachen, wenn es
wirklich schwer wird – immer eine Gratwande-
rung zwischen Realismus und schlichter
Schlechtrederei. Ganz wichtig ist es hier, möglichst schnell die Tendenzen zu erkennen und
den Pessimisten entweder zu überzeugen
(kann auch eine schöne Aufgabe sein, um deine
Argumentation noch mehr zu schärfen) oder
diesen Typen einfach komplett zu vermeiden.
Sagt oft Dinge wie: »Nein, niemals!«

### EVERYBODY'S DARLING

Eigentlich supernett, aber leider etwas farblos.
Immer damit beschäftigt, es jedem recht zu
machen, dadurch leider aber auch nie in der
Lage, etwas wirklich durchzuziehen. Das
folgende Zitat von Konfuzius beschreibt sein
Dilemma perfekt: »Wenn du zwei Hasen jagst,
fängst du keinen!« Die Eigenschaften von »Every-
body's Darling« äußern sich meistens erst nach
längerer Zusammenarbeit, da am Anfang die
Schwäche, als Nettigkeit getarnt, etwas zu lang
unter dem Radar bleibt. Da es dieser Typ eigentlich einfach nur gut meint, ist es auch nur fair,
ihm zu helfen und ihm klarzumachen, dass seine
Meinung gefragt ist, auch wenn sie wehtut.
Sagt oft Dinge wie: »Hm, das ist beides richtig!«

## OTTO NORMAL

Sein Problem: Es gibt ihn zahlreich, und er meint es nicht böse. Aber Otto Normal ist so normal, dass alle Dinge, die du vorhast, deine Visionen, deine Träume, deine Pläne, für ihn einfach eine Nummer zu groß sind. Er ist noch nie aus seiner Heimatstadt rausgekommen, er hat noch nie an siebenstellige Geldbeträge gedacht, er ist immer eher angestellt und weisungsgebunden als Freigeist und Visionär. Eine inspirierende Herausforderung an den Leader, diesem Typ Bilder zu schenken, die ihn antreiben und über sich hinauswachsen lassen, aber oft ist die Narbe schon zu tief – er ist halt »normal«. Mein Speaker-Buddy Tobi Beck würde sagen: ein Bewohner. No problem, aber no value für dein Team! Wer nicht träumen kann, kann nichts realisieren. Sagt oft Dinge wie: »So was gibt es?«

## JEDES TEAM HAT EINEN TRAINER – FINDE EINEN MENTOR!

*Mentor ausreden!*

Bevor wir in die einzelnen Mentorentypen einsteigen, hier ein Quick Tipp für den Pitch: Schaff Werte: Eine E-Mail wie »Hey, ich finde dich super, wäre toll, wenn wir mal was essen gehen könnten und ich dich ausfragen kann!« funktioniert niemals. Der Schlüssel ist eine relevante Info. Finde eine Person, die das hat, was du gern hättest; so kannst du davon ausgehen, dass diese Person all das weiß, was du noch lernen musst, um dahin zu kommen, wo du hinmöchtest – nämlich dahin, wo dein potenzieller Mentor gerade ist. Jetzt ist Fleiß gefragt (wobei dieser Input im Vergleich zur potenziellen Ersparnis an Zeit/Geld absolut okay ist): Lies alles, was es über die Person zu lesen gibt, studier ihren Auftritt (online/offline), schau dir die Videos an, begreif ihre Strategien, Ansätze, Ziele und Positionierung. Dein Ziel muss es sein, einen Teilbereich zu finden, der optimiert werden kann und den du optimieren kannst. Bestenfalls in einem Tätigkeitsbereich, der deinen Wunschmentor Zeit und Nerven kostet.

**DANN SCHREIB EINE MAIL WIE FOLGT:**

»Hey, ich bin mir sicher, dass Du wenig Zeit hast, daher schreibe ich Dir kurz und knapp: Habe mir Deine Videos angesehen und finde, diese könnten noch optimiert werden. Ich selbst bin Video-Editor, in der Anlage findest Du aktuelle Projekte von mir. Ich würde Dir gerne anbieten, Deine Videos für Dich zu schneiden, kostenlos und optimiert, sodass Du Deine knappe Zeit auf Wichtigeres fokussieren kannst. Wie ein leckeres Dinner mit mir! Ich hätte ein paar Fragen an Dich zum Unternehmertum. Würde mich freuen, wenn das klappt! (Ich habe gelesen, dass Du Sushi magst, und kenne das beste Sushi-Restaurant der Stadt.) Vielen Dank im Voraus.« (Immer im Voraus bedanken, um den Empfänger in eine Abhängigkeit zu bringen.)

Eine solche Mail ist extrem effektiv, und es ist schwer, hier eine Absage zu erteilen, weil die angebotenen Werte so stark sind. Mach deine Hausaufgaben und biete echte Werte. Was für eine Mail würdest du gern bekommen? Denk rückwärts!

**FOLGENDE MENTORENTYPEN SIND
TYPISCHERWEISE GERNE AM START:**

### DER VETERAN

**Er ist satt. Hat drei Firmen verkauft, ist Berater in drei weiteren, im Vorstand der Handelskammer, politisch aktiv, toller Vater, jede Woche auf dem Golfplatz und ein echtes Business-Urgestein.** Finde diesen Typ, ahme ihn nach, denn er kann dich wirklich weiterbringen! Hier geht es um Gefühl, Sprache und Vokabular, Gehabe, Connections, Erfahrungen, unzählige Fehler, aus denen du lernen und so vermeiden kannst, sie selbst zu machen (Zugewinn an Geld und Zeit), Mindset, Werte und Ansichten. Weil er genauso angefangen hat wie du, kennt er die Situation und ist deshalb gerne bereit, sein Wissen zu teilen. Emotionen sind ihm mittlerweile wichtiger als Geld, und sein Wissen zu schenken und damit zu helfen löst eine der dankbarsten Emotionen aus, die es gibt. Finde ihn auf Empfängen (schau nach dem Typ, der alle kennt und den alle kennen), Seminaren (selbst Speaker oder VIP-Gast), dem Golfplatz (oder Tennis, je nach Präferenz), in St. Moritz, Südfrankreich oder Palm Beach, Florida (nicht Miami – da ist das Geld zu schnell verdient worden, als dass es legal gelaufen sein könnte). Sagt oft Dinge wie: »Herrlich!«

## DER JUNGE ALTE

Er ist eigentlich fertig, über seinen Zenit hinaus, aber er will noch mal ran! Mit lässiger Lederjacke und Sneakers spricht er noch nicht ganz flüssig die Sprache seiner jungen Unternehmerkids, aber er will unbedingt dazugehören. Die Power seiner Start-up-Jungs motiviert ihn und soll ihm zu seinem zweiten (Business-)Frühling verhelfen. Sehr geil, denn er hat jetzt richtig Bock! Hier werden monatliche Advisor Meetings, unlimitierte Beratungstelefonate, Pitch-Trainings und Kontakte eingetauscht gegen das Gefühl, gebraucht zu werden, zu helfen und etwas zurückzugeben. Ihr helft euch gegenseitig, eine Win-win-Situation. Enjoy! Er sagt oft Dinge wie: »Super Ding, und jetzt gehen wir aber noch einen trinken, oder, Jungs?«

## QUICK TIPPS FÜR DEINE
## KILLER-TEAM-REKRUTIERUNG

Dein Killer-Team besteht neben den eben detailliert beschriebenen Typen im Überbau aus zwei Arten von Mitarbeitern: Machern und Managern – später mehr dazu. Du musst beide im Team haben. Die Wertesysteme und Ansätze dieser beiden Typen sind komplett verschieden; deshalb müssen sie auf unterschiedliche Art und Weise rekrutiert werden. Stell dir das Ganze wie ein Date vor, mit komplett verschiedenen Menschen. Du findest die Personen an verschiedenen Orten, sie haben verschiedene Geschmäcker und Erwartungen, deine Gameplans sind zu 100 Prozent verschieden:

**WIE DU MANAGER REKRUTIERST:**
- Job Postings in den üblichen Foren und Zeitschriften. Manager lesen über andere Manager.
- Klare Aufgabenbeschreibung
- Gutes Gehalt
- Klare Strukturen und Kommunikationswege

**Die Anzeige beschreibt, was die Person für das Unternehmen tun muss.**

Diese Unterschiede im Rahmen der Rekrutierung gelten nicht mehr, wenn es um Motivation geht. Sind die Plätze einmal mit den richtigen Kandidaten belegt, funktioniert eine allumfassende Motivationsphilosophie, solange der Teamgeist und die Unternehmenskultur stringent sind (später mehr).

### FÜNF UNERWARTETE WAHRHEITEN ÜBER MOTIVATION

Steffen Kirchner spricht in seinem Buch *Totmotivert?* über 13 uralte Motivationslügen, die er klug widerlegt – das Buch solltest du auf jeden Fall lesen! Hier findest du fünf Wahrheiten, die ich für besonders wichtig halte:

#### GELD MOTIVIERT NICHT!

Der größte Motivator ist die Person, die man werden kann, wenn man hart genug an sich arbeitet, dicht gefolgt von echter Wertschätzung. Visionen über Mensch und Unternehmen und ernst gemeintes Lob sind die Schwergewichte echter intrinsischer Motivation, egal bei wem.

#### MENSCHEN WOLLEN HIERARCHIEN!

Die Annahme, dass flache Hierarchien Menschen motivieren, ist nicht richtig. Hierarchien schaffen klare Kommunikationswege. Solange Mitarbeiter in einer funktionierenden Struktur verankert sind, bleiben sie motiviert. Verwirrung und Unsicherheit hemmen Motivation, Hierarchien sind förderlich.

**MOTIVATION DURCH SPASS IST
NUR HALB RICHTIG!**

Ja, Menschen wollen Spaß haben, und Spaß
fördert Motivation, was nicht heißt, dass
der Arbeitsplatz ein Spielplatz sein soll, sondern
dass der Spaß an guter Arbeit gelebt wird.

**DER NETTE CHEF MOTIVIERT NICHT!**

In dem Moment, in dem der Chef die Interessen
der Mitarbeiter über die Interessen der Firma
stellt, stellt er sie auch über die Interessen
der Kunden und schießt so gegen die Basis und
Daseinsberechtigung des Unternehmens.

**BETEILIGUNGEN AN DER FIRMA SIND KEINE MOTIVATION!**

Ich dachte auch immer, dass Equity in meinen Firmen meine Mitarbeiter
motivieren würde, aber das Gegenteil ist der Fall. Die meisten
Menschen wollen keine Unternehmer sein. Manager wollen managen,
ohne Risiko. Lass sie das tun und motivier sie mit großen Visionen
und echtem Lob (siehe oben) – Anteile motivieren sie nicht. Schlechte
Mitarbeiter haben keine Anteile verdient und wären ohnehin nie
zufrieden mit den angebotenen Anteilen. Wenn in der Kreisliga und im
Mittelfeld zu viele Anteile verteilt werden, ist das einzige echte
Resultat eine Sturmspitze, die aufgrund der wenigen übrig gebliebenen
Anteile nicht motiviert ist – ein Genickbruch.

In seinem Klassiker, der Businessbibel *Good to Great* (unbedingt lesen!),
spricht Jim Collins über den »Bus« als das wichtigste Bild für ein
gutes Team. Die richtigen Leute in den Bus, die falschen raus!
Dann die richtigen Leute auf die richtigen Plätze im Bus! Dieses
Szenario versichert, dass der Bus ankommt, auch wenn noch keiner weiß, wo es hingeht. Ich würde das Ganze noch weiterführen
und klarstellen, wie wichtig es ist, dass der Bus die richtige Route
fährt, um neue Leute einzusammeln (siehe Rekrutierung), und dass
das Klima, die Beinfreiheit und der generelle Komfort im Bus wirklich
gut sind (Stichwort: Motivation).

**DEIN PERSÖNLICHE A-TEAM**

Starte deinen Bus und besorg dir dein Killer-Team, dein persönliches A-Team!

# 10. WENIGER IST MEHR

Not macht erfinderisch. Alte Weisheit, aber absolut richtig! Es gibt keine bessere Position, als mit dem Rücken zur Wand zu stehen, wenn es wirklich um Ergebnisse geht. Erfolg, vor allem finanzieller Erfolg, birgt immer auch die Gefahr der Trägheit. Warum Dinge noch mal hinterfragen, wenn das Resultat gar nicht perfekt sein muss, weil nichts auf dem Spiel steht?

Ich habe mit meinen Jungs die einflussreichste, lehrreichste, intensivste und vor allem wachstumsstärkste Zeit erlebt, als wir gerade gestartet waren und wirklich wenige Ressourcen zur Verfügung hatten. Unser Office war ein Starbucks-Café, wegen des Internets. Wir haben die ersten »NEONSPLASH – Paint-Party®«-Flaschen selbst abgefüllt und etikettiert, in meinem Keller, nächtelang.

Wir sind von Party zu Party Hunderttausende von Kilometern im Jahr selbst gefahren, haben im Auto gepennt, im Büro gewohnt, haben selbst aufgebaut, selbst abgebaut, uns alles selbst beigebracht und jeden Euro gespart und wieder in die Company investiert. Dieses Feuer brannte lichterloh, nicht nur weil wir motiviert waren, sondern vor allem auch, weil es einfach nicht anders ging.

Ich kenne viele smarte Jungs, die noch vor dem ersten Euro Profit schon die zweite Finanzierungsrunde gedreht haben. Da hat es noch nie wirklich gebrannt. Kein schlechtes Modell, aber schade um die emotionale Erfahrung, die einem dabei verwehrt bleibt. Oft sind es die kleinen Buden, die wenig haben, die wirklich gute Ideen entwickeln. Es gibt eine tolle Metapher für Unternehmertum: Du springst von einem Hochhaus und musst auf dem Weg nach unten ein Flugzeug bauen. Das Ganze tut potenziell natürlich aber nur dann wirklich weh, wenn du keinen Fallschirm hast. »No strings« – nur dann hast du wirklich Angst und gibst Kette! Sieh vermeintliche Niederlagen als Chancen, finde den Schatz in jeder Situation, egal wie schwer sie zu sein scheint. Die Komplexität deiner Herausforderung korreliert mit der Genialität deiner Ergebnisse! Wenn du wirklich brennst, kommen alle und wollen am Feuer stehen!

### DIE FRAGE NACH DEM GELD: IST AUCH DA WENIGER MEHR?

»Geld macht nicht glücklich«, lautet einer der ältesten Sätze aller Zeiten. Ich muss ihn aufgreifen und vor allem in diesem Kapitel kurz darauf eingehen, weil dieser Satz auch mich auf meinem Weg immer wieder gepackt und zum Nachdenken angeregt hat. Meine Meinung: Er stimmt nicht (ganz).

Wir werden keinen langen Exkurs machen, aber wenn dich dieser Satz auch immer wieder packt, dann lass uns das eben zusammen durchziehen. Ganz grundsätzlich: Es gibt ohne Zweifel eine Korrelation zwischen Glück und Geld in Verbindung mit deinem Standort. Menschen, die in Teilen der Welt leben, in denen es kaum Wasser, Nahrungsmittel oder Medizin gibt, sind zwangsläufig weniger glücklich und erleben oft Unglück als echte physische Bedrohung: Hunger und Schmerz führen zu schrecklichem Leid. Aber ändern wir für einen Augenblick die Parameter: Wir gehen davon aus, dass für die Basics gesorgt ist. Ist ein wohlhabender Mensch dann automatisch glücklicher als jemand, der weniger Kaufkraft besitzt? Die Antwort liegt nicht in der Menge des Geldes bzw. der Höhe der Kaufkraft, sondern in der Art der Anschaffungen. Denk mal darüber nach!

Geld ist immer relativ, immer mit Emotionen verbunden und mit dem Gefühl, das die Anschaffung hervorrufen kann. Beispiel: Du findest 100 Euro auf der Straße. Dein Gefühl ist ganz anders, als wenn die gleichen 100 Euro in der Nebenkostenabrechnung deiner Wohnung gutgeschrieben werden. Der Wert ist der gleiche, der Effekt, die Emotion, das Glück – sind total verschieden. Geld funktioniert abhängig vom Kontext, nicht vom Kontostand. Es macht Menschen glücklicher, wenn sie Geld für andere aufwenden und nicht für sich – das ist wissenschaftlich belegt. Das Gefühl, ein Geschenk zu machen, gemessen an emotionalem Feedback, an Glück, übertrifft meistens (und vor allem längerfristig) das Geschenk als solches. Aushelfen ist immer stärker als Anhäufen.

Unglück in Verbindung mit Geld hat seine Wurzeln also umgekehrt auch nicht beim Geld als solchem, sondern bei dem falschen Grund, das Geld auszugeben. Walter Slezak hat einmal gesagt: »Viele Menschen benutzen das Geld, das sie nicht haben, für den Einkauf von Dingen, die sie nicht brauchen, um damit Leuten zu imponieren, die sie nicht mögen.« Wie wahr! Das Unglück liegt im Vergleich, beim Kräftemessen, im Hamsterrad einer Gesellschaft, die durch Neid motiviert ist. Wer immer ein bisschen mehr haben will als alle anderen, wird niemals zufrieden sein; das eigene Glück wird zur Karotte an der Angel, ein Gefühl, das man nie erreichen kann, weil die Situation falsch konstruiert ist. Die wahre Schönheit des Gebens ist: Bei einem Geschenk gibst du immer mehr, als jeder hätte erwarten können – das ist Win-win, echtes Glück.

Und wenn du etwas für dich kaufst, dann mach dir bewusst, welche Art deiner Anschaffungen zeitlos sind. Eine Anschaffung, an der du immer Freude haben wirst, die niemals ihren Reiz verliert, die dir vielleicht sogar mit der Zeit immer mehr Freude und Glück schenkt: Eine der wenigen Investitionen, die diese Kriterien erfüllt, ist deine Erinnerung: Urlaube, Dinner, Kino, Theater, tolle Gespräche, eine echte Umarmung, ein ehrliches Lachen, aufrichtige Tränen. Schenke dir selbst und den Menschen um dich herum tolle Erinnerungen, und das Geld, das du dazu verwendest, wird dich wirklich glücklich machen, weil es diese Momente möglich macht.

Heads up: Das Gegenteil von Glück ist nicht Unglück, sondern Langeweile. Und der größte Feind der Langeweile ist Begeisterung! Finde etwas, was dich ehrlich begeistert, und dein größtes Glück wird dir folgen. Wie findest du das, was dich ehrlich begeistert? Die Antwort auf diese Frage kann eine der teuersten Antworten sein, die du dir jemals leisten wirst. Also hau ich sie dir eben for free raus: Frag dich, was du tun würdest, wenn Geld plötzlich egal wäre. Wenn heute eine Milliarde Euro auf deinem Girokonto herumliegen würde. Was würdest du dann machen? Woran würdest du dann arbeiten? Was wären dann deine Ziele? Aus dieser Richtung weht der Wind, der Gewinner, Amigo. Hier ist deine tiefste Begeisterung versteckt! Nimm die Kohle aus der Gleichung, und die Rechnung geht endlich auf!

# IDEENFINDUNGS TOOLS

Okay, es gibt Werkzeuge. Wie auf jeder Baustelle dieser Welt gibt es für jede Problemstellung das passende Werkzeug. Und das ist auch gut und wichtig. Schon mal versucht, mit einem Schraubenzieher einen Nagel in die Wand zu schlagen? Gar nicht so einfach! Interessant bei Ideenfindungsprozessen ist aber Folgendes: Wir wissen oft vorher noch gar nicht, ob wir einen Nagel in die Wand schlagen müssen oder ob es überhaupt eine Wand gibt. Die Idee kreiert die Anforderung. Bevor es also um Werkzeuge geht, definierst du zunächst einmal die Baustelle. Wie ein Pionier bahnst du dir Pfade durch unerschlossenes Terrain. Allein dein Gespür ist dein Kompass.

Lass mich dir eine Orientierungshilfe geben, einen Leuchtturm in der Ferne, der dich zumindest in die richtige Richtung führt! Ich möchte dich bewaffnen mit wirklich messerscharfen, absolut praktikablen Tools und Theorien, mit denen du sofort Ideen produzieren wirst. Diese erprobten Techniken für bewiesene Erfolge werden schon bald dir gehören. Lies einfach weiter!

# 1. 100 EURO AM TAG

Es ist oft einschüchternd, auch für mich, sich vor eine wirklich weltverändernde Milliarden-Idee wie vor den Mount Everest zu stellen und über die Strategie für den Aufstieg nachzudenken. Wichtiger Grundsatz für die Umsetzung: Jede Milliarden-Idee war mal winzig. Jeder Profi war mal ein Amateur. Der Schlüssel: Denk die Aufgabe einfach etwas kleiner, und automatisch fängst du an, deinen ganz eigenen Mount Everest hinaufzuspazieren. Sicherlich hast du noch viel vor dir, aber zumindest bist du unterwegs. Der erste Schritt ist immer der schwerste. Diesen zu gehen katapultiert dich aber schon in die Top-1-Prozent der Menschen, die nicht nur reden und fantasieren, sondern die sich wirklich auf den Weg machen, um ihren Traum zu leben und ihre Ideen wahr zu machen!

Dein Kickstart ist folgende Überlegung: Wie kann ich heute 100 Euro verdienen? Nicht 1.000, auch nicht 10.000 und schon gar nicht 1.000.000.000. Starte mit 100 Euro! Denk daran: Wir wollen einfach losspazieren, ohne Angst, ohne Zweifel, aber mit einem klaren Ziel. Es geht immer noch »nur« um den ersten Schritt. Wenn du also anfängst, darüber nachzudenken, wie du heute 100 Euro verdienen kannst, entstehen erste Visionen und Überlegungen, die du bloß nutzen musst, um auf Kurs zu bleiben und Fahrt aufzunehmen.

# DEIN GESPÜR IST DEIN KOMPASS!

Schreib deine Ideen immer sofort auf, sonst drehst du dich auf deinem Weg im Kreis! Kennst du das Gefühl, wenn du eine Idee im Kopf hast oder dich an etwas erinnerst und 10 Sekunden später ist es weg, als ob es nie existiert hätte? Damit bist du nicht allein, das ist völlig normal, muss aber systematisch verhindert werden, indem du alles aufschreibst, was dir in den Sinn kommt (im Handy, auf dem Notizblock, auf einer Serviette oder was sonst noch so rumliegt). Mach dir zum Ziel, fünf Ideen zu generieren, die heute 100 Euro umsetzen könnten – und jetzt wird es interessant! Du hast die Basis, bau auf dieser Basis auf!

Wie kannst du deine Basisideen größer denken? Beispiel: Eine deiner Ideen ist es, alte Klamotten auf eBay zu verkaufen. Okay, ist gebongt, damit kannst du heute 100 Euro verdienen, einverstanden. Aber wie kann auf dieser Basis die Idee wirklich wachsen, wirklich gut werden? Was wäre, wenn nicht nur deine Klamotten verkauft würden? Wie sieht es aus, wenn du potenziell die Klamotten jeder Person in deinem Freundeskreis auf eBay verkaufen könntest und für den Service einen Prozentsatz vom Umsatz erhieltest? Schon besser! Und was, wenn es nicht mehr nur um deinen Freundeskreis, sondern um jeden Menschen geht, der seine Klamotten loswerden will, aber keine Zeit, Lust oder Expertise im Onlineverkauf über eBay hat? Was wäre, wenn du die einzelnen benötigten Schritte im operativen Prozess (Kleidung fotografieren, Artikel einstellen, bepreisen, Artikel versenden, Bewertungen managen usw.) so systematisieren könntest, dass du den operativen und zeitintensiven Teil deiner Idee jetzt an jemand anderen abgeben könntest? (Das kann so simpel sein, wie zum Beispiel die ganzen Schritte einmal aufzuschreiben und komplexe Bedienschritte am PC einfach per Screencast-Bildschirm abzufilmen und zu moderieren, was gerade gemacht wird.)

> **QUICK TIPP**
>
> Denk schon am Anfang deiner Idee darüber nach, wie du die einzelnen Schritte systematisieren kannst, um dich selbst ersetzbar zu machen, deine Killer-Idee beinhaltet keine 40-Stunde-Woche voller Klamotten-Fotografieren.

Das Ergebnis: Amigo, du bist deinem Mount Everest grade deutlich näher gekommen. Nicht weil du ein Zauberer bist, sondern weil du einfach losgegangen bist, klein angefangen hast. Du bist systematisch deiner Angst ausgewichen, hast eine Basis geschaffen und diese aufgeblasen. Eine der größten und einflussreichsten Geschäftsideen der letzten zehn Jahre, das soziale Netzwerk Facebook, hat als Netzwerk für einen einzigen Uni-Campus angefangen, bevor es Schritt für Schritt die Welt eingesammelt hat. Step by step, Malen nach Zahlen. Mach dich einfach auf den Weg!

Ganz wichtig: Entscheide dich, bevor du losgehst, wo dein Weg hinführen könnte. Such Wege mit unendlichem Potenzial, ohne Limitierungen. Auf welchem Weg kannst du einer Milliarde Menschen begegnen, denen du helfen kannst? Welcher Weg birgt exponentielles Wachstum? Mach dir vor deinem ersten Schritt die Kraft von exponentiellem Wachstum bewusst. Wenn du auf deinem Weg 100 »normale« Schritte gehst, bist du 100 Schritte weiter. Wenn du aber auf deinem Weg 100 exponentielle Schritte gehst (für alle Mathe-Granaten wie mich bedeutet das 1, 2, 4, 8, 16, 32 usw.), dann bist du nach der gleichen Anzahl Schritte über eine Milliarde Schritte weiter, oder mit anderen Worten: gerade um die Welt spaziert. Such dir einen grenzenlosen Weg, denk in exponentiellen Fortschritten und dann setz einfach den ersten Fuß vor. Let's do this!

**MIT 100 SCHRITTEN UM DIE WELT!**

## 2. GO – STOP – BREATHE – GO!

Reflexion ist Perfektionierung. Ein Sprint ist super, um möglichst schnell möglichst viel Strecke zu bewältigen, aber wie lange kannst du sprinten, bevor du erschöpft umfällst? Mach dir klar, dass du einen endlichen Haushalt an Power zur Verfügung hast, den du bestmöglich hebeln musst:

VOLLGAS  PAUSE  REFLEXION  BEWERTUNG  ERKENNTNIS  NEUER ANLAUF  VOLLGAS

In diesem Killer-Intervall solltest du deinen Marathon laufen. Wie oft hast du dir schon gedacht: »Hätte ich das mal vorher gewusst!« Mamas Weisheit »Hinterher ist man immer schlauer!« ist genau richtig und genauso übertragbar wie »Hätte, hätte, Fahrradkette!«. Nimm dir die Zeit, Erkenntnisse zu sammeln und dir darüber klar zu werden, was gerade passiert. Lös dich spätestens dann von der Aufgabe, wenn es nicht weitergeht, und komm einfach später zu ihr zurück. Lass Erkenntnisse ganz bewusst entstehen, fordere sie heraus. Gib Gas und dann warte kurz, um zu begreifen, ob es ein Zwischenergebnis gibt. Hier liegen die wahren Schätze begraben. Wenn du es nicht selbst siehst, dann frag nach. Aber jeder Sprint gebiert eine Antwort. Atme durch und hol sie dir ab! Go – stop – breathe – go!

## ATMEN

Wenn ich sage: »Atme durch!«, meine ich übrigens nicht, dass du einmal kurz ein- und ausatmen sollst, sondern ich meine es ganz wörtlich: »Atme durch (dich hindurch)!« Ein kurzer Blick rüber zu unseren weisen Kollegen aus dem Bereich Yoga, den uralten Kampfkunsttraditionen aus allen Teilen der Welt, den legendären chinesischen Theorien über Sexualität, Spiritualität, emotionale Beziehungen, die Verbindung aus Körper und Geist und die stahlharte Kraft der Weichheit des Herzens bestätigt es immer wieder: Das Geheimnis liegt in der Atmung! Atmung ist Leben im Körper. Ganz bewusste, tiefe Atmung ändert sofort alles.

Probier es unbedingt mal aus! Atme langsam und tief. Durch die Nase ein und tief in deinen Rumpf. Stell dir vor, du willst mit deinem Atem einen Schwimmreifen aufblasen, den du um die Hüfte trägst. Atme in deinen unteren Bauch, in deinen Rücken hinein, tief und ruhig. Deine Atmung öffnet dich für die Welt und für dein Geschenk, das du der Welt schuldig bist.

Immer wieder sehe ich Menschen, die gekrümmt sitzen oder gebückt gehen; sie haben bildlich gesprochen einen Knoten in ihrem Wesen. Diese Körperlichkeit überträgt sich immer auch auf die Emotionalität. Eine gebeugte Haltung bedeutet immer auch eine gebeugte Seele und ein entsprechend »verschlossenes« Leben. Versuch mal, gekrümmt tief zu atmen – no way, ein Widerspruch. Aber richte dich auf, ganz gerade, atme tief, und du bist offen, fühlst dich stark und öffnest durch deine Atmung und Offenheit auch alle anderen um dich herum. Menschen, die connecten, sind offen, sie öffnen andere durch ihre Aura.

Stell dir vor, du hast eine gerade Linie, die in der Mitte deines Kopfes anfängt und senkrecht durch deinen Körper verläuft – durch deine Zunge, deinen Hals, die Brust, den Bauch bis zu deinem Damm, dem Punkt, an dem sich deine Oberschenkel treffen. Entlang dieser Linie atmest du durch dich hindurch und in die Welt hinein. Du atmest Energie und Leben durch die Nase auf dieser Linie tief in deinen Körper hinunter ein. Diese Energie atmest du dann nicht wieder »aus«, sondern auf dieser Linie in deinen Körper »hoch«, in deinen Kopf hinein, und du spürst den Sauerstoff, das Leben, wiederum wie warme Regentropfen aus deinem Kopf in deinen Körper hinunterfallen. Atme bewusst und du bist sicher, dass du lebst, und du bist offen für die Erkenntnisse deiner Wege. Atme diese Erkenntnisse ein, atme sie »hoch«, versteh sie wirklich in all ihrer Genialität!

## 3. BRAINSTORMING, MINDMAPPING USW.

Kinder lernen durch Bilder zu sprechen, nicht durch Worte. Brainstorming und Mindmapping sind ideale Werkzeuge, um dich dazu zu zwingen, deine rechte Gehirnhälfte zu aktivieren, die für Kreativität und Vorstellungskraft verantwortlich ist, um deine Gedanken möglichst unlimitiert zu verbildlichen. Es geht darum, Verbindungen neu zu definieren, aber auch darum, Herkömmliches ganz neu zu verstehen.

Frag dich zum Beispiel: »Was kann man mit einem Schnürsenkel alles machen?« Konventionen und vorprogrammierte Denkwege werden ganz bewusst herausgefordert, um die Schallmauer deiner Ideenfindungsprozesse zu durchbrechen und in ganz neue Sphären kreativer Denkprozesse zu gelangen.

Hier sind die wichtigen Faktoren für erfolgreiches Brainstorming.

### DEIN PHYSISCHES UMFELD

Wo findet eure Session statt, wer ist dabei, wer hört dir zu, wer bewertet und wie beeinflussen diese Variablen den Fluss deiner Gedanken? Stell sicher, dass dein Brainstorming-Team sorgfältig ausgewählt wurde! Stell klare Regeln zum Ablauf des Brainstormings auf! Bis wann werden Ideen und Verbindungen einfach nur gesammelt, wann werden sie systematisch bewertet und angegriffen? Wer entscheidet gegen die Emotionen der Gruppe, ob eine Idee vielleicht doch attraktiv ist, nachdem alle gegen sie geschossen haben? Gibt es vielleicht einen neutralen Mediator?

### DEIN EMOTIONALES UMFELD

Schaff dir eine Welt, in der du dich sicher fühlst, stark und wirklich fähig. Jetzt geht es nicht mehr um das, was du sehen oder anfassen kannst, sondern um all das, was du spürst und fühlst. Musik zum Beispiel geht immer an deinem Verstand vorbei und dringt in viel tiefere, emotionale Bereiche deines Wesens ein. Gib deiner Brainstorming-Session einen Soundtrack, der zur Aufgabenstellung passt. So kannst du Gelassenheit und Entspannung oder Power und Schnelligkeit ganz bewusst abrufen, indem du die richtigen Titel auswählst. Nutze Kopfhörer oder eine Anlage mit vielen Tiefen, sodass du die Musik auch im Körper spüren kannst.

Wie ist die Raumtemperatur, gibt es Getränke oder Essen und wenn ja, was genau und zu welchem Zeitpunkt? Essen macht träge, wenn es schwer und stärkehaltig ist. Obst, Nüsse und stilles Wasser sind zwar unbedingt förderlich, aber lenken genauso ab, wenn sie zum falschen Zeitpunkt zur Verfügung stehen.

Mögliche Idealszenarien für deine perfekte Brainstorming-Session:

**MATERIALLISTE:**
- Whiteboard und Marker (alternativ: Flipchart)
- Leeres weißes Papier DIN A4/A3/A2
- Stifte (Bleistifte mit Radiergummi/Buntstifte/Textmarker)
- Post-its
- Klebeband
- Musikanlage (iPhone-Dock)

**ESSEN/GETRÄNKE:**
- Stilles Wasser
- Obst
- Studentenfutter

**LOCATION:**
- Tisch, an dem alle Platz haben und sich gegenseitig sehen können (idealerweise rund)
- Wenn möglich an einem vorher unbekannten Ort oder zumindest außerhalb der typischen Geschäftsräume (Coworking Space, Meetingraum, Park o. Ä.)
- Möglichst ungestört (Cafés und Restaurants vermeiden)

(Das hier ist ein möglicher Ablauf von vielen, meine Empfehlung. Es gibt sicher tausend andere gute Möglichkeiten, probier einfach ein paar aus und finde den »Sweet Spot« für dich und dein Team. Ich rate dir aber auf jeden Fall, die Grundelemente mitzunehmen; diese sind erprobt und ziemlich wasserdicht.)

- Am besten gibt es einen Moderator oder bei Bedarf sogar einen Mediator, der für den lockeren Flow der Session verantwortlich ist. Er dirigiert nicht, sondern dient als neutrale Orientierungshilfe. Wenn er selbst Ideen entwickelt, soll er diese am besten einfach aufschreiben.
- Es gibt drei Blöcke à fünf Minuten, in denen offen gesammelt, geschrieben, gemalt und gebrainstormt wird. Die Länge der Session korreliert nie mit der Qualität der Ergebnisse. Wer das Gefühl hat, lange sitzen zu müssen, misst der Aufgabe unterbewusst nur mehr Komplexität bei und bringt sich in eine schwache Ausgangsposition.
- Es gibt eine klare Aufgabenstellung und jeder Fünfminutenblock hat ein definiertes Ziel. Nach jedem Block gibt es fünf Minuten Pause. Sowohl während der aktiven Blöcke als auch während der Pausen läuft Musik, aber nicht dieselbe. In den Pausen sollten alle das Umfeld kurz wechseln, aufstehen, den Modus wechseln.
- Während der verschiedenen Blöcke sollten die Ergebnisse (Blätter, Zeichnungen, Mindmaps) untereinander geteilt werden, sodass nicht jeder immer nur an seinen eigenen Ideen weiterarbeitet.
- Am Ende der Session sollte der Moderator die Ergebnisse unkommentiert zunächst einfach vorstellen.
- Danach gibt es sofort noch einen Fünfminutenblock zur freien Verfügung. Man kann sofort Ideen aufschreiben oder -malen, noch mal aufstehen und sich bewegen oder einfach nur nachdenken.
- Jetzt geht es in die offene Gesprächsrunde. Hier wird gemeinsam nach Ideen gesucht und das Erarbeitete besprochen (wichtig: Musik läuft weiterhin leise im Hintergrund). Der Moderator sollte das Gespräch leiten, mit dem Ziel, mindestens ein bis drei wirklich gute Konzepte zur weiteren Bearbeitung zu behalten. Sobald dieses Ziel erreicht ist, kann die Session aufgelöst werden, und die Ideen werden zur Inkubation mindestens eine Nacht einfach in Ruhe gelassen. Im abschließenden Schritt geht es dann um letzte Änderungen oder Ergänzungen und vor allem um klare Aktionspunkte zur Umsetzung der Ideen.

*Hack! Wechsel den Status!*

*Alles mit Musik!*

## 4. DIVERGENT/KONVERGENT DENKEN

Bevor du anfängst, über deine nächste Idee nachzudenken, mach dir klar, welche Art Denkweg du nutzen möchtest, um an dein Ziel zu kommen. Das ist wie die Entscheidung zwischen einer Reise im Auto oder im Zug: Du kommst in beiden Fällen an, aber der Weg ist ein anderer. Die Basisfrage: divergent oder konvergent?

Das sind die zwei grundlegenden Möglichkeiten deines Denkansatzes.

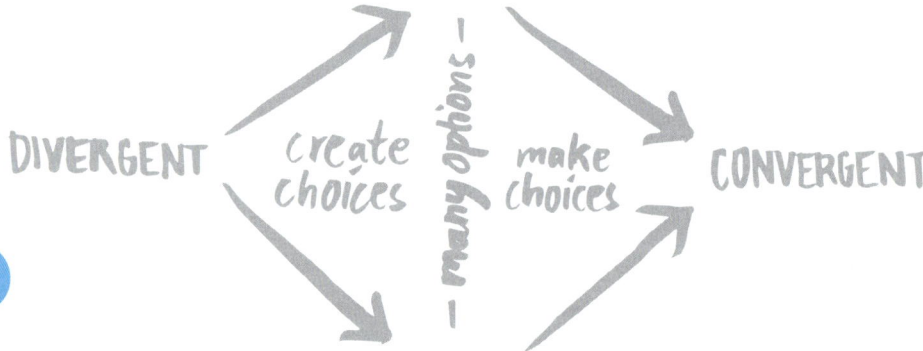

Stell dir vor, du schießt mit Streufeuer in den Wald: Irgendwas wirst du sicher treffen, aber es ist noch unklar, was es sein könnte. Beim divergenten Denkprozess produziert eine Person oder ein Team möglichst viele verschiedene Ergebnisse zur späteren Auswertung. Erst wird produziert, um im zweiten Schritt zu verstehen, ob es Schnittmengen oder Treffer gibt. Wie ein Typ, der fünf Lottoscheine ausfüllt, werden hier alle Szenarien durch eine Instanz gesteuert. Ein potenzieller Hit ist auf eine einzige Quelle zurückzuführen und resultiert statistisch aus der Vielzahl von Versuchen.

**KONVERGENT**

Im Wald ist ein Ziel versteckt und es gibt fünf Jäger, die von verschiedenen Positionen aus versuchen, dieses Ziel zu treffen. Bei konvergenten Denkprozessen ist das gewünschte Ergebnis schon vordefiniert und dessen Produktion ist an verschiedene Personen ausgelagert. Im Team geht es darum, sich aus verschiedenen Blickwinkeln möglichst spitz in die Richtung des Ergebnisses zu bewegen, in der Hoffnung, dass durch das gemeinsame Vorgehen und die kollektive Intelligenz des Crowdsourcing das Ziel gemeinsam erreicht wird.

# 5. FÜNF PERSPEKTIVEN

Da liegt sie nun, für dich scheinbar sauber zu Ende gedacht, eine ganz neue Idee! Der Haken: Sie ist für dich oder für dein Team zu Ende gedacht. Aber was ist, wenn alle, die diese Idee entworfen und bewertet haben (vor allem wenn es nur du selbst warst), entscheidende Perspektiven außer Acht gelassen haben? Was, wenn etwas wirklich Wichtiges nicht bedacht wurde, etwas, das potenziell deine Idee in ganz neue Größenordnungen katapultiert oder ins perfekte Licht rückt?

Zeit für ein Rollenspiel: Du musst jetzt alle strategisch relevanten Perspektiven besetzen und ihre Akteure zur Performance ihres Lebens ermutigen – die Qualität deines Ergebnisses hängt davon ab. Du brauchst fünf kontrahierende Perspektiven und Mitspieler, die wirklich »over the top« in ihrer Rolle sind. Nur durch diese Überzeichnung der Emotionen und Meinungen gelangst du zu den wichtigen Erkenntnissen, die das Ziel dieser Übung sind.

## DER OPTIMIST

Was denkt der Optimist über die Idee? Klar, er findet sie super, aber warum? Welche Potenziale sieht er, wie spricht er über die Qualität der Idee und über weitere Möglichkeiten, die es geben könnte in einer Welt, in der alles funktioniert und in der es keinen Gegenwind gibt? Lass den Optimisten wirklich Gas geben, denn es sind diese naiven Tagträume, die oft den Blick über den Tellerrand erst wirklich möglich machen.

## DER PESSIMIST

Klar, da funktioniert gar nichts, aber es ist wichtig, den Pessimisten wirklich analysieren zu lassen, was genau die Probleme sind. Er soll sich wirklich auskotzen über jede noch so kleine Problematik. Er muss Dinge sehen und angreifen, die auf den ersten Blick gar keine Hindernisse darstellen, ja er muss Hindernisse erst entstehen lassen. Sein Pessimismus konstruiert den Spießrutenlauf, den die Idee jetzt durchlaufen muss. Wo bleibt sie hängen, wo ergeben sich Engpässe, was ist leicht überwunden und was wirklich existenziell problematisch? Je schärfer das Kreuzfeuer, in das der Pessimist die Idee bringt, umso stärker kommt die Idee aus ihrer Feuertaufe.

## DER REALIST

Weder zu gut noch zu schlecht sieht der Realist die Fakten. Kühl und kalkuliert muss er die Idee messerscharf hinterfragen, um ihre Logik, Tragfähigkeit und ihr Potenzial auf die Probe zu stellen. Es geht um harte Werte. Kosten, potenzielle Umsätze, Zeit, Opportunitätskosten, Stärken, Schwächen und die Konkurrenz. Wenn hier auch nur irgendetwas undicht ist, muss er es finden und kritisieren. Wie ein altkluger Detektiv macht sich der Realist auf die Suche nach der Wahrheit.

## DER VERRÜCKTE

Er muss die Idee komplett aus ihrem Rahmen sprengen. Mit endloser Fantasie und purer Offenheit schickt der Verrückte die Idee auf eine Achterbahnfahrt aus wirren Kombinationen, ganz neuen Elementen und harten Gegensätzen. Er baut an, sägt ab, verbindet, explodiert, skaliert hoch und runter und arbeitet wie ein Kind mit Knetmasse mit unbändiger Freude und scheinbar fehlender Struktur an einem Ergebnis, das er selbst noch nicht kennt. Es ist die Aufgabe des Verrückten, scheinbar unsichtbare, ungreifbare und in den unendlichen Tiefen der spielerischen Fantasie eines Kindes verborgene Ideen zu finden und mit der Basis zu kombinieren. Wie viele Ideen kennst du, die so absurd sind, dass man sie schon wieder als genial betrachten könnte? Genialität und Wahnsinn liegen bekanntlich dicht beieinander; also lass den Verrückten seine Reise antreten und leg Zettel und Stift bereit.

Er spricht aus Erfahrung, ist nicht mehr hungrig und spürt keinen Druck. Druck, sei er finanziell oder gesellschaftlich begründet, blockiert die rechte Gehirnhälfte, die für unsere Fantasie, Bilder und Emotionen verantwortlich ist. Die rechte Gehirnhälfte schaltet millionenfach schneller als die linke, die unsere Logik und Rationalität steuert. Der Gewinner ist »fertig«, er braucht die Idee nicht. Seine Aufgabe ist es, sie trotzig zu belächeln und zu begreifen, ab welchem Zeitpunkt und aus welchen Gründen er doch Bock darauf bekommt. Der Gewinner muss das Million-Dollar-Potenzial suchen und erkennen. Er ist kalt, uninteressiert, hat keinen Stress, agiert nüchtern.

Seine linke Gehirnhälfte lässt die rechte die Idee in Ruhe inkubieren, denn es gibt keinen Grund zur Sorge. Blitzschnell wird die Ruhe genutzt, er assoziiert, checkt, verarbeitet unterbewusst Hunderttausende von Denkprozessen, ohne es zu wissen. Seine Ergebnisse sind extrem wichtig, denn er muss nicht (mehr) gewinnen.

# 6. SCHLAF GUT!

**»BUSYNESS« IST GEFÄHRLICH**

Während wir schlafen, laufen unterbewusst Mechanismen und Denkprozesse ab, die wir nicht wahrnehmen, die aber unglaublich wertvoll sein können, wenn wir verstehen, wie wir sie hebeln können. Stell dir abends vor dem Einschlafen eine Frage, thematisier deine Aufgabenstellung, mach dir klar, dass du dazu in der Lage bist, (im Schlaf) wirklich gute Ideen zu generieren! Glaub dir selbst, schlaf eine Nacht drüber, und ohne dass du wissentlich etwas getan hast, wird deine Idee produziert werden.

Schlaf ist viel wichtiger, als du denkst. Moderne Unternehmen leben eine »Busyness« vor, die gefährlich ist. Es ist wissenschaftlich belegt, dass der menschliche Körper nach etwa sechs Stunden Arbeit im Büro bei fünf bis sechs Stunden Schlaf mindestens genauso »angeschossen« ist wie nach sechs Bier. Wie sicher fühlst du dich, wenn der Pilot deines nächsten Fluges in diesem Zustand ist, oder dein Zahnarzt, der mit seinem Bohrer in deinem Mund hantiert? Und trotzdem wollen wir der Nacht immer mehr Zeit entreißen und diese in den Tag reinpressen, ohne zu begreifen, dass dieses sehr kurzfristige Investment in eine vermeintlich höhere Effizienz langfristig unsere Kreativität, Gesundheit, Effektivität und unser generelles Wohlbefinden komplett zerschießt.

Hier ist ein Szenario, das jeden Tag in Büros auf der ganzen Welt stattfindet: Mitarbeiter kommt durch die Tür im Office. Chef fragt: »Hallo, wie geht's?« Mitarbeiter antwortet: »Gut, danke, sehr busy!« Er sagt das, weil er denkt, dass sein Chef diese Antwort erwartet und damit zufrieden ist. Der Chef bestätigt das leider und erfreut sich am schlechten Zeitmanagement seines Mitarbeiters und seiner offensichtlich fehlerhaften Ressourcenverteilung. Die Antwort, die er eigentlich hören wollen müsste, wäre: »Mir geht es super, danke!« Welcher Chef will einen Mitarbeiter, der »busy« ist? Wie viel wirklich produktive Arbeit schaffst du, wenn du »busy« bist? Und trotzdem ist »busy« anscheinend das neue »gut«. Warum? Weil der Chef sonst sagt: »Ah, dir geht's gut, dann bist du also nicht ausgelastet. Hier ist noch mehr Arbeit für dich!«

Vor allem Unternehmen der Tech-Branche im Silicon Valley haben diesen Schwachsinn erkannt und bauen bis zu 20 Prozent »Free Time« in die Tagespläne ihrer Kreativteams ein: spazieren gehen, gute Gespräche führen, schlafen, gut essen, Inspiration, Musik, Zeit für persönliche Verbindungen und Reflexion.

Sei nicht damit beschäftigt, beschäftigt zu sein, sondern schenk deiner Kreativität und deinem Körper genug Schlaf und genug Freiheit, um sich wirklich optimal zu entfalten und Weltklasse-Denkaufgaben zu lösen – nicht, weil du musst, sondern weil du kannst! Schlaf tief, schreib Träume auf, schreib Gedanken auf, verlier dich in ihnen! Welche Gegenstände konntest du sehen, was waren die Emotionen, wer war dabei und was haben sie getan? Versuch zu verstehen, was dein Unterbewusstsein während der Nacht, beim Duschen, beim Spaziergang oder in der freien Minute be- und verarbeitet hat, und zapf die unendlichen, unerklärlichen Fähigkeiten deines Unterbewusstseins an. Schlaf gut, erhol dich, relax, recharge, don't be busy being busy!

## 7. AUFSCHREIBEN

Wie oft ist dir schon eine Idee in den Kopf geschossen, scheinbar aus dem Nichts und genauso schnell, wie sie da war, war sie auch wieder weg? Ein ganz normales Dilemma und oft der Grund für grandiose Killer-Ideen, die niemals zum Leben erweckt werden; sie werden einfach wieder vergessen. Stell sicher, dass du für jede Situation das passende Medium zur Hand hast, um deine situative Genialität sofort festzuhalten! Du musst dir Strukturen schaffen, die dafür sorgen, dass alles, was auch nur zufällig vorbeifliegt, wie in einem Spinnennetz bei dir

hängen bleibt. Wenn ich unterwegs bin, speichere ich alles im Handy ab. Ich benutze Notizen und auch meinen Kalender, sodass ich genau steuern kann, wann ich an die Idee erinnert werde. Ich programmiere diese Erinnerungen oft so, dass mir die Idee wieder angezeigt wird, wenn ich weiß, dass ich im Büro bin oder mit meinen Jungs zusammensitze, sodass ich die Idee gleich mal in den Ring werfen kann, um zu schauen, wie sie sich vor Publikum macht – je mehr Augen, desto besser. Zettel und Stift sind auch super, da man durch das tatsächliche »Aufschreiben« die Idee noch mal verinnerlicht und diese durch die Verbindung aus Wort und Schrift sozusagen ins Gehirn tätowiert. Dein Unterbewusstsein weiß jetzt, dass du tatsächlich zuhörst, und wird dir weiterhin Ideen vorschlagen. Gib ihm diese Bestätigung, sei nicht wie ein schlechter Freund, an dem alles vorbeigeht.

Du entwirfst dein ganz eigenes Archiv aus Ideen, Gedanken, Bildern und Strategien. Hier kannst du jederzeit nachschlagen, weiterdenken, verbinden und dich inspirieren lassen. Schreib alles auf, was nicht niet- und nagelfest ist, jeder Buchstabe hat unermesslichen potenziellen Wert!

## 8. 50 IDEEN/50 KOMBINATIONEN

Gute Ideen sind oft das Ergebnis herkömmlicher Variablen, die zu wirklich neuartigen Killer-Formeln neu kombiniert werden:

### FARBE + MUSIK + SHOW = NEONSPLASH – PAINT-PARTY®

Die Kunst liegt im Schwung, im Moment und in der Furchtlosigkeit.

**MEIN TIPP:**

Produzier schnell – zunächst ohne Fokus auf Qualität – 50 Grundideen! Diese 50 »Rohlinge« werden dann miteinander kombiniert. Die potenzielle Anzahl an Resultaten ist gigantisch, die Verbindungsmöglichkeiten sind schier endlos. Aber wie sonst willst du auf die wirklich abwegigen Ideen kommen, die hängen bleiben: Eis mit Sahne, Schuhe mit Licht (haben wir alle gehabt, haha), eine Kamera im Telefon? Innovation ist Kombination. Gib dich dem Tempo hin und produzier auf Masse, gegen jede Konvention und ohne Scheu! Die Bewertung kommt erst ganz am Ende, wenn alle Kombinationen feststehen. Dann erst kannst du aussieben, entdecken, weiterdenken, festhalten. Der schwerste Schritt ist meist der erste. Fang einfach an und lass es geschehen! Du wirst erstaunt sein, wie viel Material du produzieren kannst, nachdem du den ersten Schritt gegangen bist.

# INNOVATION IST KOMBINATION!

# 9. MATTHEWS »VAZZULA«-TECHNIK

Ich gebe zu, das Akronym »VAZZULA« klingt ein bisschen wie ein afrikanischer Volkstanz oder eine Urlaubsdestination in den Tropen – in jedem Fall ausgefallen und exotisch. Genau das ist auch die Aufgabe dieser Technik. Sie nimmt scheinbar farblose Grundideen und schüttelt sie richtig durch, checkt sie von allen Seiten gründlich ab, zieht daran, dreht, schiebt und verändert sie so lange, bis etwas ganz Besonderes dabei herauskommt. Mit systematisiertem Chaos greift die VAZZULA-Technik jeden noch so schnöden Gedanken auf und schnallt ihn auf eine Rakete aus Potenzial und Wahnsinn. Let's go, VAZZULA, und zwar am Beispiel NEONSPLASH – Paint-Party®.

## V = VERBINDUNG

Womit könntest du NEONSPLASH – Paint-Party® als fertige Grundidee verbinden, um das Erlebnis noch interessanter zu machen? Wir haben uns die gleiche Frage gestellt und uns an der Filmindustrie orientiert. Wir haben das Paint-Party-Konzept mit einem besonderen Kinoerlebnis verbunden und eine komplette Europatournee in 3-D produziert, inklusive 3-D-Bildeffekten, 3-D-Brillen und allem, was dazugehört. Eine unkonventionelle Verbindung zweier Genres, die zu einer deutlich spürbaren Schärfung unserer USP (Unique Selling Proposition) geführt hat. Der Untertitel *The 3D Experience* hat es uns ermöglicht, ein scheinbar bekanntes Konzept kosteneffizient und medienwirksam neu zu inszenieren. Verbinde deine Idee immer mit neuen Variablen und schaff immer neue Anreize!

## A = ALTERNATIVE

Gibt es eine Alternative? Könnte man Schlüsselvariablen austauschen und folglich wirklich spannende, neue Konzepte erfinden? Was wäre, wenn der Dresscode bei NEONSPLASH – Paint-Party® nicht mehr Weiß, sondern Schwarz wäre? Könnte man die musikalische Ausrichtung ändern, eine ganz neue Zielgruppe ansprechen und durch ein bis zwei bewusst ausgetauschte Elemente eine ganz neue Idee entwerfen? Wir haben tatsächlich ein Hardcore-Paint-Party®-Konzept in der Schublade, bei dem zu deutlich härterer Techno- und Hardstyle-Musik bei schwarzem Dresscode mit schwarzer Farbe gearbeitet wird. Oft reicht die Positionierung einer einzigen gut gewählten Alternative zu einem Element deiner Idee und du eröffnest einen ganz neuen Markt.

## Z = ZOOM

Betriebsblindheit ist eine Volkskrankheit unter Entrepreneuren. Du bist jeden Tag mit deiner Idee beschäftigt, siehst den Wald vor lauter Bäumen nicht mehr. Es wird immer schwerer, harte Argumente herauszuarbeiten, alles verschwimmt. Betrachte deine Idee, dein Business in diesen Momenten durch die Linse einer imaginären Kamera und ändere einfach den Zoom! Zoome weit heraus, um zu verstehen, was noch alles um deine Idee herum passiert, welche Spin-offs es gibt, was der Markt sonst so anbietet, was funktioniert und was nicht und warum! Wie wirkt deine Idee im größeren Kontext? Je weiter du rauszoomst, umso interessanter werden deine Erkenntnisse. Und wenn du in der Peripherie deiner Idee etwas entdeckst, dann ändere den Fokus und zoom rein, vergrößere die neue Chance, begreife, was hier alles gehen könnte, inspizier jede Möglichkeit genau. Und dann zoom wieder raus und betrachte wieder die Totale.

Bei NEONSPLASH – Paint-Party® hat diese Technik in erster Linie dabei geholfen, unsere internationale Expansion zu starten. Wir haben in Köln die erste Veranstaltung umgesetzt, sehr schnelles Wachstum erlebt und einen Markt erschlossen und dominiert. Für viele wäre das ein Traumszenario gewesen und das Ende einer schönen lokalen Erfolgsstory. Aber was passiert, wenn du rauszoomst?

Dann kommen plötzlich andere große Städte ins Blickfeld und du erkennst neue Potenziale. Noch weiter raus und du siehst plötzlich ganz neue Länder. Die richtige Perspektive produziert wahres Potenzial: Ändere sie oft!

### Z = ZWECKENTFREMDEN

Muss eine Konfettikanone immer nur Konfetti schießen? Was passiert, wenn du in dem Gerät etwas siehst, was noch kein anderer vorher für möglich gehalten hat? Der erste Mechaniker, den wir davon überzeugen wollten, uns dabei zu helfen, aus Konfettikanonen oder Teichpumpen voll funktionsfähige Paint-Party®-Farbkanonen zu bauen, war extrem verwirrt und ungläubig. Wir haben so lange herkömmliche Geräte zweckentfremdet, umgebaut, weitergedacht und neu ausgerichtet, bis unsere Raritäten Marke Eigenbau so optimiert waren, dass ein holländisches Team von Herstellern von Spezialeffekten die Grundtechniken nachbauen und somit eigens kreierte Paint-Kanonen für uns anfertigen konnte.

Wenn es deine Idee noch nicht gibt, dann nutz vorhandenes Material so lange und so gut, bis auch andere deine Vision verstehen und umsetzen können – auch wenn es Vergleichbares noch nie vorher gegeben hat!

## U = UNTERSTÜTZEN

Was passiert mit dem talentiertesten Spieler einer Fußballmannschaft oder dem schlausten Kind der Klasse? Das Talent wird erkannt, gefördert, unterstützt – systematisch. Ein völlig normaler Prozess, der abläuft, weil ein Potenzial immer voll ausgeschöpft werden muss, um maximale Effizienz zu gewährleisten. Genauso ist es mit den wirklich starken Elementen deiner Idee: Was funktioniert wirklich gut, wer ist der wirklich begabte Spieler in deiner Mannschaft? Genau darauf solltest du deine Aufmerksamkeit fokussieren, denn genau hier hebelst du den größten 80/20-Effekt (nach dem Pareto-Prinzip gibt es Schlüsselmechanismen, bei denen 20 Prozent Input bis zu 80 Prozent deiner Ergebnisse produzieren). Identifiziere diese Treiber und unterstütze sie!

Als wir bei NEONSPLASH – Paint-Party® erkannt haben, wie hoch die Nachfrage nach Farbe war (nicht nur von der Bühne geschossen, sondern auch als käufliches Merchandise-Produkt während der Show), haben wir ausgeklügelte Verkaufsmechanismen fest in der Show verankert, die unsere Abverkäufe mehr als verdoppelt haben: mehrere dem starken Andrang der Massen angepasste Verkaufsstände, ein bargeldloses Wertmarkensystem zur Minimierung der Transaktions- und Wartezeiten für den Gast und zur Vermeidung von Diebstählen durch das eigene Personal, Bildeffekte, die in die eigentlichen Showabläufe integriert wurden, die zum Kauf der Farbe aufgefordert haben. Diese zusätzliche Unterstützung hat die Verkäufe explodieren lassen und die Erfahrung der Gäste deutlich verbessert. Finde heraus, was genau an deiner Idee wirklich gut funktioniert, und unterstütze es!

### L = LÖSCHEN

Weniger ist mehr. Während ich dieses Buch schreibe und immer wieder über bereits erarbeitetes Material lese, streiche ich immer wieder Passagen raus. Es geht für mich darum, wirklich dichte Inhalte zu produzieren, um deine kostbare Zeit nicht zu verschwenden. Bei wirklich guten Ideen ist es ähnlich: Die Frage ist nicht: »Was kann ich hinzufügen?«, sondern: »Worauf kann ich verzichten zugunsten von mehr Dichte, Klarheit, Simplizität?« Es sind nicht die Dinge, zu denen wir »Ja« sagen, die uns weiterbringen, sondern alle Dinge, zu denen wir »Nein« sagen, die erst den nötigen Fokus auf das Wesentliche richten.

Als Steve Jobs bei PIXAR arbeitete, lernte er, was Fokus wirklich bedeutet. Diese Jungs arbeiteten alle zusammen drei Jahre lang an einem einzigen Projekt, ohne

*Destilliere die wichtigen Details*

Ablenkung und ohne Ausnahme. Zu dieser Zeit hieß das Projekt *Toy Story* – einer der erfolgreichsten Animationsfilme aller Zeiten. Mit diesem Wissen im Gepäck löschte er, zurück bei Apple, ganze Produktlinien und Geschäftszweige und fokussierte nur auf ganz bewusst ausgewählte Segmente: PC, MP3, Laptop, später Mobiltelefon und Tablet. Das Ergebnis ist eine der erfolgreichsten Firmen der Welt.

Konzentrier dich auf das Wesentliche, koch deine Idee auf die Basis runter, sag öfter Nein als Ja und finde heraus, was deine »TOY STORY« ist.

### A = ANPASSEN

Schon mal beim Autofahren vom Weg abgekommen? Kein Problem, passiert jedem mal! Die Lösung: Wir passen einfach den Weg an, um doch am Ziel anzukommen. Bei wirklich guten Ideen ist es genauso: Deine Idee läuft und alles scheint in Ordnung, und plötzlich merkst du, dass du nicht mehr auf Kurs bist. Betriebsblindheit, ein kurzer unkonzentrierter Moment und schon verpasst du die Ausfahrt. Deinen Weg anzupassen ist völlig normal, denn es gibt für deine unternehmerischen Abenteuer kein Navigationsgerät. Scheu dich nicht davor, mit Vollgas in die falsche Richtung zu fahren, solange du immer wieder die Kraft hast, deinen Weg anzupassen, dich neu zu orientieren, zu reflektieren, deine Idee zu verändern, neu auszurichten und so der Ideallinie immer näher zu kommen. Der Markt ist dein Ghost Rider, sei feinfühlig für den richtigen Weg!

## 10. SETZ DICH NEUEN DINGEN AUS!

Meine Mutter sagte mir schon als 14- oder 15-jährigem Troublemaker: »Matteo (meine Mama ist Italienerin und Matteo ist die liebevolle Italo-Version von Matthew), erweitere deinen Horizont – das ist das Allerwichtigste!« Ich habe als junger Typ nie wirklich verstanden, was sie meint, bin ihrem Rat aber immer gefolgt. Ich habe lange im Ausland gelebt und studiert (Disclaimer für alle, die jetzt denken: »Klar, wenn meine Eltern die Kohle hätten, würde ich das auch tun!« – größtenteils mit Stipendium), viele verschiedene Menschen aus allen Teilen der Welt kennengelernt, unzählige Dinge versucht, die ich nicht konnte oder kannte, ständig Projekte am Laufen gehabt, für die ich kaum oder gar nicht qualifiziert war, habe sehr viel gelesen, gefragt und gequatscht, sehr viele Fehler gemacht und bin immer (noch) neugierig und wissbegierig.

# »DU BIST DER DURCHSCHNITT DER FÜNF LEUTE, MIT DENEN DU DIE MEISTE ZEIT VERBRINGST!«

## JIM ROHN

Sich neuen, unbekannten Dingen auszusetzen ist immer der schnellste Weg zu neuen Ideen. Der Bruch mit der Norm, mit festgefahrenen Abläufen, der frische Wind und die leichte Unsicherheit halten dich immer auf Trab und du bleibst »scharf«. Was wirklich stark ist, und das ist tatsächlich ein Novum, erst seit etwa zehn bis 15 Jahren wirklich easy umsetzbar: Du hältst die Welt und alle ihre Einflüsse in deinen Händen, immer auf Abruf, egal wo du bist! Mach dir das zunutze! Ich habe zwölf verschiedene Business-Podcasts abonniert, produziere selbst meinen wöchentlichen Podcast »Smart Entrepreneur Radio«, habe etwa 20 Unternehmer-Blogs und Online-Magazine immer in Dauerschleife, ich folge Weltklasse-Unternehmern und -Denkern wie Mark Cuban oder Tony Robbins in den sozialen Netzwerken, um immer wieder an ihren Gedanken und Visionen teilzuhaben. Einer der erfolgreichsten Motivationstrainer aller Zeiten, Jim Rohn, sagte: »Du bist der Durchschnitt der fünf Leute, mit denen du die meiste Zeit verbringst!« Also: Nutz die moderne Technik und setz dich (zumindest digital) mit den spannendsten und inspirierendsten Denkern aller Zeiten auseinander!

Sich neuen Dingen auszusetzen bedeutet auch, furchtlos zu sein. Bring dich immer wieder in Situationen, die dich überfordern, sei der Dümmste am Tisch, der Schwächste im Gym, der Unerfahrenste der Gruppe und saug alles Neue auf, das dir zwischen die Finger kommt! Deine besten Ideen, Denkanstöße, Anregungen und Inspirationen findest du nicht da, wo du suchst, sondern da, wo du dich hintraust – außerhalb aller Situationen, die du schon kennst. Setz dich neuen Dingen aus, und deine besten Ideen kommen ganz von allein: Schau einfach dabei zu!

# MATTHEWS 10 LIEBLINGS

# IDEENBEWERTUNGS TOOLS

Was nicht gemessen wird, wird auch nicht verbessert. Deshalb: Kreiere Ideen, und dann tritt immer wieder einen Schritt zurück und verwende die folgenden Ansätze, um dein Ergebnis zu durchleuchten! Dabei geht es nicht um Richtig oder Falsch, Gut oder Schlecht, Ja oder Nein. Ich möchte dich vielmehr für eine konstruktive Reflexion sensibilisieren. Bewerten ist ebenso wichtig wie entwickeln. Lös dich von der emotionalen Bindung an dein Projekt und reflektiere ehrlich deinen Fortschritt! Vergiss den potenziellen Schmerz über aufgewendete Zeit oder ausgegebenes Geld – in einer ehrlichen Minute wird dir immer klar sein: Der einzige Weg aus dem Loch ist aufhören zu graben.

Ich möchte dir eine Perspektive aufzeigen, die Schatten wirft, in denen du endlose Erkenntnisse lesen kannst. Du wirst nach diesem Kapitel die Fähigkeit haben, im Hinblick auf jede Idee effektiv und effizient entscheiden zu können:

- WEITERMACHEN,
- ETWAS ÄNDERN ODER
- EXIT?

*Love it,*
*change it*
*or leave it!*

# 1. KRITIKER

Die Person, die deinen Service, dein Produkt oder deine Idee am allerwenigsten mag, ist die wichtigste Person, die du brauchst, um wirklich weiterzukommen. Ja-Sager, Befürworter und Optimisten sind gut, wichtig und »nice to have«, aber wenn du wirklich Meter machen willst, besorg dir jemanden, der nur sehr schwer zu beeindrucken ist und der detailliert, sachlich und zielführend kritisiert. Vom Kritiker hörst du, was nicht funktioniert hat, was richtig schlecht war oder auch, was gut war, aber noch besser hätte sein können. Nimm alles mit, aber nimm es nicht persönlich! Frag nicht: »Was war gut?«, sondern frag gezielt nach: »Was war schlecht?« Natürlich ist Kritiker-Feedback immer nur vorsichtig dosiert auszuhalten, aber dieses Feedback ist Gold wert. Finde deinen »Captain Critique« und steck ein! In unserem Team ist das Florian – Freund, Co-Founder, Creative Director und »Mr. Hard-to-impress«. Wenn alle schon im Dreieck springen, ist er noch unbeeindruckt. Seine Artworks sind immer erst in der fünften oder sechsten Version für ihn akzeptabel. Wenn ich ihn nach Feedback frage, weiß ich, dass nichts wirklich Euphorisches zurückkommen wird, aber genau da liegt der Schatz begraben. Wir lieben und respektieren uns wie Brüder, vor allem wenn es um wichtiges Feedback geht. Hier will man nicht gefallen, man will verbessern. Die helfende Hand klatscht nicht immer nur Applaus, sondern zeigt den Weg, hilft dir hoch, ermahnt dich und lässt dich nie mehr los! Finde wirklich gute Kritiker, und deine Ideen werden explodieren!

## 2. POTENZIELLE KUNDEN  *Hybriden anlegen -> dann Produkt!*

Versetz dich in deinen potenziellen Kunden! Geh wirklich ins Detail! Wie sieht er aus, wo geht er einkaufen, wie alt ist er, was berührt ihn, was sind seine Probleme, wovor hat er Angst, was braucht er wirklich? Marketing, Ideenentwicklung und Strategien sind immer viel effektiver, wenn du nicht mit dem Produkt, sondern mit dem Kunden anfängst. Wer mit dem Produkt anfängt, muss dem Kunden das Produkt aufdrücken (ist immer uncharmant, kostet Zeit und Geld, idealerweise bist du mit beidem ultravorsichtig). Wenn du dagegen mit dem Kunden anfängst, musst du ihm nichts aufdrücken, im Gegenteil: Der Kunde wird dein Produkt automatisch attraktiv finden, weil du dir vorher darüber Gedanken gemacht hast, was er wirklich braucht.

**VIRALITÄT LÄSST SICH NICHT ERZWINGEN**

Als wir mit NEONSPLASH – Paint-Party® gestartet sind, war die deutsche Partyszene komplett eingeschlafen. Die zehntausendste »Best of House and RnB«-Party – darauf hatte keiner mehr Bock. Unser potenzieller Kunde wollte mehr, ein Erlebnis, etwas Neues, etwas, wovon er seinen Freunden erzählen konnte, etwas, was er gern in seinen sozialen Netzwerken postet. Schlüsselwort ist hier »gern«! Etliche Marketer versuchen immer wieder, Viralität zu erzwingen. Wenn jemand »gern« etwas teilt, weil es einfach gut und cool ist und ein relevantes Problem löst, dann wird es wirklich interessant! Versetz dich in deinen potenziellen Kunden, finde heraus, was er braucht, und gib es ihm – alles andere passiert dann ganz von allein!

## 3. SYSTEME VS. MENSCHEN

Gute Ideen sind duplizierbar, systematisierbar, übertragbar, skalierbar. Kreiere Ideen, die auf Systemen basieren, nicht auf Menschen!

Kennst du das wirklich gute Restaurant in deiner Stadt mit dem netten Besitzer Luigi, der deinen Namen kennt, der immer da ist und der wirklich die Seele des Lokals ist? Klar! Ich kenne ihn auch, jede Stadt hat dieses Restaurant, und jedes

Restaurant hat diesen Typ! Luigis Problem: Er kann nur in einem Restaurant zur selben Zeit sein! Verstehst du, was ich sagen will? Er ist ein tadelloser Gastgeber, sein Restaurant ist super, die Karte ist perfekt sortiert, lauter schöne Ideen, die sauber umgesetzt sind, aber er kann das Ganze nicht vervielfältigen – das Zahlenwerk ist fehlerhaft, seine Mathematik stimmt nicht.

Ein kleines Rechenbeispiel (ich hasse Mathematik, aber liebe ihre Ehrlichkeit – ich verspreche, es wird easy): Wir vergleichen jetzt das Zahlenwerk einer unskalierbaren Tätigkeit wie der von Luigi (unskalierbar ist übrigens auch jeder Dienstleister, Angestellte oder all diejenigen, die Zeit gegen Geld tauschen) mit der Mathematik eines skalierbaren nächsten großen Dings. Das Ergebnis hängt immer von zwei Variablen ab: Einheiten und Preisen (wir lassen für den Augenblick Kosten außer Acht). Tauschst du Zeit gegen Geld wie Luigi, werden deine Einheiten an den Stunden gemessen, die du arbeiten kannst: etwa acht Stunden pro Tag. Der Preis ist dein Stundenlohn.

### EINHEITEN X PREIS = UMSATZ

Nehmen wir ein Standardgehalt, um es einfach zu machen: Bei acht Einheiten (= Stunden) am Tag (25 Arbeitstage pro Monat) und einem Stundenlohn von 15 Euro ergeben sich 120 Euro pro Tag beziehungsweise 3.000 Euro pro Monat. Können wir die Variablen, die dieses Ergebnis produzieren, manipulieren? Mehr Stunden arbeiten? Okay, maximal 24 – das macht Luigi drei Tage lang, bevor der Pizzaofen für immer aus ist! Nehmen wir realistische zehn Stunden pro Tag. Mehr Stundenlohn? Na gut, let's go crazy! Luigi kassiert jetzt den Stundenlohn eines Anwaltes oder Chirurgen: 300 Euro pro Stunde wären drin, wenn die Pizza Leben rettet und Scheidungen durchzieht! Unsere neuen Variablen:

### 10 STUNDEN X 300 EURO = 3.000 EURO/TAG

Was auf dem Papier wunderbar aussieht, hat ein elementares Problem: Limitierung. Niemand kann mehr als 24 Stunden am Tag arbeiten und niemand, wir lassen Special Talent (Promis, Sportler etc.) mal außen vor, kann immer wieder 100-prozentige Gehaltserhöhungen erzielen. Gehaltserhöhungen liegen (wenn du sie überhaupt bekommen kannst) bei fünf bis acht Prozent und finden definitiv nicht jedes Jahr statt. Wir bewegen uns beim Stundenlohn also auch immer in einem limitierten Zahlenraum.

Große Zahlen mögen keine Grenzen. Hier ist noch einmal Luigis Best Case:

**EINHEITEN PRO TAG (STUNDEN): 10**

**PREIS: 300 EURO**

**UMSATZ (EINHEITEN X PREIS): 3.000 EURO**

In deinem skalierbaren nächsten großen Ding, in fein kalibrierten Maschinen, in Systemen, die ohne Luigi funktionieren, sind die Variablen dagegen anders manipulierbar, sodass sich die ganze Basis deiner Mathematik verändert.

Nehmen wir als Beispiel Softwareprodukte wie die von Oracle:

**EINHEITEN PRO TAG (GEMESSEN AN DER GRÖSSE DES MARKTES): 100.000+**

**PREIS (JE NACH ARTIKEL): 100.000+ US-DOLLAR**

**UMSATZ (2014): ÜBER 8.000.000.000 US-DOLLAR**

Große Zahlen generieren große Ergebnisse. Systeme hebeln große Zahlen. Dein nächstes großes Ding darf nicht durch Mathematik limitiert sein: Tausch nicht Zeit gegen Geld!

Solange der Erfolg der Pizza von Luigis Präsenz abhängt, ist er Sklave seiner eigenen Maschinerie, macht sich unentbehrlich und lähmt so seine Wachstumspotenziale. Wirklich belastbare Ideen basieren auf Systemen, nicht auf Menschen. Es ist nicht Mark Zuckerberg selbst, der weltweit Milliarden von Menschen auf seinem sozialen Netzwerk Facebook verbindet, es ist ein System, auf dem seine Jahrhundertidee aufgebaut ist.

Frag dich immer: »Was passiert, wenn ich mal sechs Wochen krank bin?« Läuft alles weiter wie gehabt? Schaff Automatismen! Wir haben mit NEONSPLASH – Paint-Party® teilweise drei Shows gleichzeitig veranstaltet, weil wir die Prozesse, die Materialien, die Mitarbeiter und die Expertise sehr schnell multiplizierbar gemacht haben. Mach dich ersetzbar, systematisiere alle Prozesse und übertrag das Risiko und die Umsetzung auf möglichst viele verschiedene Instanzen. Der Mensch kreiert die Idee und überträgt sie auf ein System, das auf eigenen Beinen steht und losrennt – so schnell und so unermüdlich, dass der Mensch auf Grundlage des Systems seinen Zugewinn aus Kapital (Geld und Zeit) in die Entwicklung immer neuer Ideen und Systeme investieren kann.

# BELASTBARE IDEEN BASIEREN AUF SYSTEMEN, NICHT AUF MENSCHEN.

# 4. WIE GROSS IST DAS PROBLEM, DAS GELÖST WIRD?

Abgesehen von der Idee selbst ist das Problem, das die Idee zu lösen vermag, ein perfekter Ansatzpunkt für die Frage nach der Relevanz: Ist das Problem wirklich ein Problem und ist die Idee eine echte Lösung oder nur eine Verlagerung des Problems? Ein Koffer ist eine gute Idee und löst ein großes Problem, alles klar. Aber stellen wir die Frage des Werteaustauschs: Gibt die Idee mehr zurück, als sie verlangt? Bleiben wir beim Beispiel des Koffers: Dieser ist ohne Zweifel eine gute Idee. Ergänzen wir den Koffer jetzt mit Rollen (übrigens ein »Novum«, das erst Jahrzehnte nach der Erfindung des Koffers entwickelt wurde): Plötzlich erhält die Idee durch die Relevanz bezüglich eines großen Problems eine ganz andere Neuartigkeit, Langlebigkeit und individuelle Wertigkeit. Simpel, nützlich und retrospektiv ganz offensichtlich, sodass du dich fragst: »Wieso habe ich nicht daran gedacht?«

Auf der Suche nach Problemlösungen ist ausschlaggebend, wie gut du abstrahieren kannst. Verfolg jede Problematik zurück zu ihrem Ursprung, um echte Fehler zu entdecken und nicht nur Symptome zu bekämpfen. MJ DeMarco trifft in seinem unfassbar starken Buch *The Millionaire Fastlane* eine sehr passende Unterscheidung zwischen Problem und Symptom: Der tropfende Benzintank ist das Symptom, die Lösung ist, öfter zu tanken. Das Problem ist allerdings das Loch im Benzintank. Löse Probleme, behandle keine Symptome!

Zur Bewertung der Größe eines Problems ist es hilfreich, es in verschiedenen Kontexten zu messen. Löst du ein kleines Problem für eine große Anzahl Menschen, ist der Wert deiner Lösung pro Kopf kleiner, weil das Problem kleiner ist, aber die Stückzahlen, die generiert werden, sind groß, weil viele Menschen das gleiche Problem haben. Löst du ein großes Problem für eine kleine Anzahl Menschen, die deiner Lösung beziehungsweise dem Problem aber großen Wert beimessen, bleibt dein Markt aus finanzieller Sicht trotzdem relevant.

Verschiebe deine Wahrnehmung auf dem Maßband der Relevanz in zwei Dimensio-

> ## QUICK TIPP
> Es ist immer einfacher, aus einer Nische heraus zu wachsen, als den neuen Koffer zu entwickeln. Sprich mit deinen Kunden und löse ihre Probleme; oft schenken dir deine Kunden deine nächste Idee, hör einfach gut zu!
> Wer profitiert wie viel von deiner Lösung? Wer leidet wie sehr unter dem Problem, das du löst?

nen: Denk 100 Kilometer weit und einen Zentimeter tief für Ideen, die jeder braucht, wie den Koffer, beziehungsweise einen Zentimeter weit und 100 Kilometer tief für sehr spezifische, aber dadurch wertvolle Lösungen, wie eine einzigartige Softwarelösung für Immobilienmakler im Geschäftskundenbereich.

## 5. WAS MACHT DIE KONKURRENZ BESSER/SCHLECHTER?

In dem Moment, in dem du nicht (mehr) allein bist mit deiner Idee, geht es in einem Bewertungsszenario um den direkten Vergleich mit der Konkurrenz. Wie ein potenzieller Kunde musst du objektiv verstehen können, ob es Elemente deiner Idee und Umsetzung gibt, die von der Konkurrenz besser oder schlechter durchgeführt werden. Macht sie Dinge besser, nutz diese Erkenntnis als Benchmark und mach es dir zum Ziel, mindestens zehnmal so gut zu werden.

Milliardär Peter Thiel, PayPal-Gründer und erster Facebook-Investor, spricht in seinem Buch *Zero to One* auch über die 10x-Regel, der zufolge man mindestens zehnmal besser sein sollte als jeder andere Player am Markt, um wirklich einen spürbaren Vorsprung und eine Relevanz als Marktführer zu genießen und zu rechtfertigen. Ist der Konkurrent in Elementen seiner Idee oder Umsetzung schlechter, gilt es, genau diese Schwachstellen zu identifizieren und gezielt gegen ebendiese zu schießen. Liegt dein Konkurrent im Hinblick auf Qualität zurück, solltest du deinen Anspruch an Qualität noch stärker fokussieren, um den Vorsprung weiter auszubauen und die Erkennbarkeit dieses Wettbewerbsvorteils noch klarer herauszuarbeiten. Zu begreifen, wo du in der brutalen Hierarchie des Marktes stehst, schärft deine Strategie und bestimmt deinen Plan. Wenn du weißt, wo du stehst, weißt du genau, wo du hinmusst!

**10X-REGEL**

## 6. DAS 3-D-FOTO: REISE FÜNF JAHRE IN DIE ZUKUNFT!

Die augenblickliche Bewertung deiner Idee ist eine Momentaufnahme, ein Foto. Alles klar erkennbar, aber wenig Tiefe. Stell dir vor, du könntest in das Foto eintauchen und über deine Position auf einer endlosen Zeitachse, die plötzlich eine ganz neue, dritte Dimension eröffnet, frei verfügen. Du gehst zurück zum Anfang, zu den Momenten, an denen Angst und Unwissenheit gegen unbändige

Motivation und Siegeswillen verloren haben, zurück zum ersten Schritt, deinem wichtigsten Schritt überhaupt.

Aber noch wichtiger als die Erinnerung an die Vergangenheit ist die Zukunft. Folge der Zeitachse deiner Idee jetzt in die andere Richtung, weit nach vorne, in die Zukunft! Reise fünf Jahre voraus und schau dir alles ganz genau an! Wo bist du und mit wem? Was hat funktioniert, was nicht? Worauf hast du dich konzentriert und warum? Und was hat es dir gebracht? Wer ist noch bei dir, wie fühlt sich das an, wohin hat sich deine Idee entwickelt, wer profitiert, was sind die Werte, bist du glücklich, bist du stolz? Saug alles auf, schau dir alles ganz genau an, versteh es im Detail und dann nimm es mit zurück ins Jetzt. Steig aus deinem Foto aus und sieh wieder nur den Moment. Freu dich darüber, denn der Moment gehört dir ganz allein, aufgebaut auf allen Taten der Vergangenheit, voller Potenzial und Erkenntnissen aus der Zukunft. Was hast du mitgebracht? Du hast erlebt, wie es aussehen wird, richte dich aus und geh los, dorthin, wo du ankommen musst. Du kennst diesen Ort, denn du bist schon da gewesen.

# 7. FANG BEI 100 AN!

Es gibt eine klare Korrelation zwischen schlechten und guten Ideen. Wer viele wirklich schlechte Ideen produziert, wird im Verhältnis – rein statistisch betrachtet – auch viele wirklich gute Ideen generieren. Schreib 100 Ideen auf und fang erst ab Nummer 101 an, die Ergebnisse wirklich ernsthaft zu bewerten! Dein Gehirn, das ist neurowissenschaftlich belegt, ist von Natur aus darauf konditioniert, Energie zu sparen. Es nimmt den kürzesten Weg, immer. Dieser Weg führt über das Bekannte, über Erlebtes, über Denkwege, Systeme und Verbindungen, die du verstehen kannst. Deine ersten fünf, zehn, 100 Ideen sind kurze Wege, unspannend, der sichere Weg. Aber ab der 100. Idee wird es interessant (nagel mich nicht fest, Amigo, vielleicht sind es bei dir 80 und bei deinem besten Buddy 120). Die Pfade sind jetzt nicht mehr erschlossen, und du bist gezwungen, gegen Unwissenheit, Kurzsichtigkeit, Erfahrungslosigkeit und Unsicherheit zu kämpfen, aber hier spielt die Musik; in diesen entlegenen Ecken deines Verstandes, bewusst und unbewusst, liegen die größten Schätze begraben. Wie ein Fußballspieler, der erst in der Nachspielzeit, nach 90 Minuten Routine, wirklich hungrig wird und merkt, wie sehr er den Sieg will, mit jeder Faser seines Körpers, mit ungeahnten Reserven an Kraft und Ausdauer, die er nur abrufen kann, weil er plötzlich muss.

Einen wirklichen Hit landest du rein statistisch gesehen im Verhältnis zu allen aufgewendeten Versuchen eher selten. Liebe jedes »Nein«, weil es gezwungenermaßen das »Ja« in immer greifbarere Nähe rückt. In seinem Buch *Ready, Fire, Aim* (einem der besten Bücher über den systematischen Aufbau deines Business in all seinen Stufen des Wachstums – unbedingte Empfehlung von mir, wenn du viel Lehrgeld sparen willst) spricht Michael Masterson über ein Hauptprodukt, das deinen »Traffic« generiert und Menschen durch die Tür lockt, um dann zahlreiche sekundäre Produkte im zweiten Schritt anzubieten. Das Hauptprodukt, dein bestes Pferd im Stall, muss wirklich gut sein, sonst bringt es ja auch niemanden durch die Tür und vor deine anderen Produkte. Die Aufgabenstellung ist also klar: Kreiere jedes deiner Produkte mit der Intention, einen Winner, ein echtes Hauptprodukt, den Publikumsliebling zu erschaffen. Da das rein statistisch nur sehr selten gelingt, hebt dein Anspruch an Qualität und Innovation aber immer auch den Durchschnitt der gesamten Produktpalette an, und deine sekundären Produkte werden richtig gut, weil sie aus knapp verfehlten Versuchen für ein Hauptprodukt bestehen. Wenn dann der Treffer einmal sitzt, deine Rakete in der Bahn ist und du ein echtes Hauptprodukt geschaffen hast, das Leute anzieht, sind deine Regale voll mit starken Produkten, die echte Umsätze generieren, denn dein Kunde ist durch die Tür gekommen und vertraut dir. Belohne sein Vertrauen mit Topqualität! Heb die Standards an, bau jedes Produkt mit einem Winner im Kopf, geh an deine Grenzen, tauch wirklich tief und entdecke da unten die schönsten Perlen!

# 8. DEIN KREATIVER FREUND

Jedes Team, jeder Freundeskreis, jedes Office und jede Party hat immer diesen einen kreativen Typ. Er fällt auf, weil er anders ist, weil er tiefer blickt, mehr sieht, anders denkt als die anderen. Zeig ihm deine Idee und hör einfach nur zu! Die Stellen, an denen er weiterdenkt, die Dimensionen, in die er eintaucht, und die Potenziale, die er fokussiert, sind die entscheidenden Bausteine für die Weiterentwicklung deiner Basis. Was du oft gar nicht bewusst begreifen wirst, ist, dass du ein Fundament in der Hand hältst, selbst dann, wenn du denkst, dass du schon in das fertige Haus einziehen kannst. Es geht mit deiner Idee immer weiter in die Tiefe und dein kreativer Freund wird dir diese unsichtbaren Sphären überhaupt erst aufzeigen. Leg dein Ego an der Tür deines kreativen Freundes ab und mach dir klar, dass du nicht alles weißt, dass du nicht »fertig« bist und dass es noch viel, viel mehr zu kreieren gibt, als du jemals gedacht hättest. Deine menschliche Resistenz gegen Veränderung und Neuartigkeit wird dein kreativer Freund komplett auf links drehen. Lass los und schau zu, wie er deine Idee nimmt und losrennt. Fühl dich nicht übergangen oder zurückgelassen, fühl dich motiviert und unterstützt! Wie dein Trainingspartner im Gym lässt er dich ungeahnte Kräfte realisieren und scheinbar Unmögliches schaffen. Lass dich pushen, geh mit: Dein kreativer Freund weiß genau, wohin es geht – verlass dich auf ihn!

Ich höre immer wieder den Einwand: »Ich möchte noch nichts verraten, was ist, wenn meine Idee geklaut wird?« Ganz wichtiger Punkt, berechtigte Angst und gängige Vorsichtsmaßnahme. Aber, und dieses »Aber« hat sich gewaschen: immer auch der Grund dafür, dass richtig gute Ideen gar nicht erst auf die Straße kommen. Wie oft hast du dir schon gesagt »Genau diese Idee hatte ich auch schon!«? Oder »Das hätte auch von mir sein können!«? War es aber nicht! Warum? Vielleicht, weil du nicht rausgekommen bist mit deiner Idee. Eine weltverändernde Idee, gefangen in der stillen Geheimhaltung deiner Gedanken oder deines »kleinen« Kreises, bekommt nur ganz schwer richtig schnelle Beine. Geh raus, sprich über deine Idee, entwickle deine Gedanken – das korrigiert immer wieder auch deinen Plan und macht dir klar, wo du stehst.

### AUF DIE UMSETZUNG KOMMT ES AN

Viel wichtiger als die eigentliche Idee ist immer die Umsetzung. Es gab schon lange vor und auch während der ersten Jahre von Facebook etliche andere soziale Netzwerke, teilweise mit stärkerem Finanzhintergrund und längerem Atem, mit erfahreneren Teams und besseren Voraussetzungen. Aber was ist das gegen die perfekte Umsetzung, das Killer-Team, den richtigen Spirit? Mit NEONSPLASH – Paint-Party® hatten und haben wir immer wieder Nachahmer, aber die Idee zu kopieren reicht nicht aus. Denn das eine Gut, das es dir erlaubt, mit jedem über deine Idee zu sprechen, ohne Angst haben zu müssen, diese könnte dir genommen werden, ist das Zusammenspiel deiner Kreativität, deiner Erfahrungen, deiner Bilder und Visionen mit deiner Idee und deinem Team – vor allem mit dem As im Ärmel deines Trikots, nämlich deinem kreativen Freund, der kurz einläuft und gleich drei Tore macht. Damit hat keiner gerechnet. Ihr seid das Winning-Team. Es werden euch die Spielzüge gestohlen werden, aber niemals euer Spirit, niemals euer Wille und niemals eure Freundschaft!

# DU BRAUCHST EINEN STAR!

# 9. IDEEN-CASTING

Nach der mittlerweile hundertsten Castingshow, die durch unsere Fernsehland-schaft stolpert, weißt du sicher ganz genau, wie ein Casting abläuft. Übertrag diese Erkenntnis auf die Evaluation deiner Ideen. Da stellt sich jemand vor, mal gut, mal schlecht, aber immer mit der Hoffnung, richtig was zu bewegen. Jetzt liegt es an dir, die ungeschliffenen Diamanten zu finden. Siehst du den Star in einer unscheinbaren Hülle? Hast du die Fantasie, den Status quo zu beobachten und zu verstehen, aber gleichzeitig die Potenziale und ungeschriebenen Erfolgs-geschichten vorherzusehen? Du bist die Jury, wofür bist du bekannt? Hart, weich, nett, böse, ehrlich oder verhalten? Tritt deinen Ideen wie jungen Talenten ge-genüber, die nichts mehr wollen, als ihre Träume vom großen Durchbruch leben zu können. Du hast die Schlüssel zur nächsten Runde in der Hand. Sei rigoros und überleg dir gut, wer weiterkommt und warum. Setz eine ganz klar definierte Anzahl von Runden fest. Deine Ideen müssen drei Runden überstehen, um im großen Finale zu stehen.

## RUNDE 1

**Bedient diese Idee die Basisanforderungen an ein skalierbares Geschäftsmodell?**

Sieht nett aus, kann singen, kann tanzen – passt! So oder so ähnlich solltest du die erste Runde deines Ideen-Castings sehen. Stimmt die Basis? Sei hart, aber fair! Trenn dich gern von der falschen Idee. Wirklich wichtig sind die Dinge, zu denen du »Nein« sagst, nicht die Dinge, zu denen du »Ja« sagst. Sei wählerisch und weitsichtig. In dieser ersten Runde wird der ganze Trash aussortiert. Hier kommen dir Ideen vor die Flinte, die einfach nicht für das Rampenlicht gemacht sind. Komplett überschätzt, aber leider weder ton- noch taktsicher: Sorry, der Nächste bitte!

## RUNDE 2

**Welche der übrig gebliebenen Ideen stechen heraus, haben ganz klare Stärken oder gefährliche Schwächen? Wie stehen sie im Verhältnis zum Markt?** Dir steht jetzt eine wirklich solide Truppe gegenüber. Die können alle zumindest irgendetwas. Schau ganz genau hin! Gibt es Ausnahmetalente, wirkliche Überflieger oder klare Schwachstellen? Wer steht wo, wenn du die Totale betrachtest? Wie ist das Potenzial der Schwächeren, welche sind langfristig die Stärken der Leader? Nachdem du ein Verständnis für die Gruppe hast, für die Verteilung der Qualitäten und die einzelnen High Potentials, gilt es, diese Gruppe im Hinblick auf den Markt zu analysieren. Schau über deine Casting-Couch hinweg auf den freien Markt: Wer steht auf den großen Bühnen, wer begeistert die Fans und wessen Poster hängt in allen Zimmern? Gibt es Schnittmengen, Ähnlichkeiten oder klare Vorgaben, die der Markt diktiert? Wer passt in die augenblickliche Konkurrenzsituation? Gibt es Marktlückenfüller in deiner Gruppe? Ganz neue Ansatzpunkte, gewagte Kombi-nationen oder sogar klare Erfolgschancen für den einen oder anderen? Begreif deinen Talentpool als eigenen Mikrokosmos und durchleuchte dann deine engere Auswahl mit dem Spotlight der Big Boys des Marktes, der alles entscheidenden Bühne.

**Welche Idee fliegt zuerst?** Auf diesem Toplevel geht es um die Praxis: Hier oben ist die Luft dünn und die Qualität herausragend. Alles Granaten, einzige Frage: »Wer fliegt als Erstes und wie lang?« Nicht nur der Beste, sondern vor allem auch der Schnellste gewinnt im Rennen um die Herzen der Fans. Eine Bombenstimme mit der klaren Realisation einer verlängerten Launchphase und weitere zwei Jahre Künstlerentwicklung, Songschreiberei und Perfektionierung? No way! Du brauchst den fertigen Star: polarisierend, schon im Vorfeld auffällig geworden, anders, unverschämt talentiert und bahnbrechend einzigartig, Look und Stimme, Tanz und Styling, Attitüde und Story, Feeling und Magie. Das Ganze gepaart mit charmanter Bescheidenheit und unbezahlbaren Werten. Dieser Künstler ist eine Bereicherung. Will nicht viel, aber er gibt alles und bekommt jeden. Das ist dein Star, das ist das nächste große Ding. Congratulations, you are the winner of this show, you are the star!

Now shine your light on the world!

# 10. WAS KOSTET ES DICH, AUFZUHÖREN?

Deine Idee steht, du gehst den ersten Schritt, Profiapplaus von der VIP-Tribüne! Unsere Gesellschaft respektiert Menschen, die etwas anfangen, und liebt den Moment des ersten Schrittes. Wir feiern den ersten Schultag, den ersten Kuss und die Verlobung, den Beginn des Studiums, die Anmeldung im Fitnessstudio, das neue Jahr mit allen guten Vorsätzen. Die weiße Weste ist immer Grund zur Freude. Es geht los, super!

Logische Konsequenz: Viele Menschen starten. Traurige Wahrheit: Sehr wenige beenden das, was sie begonnen haben. Nicht jeder macht Abitur, wenige Studenten erhalten einen Abschluss, wenige Ehen halten ewig und schon im März ist das Fitnessstudio wieder halb leer. Warum? Weil das Ergebnis wertvoll ist und sich dieser Wert am Widerstand auf dem Weg zum Ergebnis bemisst. Es gibt nicht unendlich viele Herzchirurgen, weil das Studium anstrengend ist und viel Disziplin abverlangt – daher auch die hohe Bezahlung, die Nachfrage übersteigt das Angebot. Nicht jeder ist fit und muskulös, weil es Zeit und Disziplin kostet, nicht jede Ehe hält ewig, weil eine funktionierende Partnerschaft echte Arbeit bedeutet.

Ein großes Problem ist der Zeitpunkt: Menschen hören immer zum falschen Zeitpunkt auf. Sie geben auf, kurz bevor es interessant wird. Der Marathonläufer hört nicht nach einem Kilometer auf, während er noch den Jubel aus dem Startbereich hört, sondern kurz vor dem Ziel. Die Lösung: Fang nichts an, was du nicht beenden wirst, und du sparst dir die investierte Zeit, Aufmerksamkeit, die Opportunitätskosten und das geschwächte Durchhaltevermögen. In seinem Buch *The Dip* seziert Seth Godin diesen Gedankengang in fantastische Details. Das Resultat dieses Denkweges ist eine sehr analytische Auseinandersetzung mit deiner Entscheidung, mit etwas aufzuhören. Je später du aufhörst, umso teurer wird es für dich. Fängst du gar nicht erst an, weil du weißt, dass du dein Projekt nicht beenden wirst, ist dein Konto ausgeglichen. Je später du aufhörst, umso höher wird dein Defizit. Das große Potenzial liegt in der antiproportionalen Entlohnung, im Moment, in dem du ein Projekt zu Ende bringst. Jeder Meter deines Marathons macht dich zu der Person, die im Ziel ankommt, und ist unerlässlich, aber die Champagnerdusche wartet erst hinter der Ziellinie. Mach dir klar, dass es schwierig wird, dass es nicht sofort funktionieren wird, aber vergiss niemals, dass du durchs Ziel laufen musst oder in einem Moment aussteigst, in dem es nicht teuer ist, deine Idee zu verlassen.

Übertragen wir die Kosten deines potenziellen Ausstiegs auf die Bewertung deiner Idee: Wie lang ist die Startbahn deiner Idee? Du willst einen Jumbo-Jet in die Luft bringen, deine Idee soll fliegen, klar, aber wie lang ist das Rollfeld? Wie viel Schubkraft musst du aufbringen, wie viel Kerosin verbrennen, bis das Ding fliegt? Wenn deine Antwort lautet: »Ich baue eigenhändig eine Pyramide«, wird es sicherlich einige Jahrzehnte dauern. Dann ist deine Startbahn lang und die Kosten eines Abbruchs auf halber Strecke sind riesig.

Fokussiere schon in der Ideenbewertungsphase die möglichen Kosten deines Ausstiegs und fang gar nicht erst an, wenn diese zu hoch sind beziehungsweise wenn du dieses »Budget« im Rahmen einer anderen Idee mit einem kürzeren Rollfeld effizienter investieren könntest. Die Idee als solche zu bewerten funktioniert, und wenn du die letzten neun Strategien aufmerksam gelesen hast, dann weißt du auch, wie das funktioniert, aber diese Betrachtung ist immer auch zu eindimensional. Es gibt grandiose Ideen, deren Start du dir aber aufgrund eines potenziellen Abbruchs gar nicht erst leisten solltest. Sei ein Kriegsschiff, von dessen kurzer Startfläche täglich immer wieder Jets starten! Kurze Wege – schmeiß viel in die Luft und bewerte den Weg zum Ziel, nicht das Ergebnis.

**HÖR NICHT ZU FRÜH AUF!**

# 4

## MATTHEWS 10 TIPPS FÜR

# ERFOLGSGEDANKEN DIE IDEEN UND UMSETZUNGSKRAFT PRODUZIEREN

Ich höre immer wieder die gleiche Story, das gleiche Dilemma: »Ich hatte doch genau die gleiche Idee und jetzt hat sie jemand anders umgesetzt. Das ist mein Erfolg, den diese Person da jetzt feiert!« – Nein, ist es nicht, Captain Konjunktiv, denn du hast die Idee nicht umgesetzt. Du hast kein Gas gegeben, du hast dich in den Lamborghini reingesetzt, aber den Schlüssel nicht herumgedreht.

Bei viel zu vielen Bombenideen wird der Schlüssel nicht herumgedreht, die Kiste bleibt einfach stehen, es werden keine Meter gemacht. Das große Missverständnis: Du denkst, dass die Idee fertig ist, wenn sie zu Ende gedacht ist. Boom! Falsch. Wenn du deine Idee zu Ende gedacht hast, geht die wahre Arbeit erst richtig los, aber diese Arbeit ist zu großen Teilen weiterhin in deinem Kopf, nicht auf der Straße. Klar musst du raus und dich anstrengen, aber hey, das war hoffentlich ohnehin klar (du liest hier ein Business-Buch und nicht Harry Potter)!

**10 VOLLGAS-KILLER-APPS**

Auf den folgenden Seiten schauen wir uns gemeinsam an, welche Prozesse in deinem Kopf ablaufen müssen, sodass du produktiv, effektiv und langfristig auf Kurs bleibst bei der Realisierung deiner nächsten Killer-Idee. Deine Gedanken kreieren deine Aktionen. Vorstellungskraft ohne echtes Vollgas ist Traumtänzerei – ganz nett, wenn du beim nächsten Abendessen von all deinen super Ideen erzählen willst, die jemand anders umgesetzt hat. Die gute Nachricht: Ich habe zehn hochtaktische Killer-Apps zusammengestellt, die auch mir jeden Tag dabei helfen, wirklich Kohle in den Ofen zu schaufeln, richtig Gas zu geben, Pin, Baby – Speedlimit! Als Gesamtkonstrukt kannst du diese zehn »Ballermänner« betrachten wie die Feldspieler einer starken Fußballmannschaft. Alle müssen zusammenspielen, alle müssen mitziehen, jeder auf seiner Position, dann wird der Ball vernünftig laufen und du hast eine realistische Chance auf den Sieg. Aber ohne diese zehn Jungs auf dem Rasen gibt es gar kein Spiel.

Ein kurzer Disclaimer und persönlicher Rat von mir: Ja, du brauchst jeden einzelnen Baustein dieser Nummer, 100 Prozent, Buddy. Aber mach dich nicht verrückt! Keiner verlangt, dass du bis morgen dein ganzes Leben umgekrempelt hast – das würde nur zu einem Chaos führen. Die beste Fußballmannschaft trainiert auch jahrelang, bis sie anfängt zu zaubern. Fang einfach locker an, Stück für Stück diese wertvollen neuen Strategien und Taktiken in deinen Alltag einzubauen, entspannt, easy! Mach es dir bitte wirklich zum Ziel, diese Aktionen mit eiserner Disziplin und unerschöpflicher Willensstärke jeden Tag durchzuziehen, immer wieder, bis sie irgendwann hängen bleiben wie das Zähneputzen oder Schalten im Auto (mehr dazu gleich bei App Nr. 6)! Ich verspreche dir jetzt etwas, und denk bitte an mich, wenn es so weit ist: Wenn du anfängst, diese Strategien zu befolgen und zu leben, wirst du etwas spüren, was du so noch nie in deinem Leben gespürt hast. Ein Gefühl von Erfüllung und Stolz, von Zufriedenheit und Stärke, das dich von innen komplett ausfüllen wird. Das ist wirklich (no bullshit!) der absolute Wahnsinn! Als Möchtegernbiologe kann ich dir sagen, dass dieses Gefühl auf dem Neurotransmitter Dopamin basiert, eine gesunde Droge – get high!

# 1. FLOW UND MEDITATION

Kennst du das Gefühl, wenn einfach alles funktioniert, was du anfasst? Vielleicht bei einem guten Gespräch, wenn du lustig und schlagfertig bist, alle Antworten parat hast, oder beim Sport, wenn du jeden Korb triffst oder die Gegenspieler austanzt wie ein Lionel Messi. Dieses Stadium, dieses Feeling, heißt »Flow« (Englisch für: »Jo, läuft!«). Flow hast du, wenn du nicht nachdenkst über das, was du tust, wenn es einfach passiert. Vielmehr unterbewusst als bewusst (erinnere dich an den Unterschied zwischen Bewusstsein und Unterbewusstsein und wie viel schneller dein Unterbewusstsein unterwegs ist!). Du machst einfach, das Universum ist in Balance, alles ist cool. Dieses Gefühl werden wir jetzt auseinandernehmen, um die einzelnen Elemente zu begreifen, sodass wir es beliebig abrufen und wiederholen können, immer und immer wieder, in jeder Situation.

## DAS UNTERBEWUSSTSEIN

Fangen wir beim Unterbewusstsein an: Versuch mal, nicht zu denken! Und? Klappt nicht, richtig? Warum? Weil du bewusst daran denkst, nicht zu denken. Um an unser Unterbewusstsein heranzukommen, sollten wir uns lieber über Meditation unterhalten. Und jetzt denk nicht an einen Inder im Schneidersitz, sondern an eine wirklich erstaunlich große Anzahl brandaktueller, supererfolgreicher Tech-Milliardäre aus Silicon Valley, an Topleistungssportler, an die kreative Elite der Welt, Schriftsteller, Schauspieler, verrückte Paint-Party®-Entwickler und andere Chaoten. All diese meditieren bis zu zweimal täglich. Eines meiner großen Vorbilder im Hinblick auf kreative Denkwege ist Tim Ferriss (timferriss.com). Er fragt in seinem Podcast nach der morgendlichen Routine seiner Gäste und fast alle antworten mit Meditation oder irgendeiner Art Introspektion am Morgen. Das hilft, um aus dem Bewusstsein rauszukommen und in deine Gefühle, deine Unmittelbarkeit, dein Wesen, ins Unterbewusste reinzukommen. Es relaxt dich und löst die Spannungen – du fühlst dich wie neugeboren.

Fang am besten mit einer geführten Meditation an, zum Beispiel von Tara Bach (tarabach.com oder über die App »Headspace«). Lass dich gehen und spüre, wie du auf die Reise gehst. Wenn du wieder zu dir kommst, bist du komplett im Frieden, bist bei dir, es wird dir traumhaft gut gehen. Diese Entspannung schickt dich (morgens ausgeführt) gestärkt und voller Kraft in den neuen Tag. Du bist ready, du bist da. Du jagst nicht mehr deine Gedanken, du wirst Beobachter und bewusster Entscheider, du hast die Kontrolle – dein Gehirn ist ein wildes Pferd, das du in diesem Augenblick gezähmt hast. Ein unheimlicher Produktivitäts- und Glücksvorteil, den du dir gegenüber jedem sicherst, der einfach ohne Start und Konzept in den Tag stolpert. Deine Mannschaft spielt mit System, mit cleveren Spielzügen und Taktik. Lauf nicht einfach drauflos, sondern starte mit Ruhe! In der Ruhe liegt die Kraft.

## 2. TAGEBUCH DER FREUDE

»Das Jahr ist so schnell vorbeigegangen, ich weiß fast gar nichts mehr davon!« Kommt dir dieser Satz bekannt vor? Mir auch! Die Zeit rennt und mit ihr die Momente, die Situationen, schöne und schlechte. Aus Stunden werden Tage, aus Tagen werden Monate und aus Monaten werden Jahre, so schnell, dass wir uns jedes Jahr noch mehr über die Tatsache erschrecken, dass schon wieder ein weiteres Jahr vorüber ist. Es scheint, als würde sich die Uhr mit jedem neuen Jahr ein kleines bisschen schneller drehen.

Was sehr schade ist: Viele schöne Momente, auch wenn sie nur kurze Augenblicke echter Erfüllung sind, in denen wir uns wirklich richtig gut fühlen, vergessen wir in diesem Hamsterrad aus Terminen und Deadlines. Die Maschine läuft einfach immer weiter, unaufhaltsam. Ein Tagebuch ist zwar immer eine gute Idee, um Erlebtes festzuhalten und zu dokumentieren – mir geht es aber vielmehr um die Emotionen, die ich mit dem Erlebten verbinde, und nicht unbedingt um das Erlebnis als solches.

Denk mal zurück an wirklich große Augenblicke deines Lebens, echte Höhepunkte voller Glück und Freude. Nimm dich selbst mit zurück an diesen Ort und erleb die Situation noch einmal. Geht es hier um die Handlung, den Ablauf, die Details oder um dieses warme Gefühl im Bauch, wenn du die gelebte Emotion noch einmal von Neuem auslösen kannst? Dein Abitur, der erste Kuss mit einer Person, die du wirklich geliebt hast, bei der es echt gekribbelt hat. Ja, schreib ein Tagebuch, aber ein Tagebuch deiner ganz eigenen Freude. Dein Leben fliegt an dir vorbei, also behalte die entscheidenden Momente fest in deinem Herzen. Schreib sie auf, um dich wirklich daran zu erfreuen. Um dir bewusst zu machen, wie glücklich und zufrieden du tatsächlich gerade bist und warum. Dieser innere Dialog, deine ganz persönliche Introspektion ist die Basis für echtes Glück und dein bestes Leben. Ich bin kein Fan von spirituellem Wischi-Waschi, ehrlich. Aber ich gebe dir jetzt konkret und unverfälscht einige Fragen und Denkanstöße, mit denen ich mich jeden Morgen nach dem Aufstehen und jeden Abend vor dem Schlafengehen beschäftige. Dieses Ritual ist mittlerweile wie eine Sucht; ich verspreche dir, du wirst dich danach wirklich gut fühlen und es nie wieder anders machen wollen.

Besorg dir ein Notizbuch und beantworte jeden Morgen und jeden Abend folgende Fragen (das Zeug hier ist übrigens nicht von mir, sondern wird von Persönlichkeitsentwicklungs-Granaten aller Generationen schon seit Ewigkeiten empfohlen – 'cause it works!):

### WOFÜR BIN ICH DANKBAR?

Schreib alles auf, was dir einfällt, aber konzentrier dich vor allem auf die Dinge, die du sonst als selbstverständlich ansehen würdest. Deine Familie, Freunde, deine eigene und deren Gesundheit, dein Zuhause, das Wetter, das leckere Essen, die Bücher, die du lesen kannst, um zu wachsen, die endlosen Potenziale und Möglichkeiten, die jeder neue Tag bringt. Der Fokus auf die wirklich einfachen Dinge im Leben, die dich aber wirklich glücklich machen, wenn du dir bewusst machst, wie wichtig sie für dich sind, stellt die Weichen für einen Tag voller Dankbarkeit, Erfüllung, Glück und Zufriedenheit. Schreib die Dinge auf und lächle dabei, mit den Lippen, mit den Augen, mit dem Herzen! Es gibt so viel, für das du dankbar sein kannst – genieß es und halt es fest, denn dann hält es dich fest!

## WORAUF BIN ICH STOLZ?

Du schaffst etwas, jeden Tag! Worauf bist du wirklich stolz? Mach es dir klar und klopf dir selbst auf die Schulter! Gut gemacht, weiter so! Dieses positive Feedback hast du verdient und du brauchst es auch, um sicherzustellen, dass du auf Kurs bist, dass du Erfolge feierst, jeden Tag. Auch hier: Es geht nicht um die weltbewegenden Errungenschaften oder um Heldentaten. Es geht um die kleinen Dinge, die du kontinuierlich tust, die dich wirklich stolz machen. Das nette Wort, das du heute dem Fremden geschenkt hast, deine Disziplin, die dich jeden Tag ins Gym treibt, die gesunde Mahlzeit, deine Ziele, die Ängste, die du überwunden hast, und jene, die du noch überwinden wirst. Es gibt so viele Fähigkeiten und Entscheidungen, die dich jeden Tag auszeichnen und einzigartig machen; triff bewusst gute Entscheidungen, geh bewusst den richtigen Weg (die kleine Stimme in deinem Herzen weiß immer, wo der richtige Weg ist) und sei stolz auf Dich! Dokumentier deinen Stolz und freu dich daran – dann wirst du automatisch immer wieder Dinge tun, die dich stolz machen, weil du diese Freude immer wieder erleben willst. Eine Aufwärtsspirale, mit deren Hilfe du die größten Ziele deines besten Lebens erreichen kannst – garantiert, ohne Druck, aber mit viel Freude an deinem ganz eigenen Stolz.

## WEM HABE ICH HEUTE GEHOLFEN? WEM KANN ICH HEUTE HELFEN?

Die Hand, die etwas bekommt, ist immer auch die Hand, die etwas gibt. Eines meiner größten Aha-Erlebnisse war es, zu begreifen, dass ich glücklich, erfüllt und wirklich unnormal erfolgreich bin, solange ich Menschen dabei helfe, das zu bekommen, was sie brauchen. Meine Events sind explodiert, weil ich Menschen ganz bestimmte Gefühle und Emotionen geschenkt habe, die sie haben wollten. Die Leute gehen ab, das Event ist erfolgreich, alle gewinnen, die Welt ist in Ordnung!

Konzentrier dich auf diese fundamentale Logik, wenn du deine nächsten Schritte überdenkst. Wem habe ich heute geholfen? Und wem kann ich heute helfen? Fang ruhig klein an: ein Kompliment, eine helfende Hand, Unterstützung, ein guter Rat. Hilfe fühlt sich für dich unfassbar gut an: Sie bringt dein Gegenüber weiter und kommt immer zurück, und zwar mit richtig Musik, exponentiell. Wenn du hilfst, passieren gute Dinge, garantiert. So funktioniert die Welt – eigentlich sehr simpel. Halt deine Hilfe in deinem Tagebuch der Freude fest und spür, wie dich dieser tägliche Moment der Reflexion für einen Tag voller Bedeutung, Sinn und Lebensglück bereit macht. Beende deinen Tag mit der

# DIE HAND, DIE ETWAS GIBT, BEKOMMT ETWAS ZURÜCK!

gleichen Energie, um voller Erfüllung die Augen zu schließen, in größter Vorfreude (die schönste Freude und vor allem die Freude, die dich früh aus dem Bett holen wird) auf den nächsten Traumtag!

## 3. FITNESS

Die Zeiten, in denen Kraftsport als stupides Machothema abgestempelt wurde, sind ohne Zweifel vorbei. Fitness ist eines der besten Produktivitätstools, die es gibt. Ich bin kein Sportlehrer und meine Note in Bio war immer eher schlecht als recht, aber solange ich denken kann, bin ich in Bewegung, und Sport ist ein ganz essenzieller Bestandteil meines Lebens. Egal, was passiert, mit Sport in deinem Alltag hast du immer zumindest hier schon mal gewonnen. Auch wenn alles andere schiefgeht – die Hantelstange interessiert das nicht, ihr ehrliches Feedback und das Gefühl, etwas geschafft zu haben, sind jeden Tag für dich da!

Um bei etwaigen Skeptikern und deinen Buddys brillieren zu können, sag doch einfach mal, dass schon ein kurzes körperliches Training (zum Beispiel 20 Liegestütze) im Körper Endorphine, Dopamin und Serotonin ausschütten (haben wir eben schon mal gehabt) und dich damit körperlich und seelisch sofort in den Orbit schießen: Du fühlst dich gut, stark, gesund, produktiv, ausgeglichen und ganz nebenbei verbessern sich dein Körperbau und deine allgemeine Gesundheit.

Um konkret zu werden: Trainingspläne gibt es zuhauf, und jede Pappnase im Gym wird dir voller Überzeugung von seinem ganz eigenen Split, Plan, Geheimrezept oder sonst irgendeiner Bodybuilder-Schatzkarte erzählen. Erster ganz wichtiger Punkt: Du bist im Gym, um zu trainieren, also kauf dir ein paar vernünftige Kopfhörer and get focused! Die ganze Angelegenheit hat nur Sinn, wenn du die Kontinuität und die Routine nicht brichst. Wenn du dich dazu entscheidest, dreimal pro Woche pumpen zu gehen, dann sei dreimal pro Woche im Gym, ohne Ausreden! Dein Date mit dem Gym ist mindestens genauso wichtig wie dein Date in der Bar oder sonst irgendeine Geschichte, die du am Laufen hast – verpass nie wieder eine Einheit! Leg dir einen Trainingsplan zu, der für dich funktioniert, der deinem Körper und deinen Zielen angepasst ist, den du einhalten kannst und der Sinn hat: Lass dir bitte nichts von dem Stiernacken aus dem Club erzählen, sondern frag einen Personal Trainer – das ist ganz wichtig! Du fragst auch nicht den Typ mit der prolligsten Kiste, wie man Auto fährt – das erklärt dir immer schön der Fahrlehrer. **Kauf dir vernünftiges Equipment: ein cooles Outfit, in dem du dich wohlfühlst, gute Schuhe und Handschuhe** (wenn du schwer heben willst). Es bringt nichts, dich mit deinem alten Outfit aus dem Sport-LK und dem verwaschenen Bayern-Trikot mit Mehmet Scholl auf dem Rücken ins Gym zu quälen. Du musst dich gut fühlen, wenn du in den Spiegel schaust. Übertrage diesen Gedanken auch auf andere Bereiche über das Gym hinaus: Investiere in eine hochwertige Matratze, wirklich gute Decken, Kissen und Laken – Muskeln wachsen in der Ruhephase. Erstklassiger Schlaf schafft ein erstklassiges Leben! Hab Musik auf dem Ohr, die dich motiviert. Für iPhone-Nutzer ist die Podcast-App eine gute Idee. Hier kannst du immer wechselnde Musik streamen. Es gibt nichts Demotivierenderes, als immer die gleiche Mucke zu hören: Keep it fresh!

**KEINE AUSREDEN: BEWEG DICH!**

Was vielleicht klingt wie Fitness-Malen-nach-Zahlen, meine ich absolut ernst! Nicht weil ich ein Experte bin, aber weil es mir wichtig ist, dass du dein Fitnesstraining dauerhaft durchziehst, bis es eine Routine und damit ein fester Bestandteil deines Lebens wird! Warum? Weil ich bei mir selbst erlebt habe, wie förderlich das ist. Die Ausgeglichenheit, die Freude, der Look und die Energie sind absolut essenziell, wenn du in deinem Business auch nur irgendetwas packen willst. Ich verspreche dir nicht, dass du durchs Gym Millionär wirst, aber ich versichere dir, dass sich dein Mindset durchs Gym komplett auf links drehen wird!

Neben Mindset, Disziplin, Gesundheit und Auftritt sind es vor allem die glasklaren Parallelen zu wirklich gutem Business und deinem besten Leben, die Fitness für mich so spannend machen! Wir sind allein dafür verantwortlich, Gewicht zu bewegen, Dinge zu schaffen, weiterzukommen. Es besteht eine klare Korrelation zwischen der Menge des Gewichts und dem Resultat, eine Abhängigkeit zwischen Disziplin und Ergebnis. Andere wichtige Variablen in dieser Formel: Ernährung, Ruhephasen, Intervalle, Pläne, Regelmäßigkeit, Ehrgeiz. Wer im Gym viel bewegt, bekommt viel zurück. Wenn du immer wieder Gewicht bewegst, das dich anstrengt, bei dem du wirklich beißen musst, dann entwickeln sich deine Muskeln weiter. Vereinfachte Erklärung: Deine Muskeln erhalten die Nachricht: »Wir müssen mehr bewegen, als wir gerade können. Wir müssen wachsen.«

Mens sana in corpore sano

100%

**ABS**
are made in the kitchen

### QUICK TIPP

Meine Faszination für Prozessoptimierung und maximale Ergebnisse bei optimiertem Input (hier gemessen an Zeit – ich bin nie länger als 45 bis 60 Minuten im Gym und gehe schon in Trainingskleidung hin) hat dazu geführt, dass ich für mich einen Trainingsplan entworfen habe, der mir alle Vorzüge und Ergebnisse einer regelmäßigen Krafttrainingsroutine garantiert, während ich dabei jede Sekunde im Gym bestmöglich ausnutze, um die Investition (Zeit) pro Muskelreiz zu optimieren.

Entscheidende Idee für dein nächstes großes Ding: Verlang mehr von dir selbst, als du gerade kannst und willst, und du wirst dich weiterentwickeln müssen! Beweg mehr Gewicht in deinem Leben als am Tag zuvor und schau dabei zu, wie du wächst! Deine Hilfestellung: der Trainingspartner. Hast du schon mal beobachtet, wie man sich im Gym gegenseitig hilft? Die letzten Wiederholungen mit wirklich viel Gewicht, die Wiederholungen, die wirklich wehtun, die, die zählen, werden immer zu zweit ausgeführt. Ein Trainingspartner hilft dabei, das Gewicht zu sichern und zu motivieren. Finde einen Trainingspartner für dein bestes Leben, der dabei ist, wenn du wirklich schweres Gewicht bewegst, der dir hilft, der dich schützt und der an dich glaubt. Wenn du also noch keine hast, leg das Buch weg und besorg dir eine Studio-Mitgliedschaft! Ruf deinen besten Freund an und nimm ihn mit! Gym bedeutet viele nächste große Dinge im Leben und im Business, garantiert!

**UM ES KONKRET ZU MACHEN, HIER MEINE STRATEGIE:**

- 6 x pro Woche im Gym
- 2 x 3er-Split = 6 Einheiten (ein klassischer 3er-Split, der jeweils zweimal pro Woche stattfindet, sonntags ist frei :-))
- Alle Übungen im Supersatz, um die Trainingszeit um bis zu 50 Prozent zu verkürzen (in der Pause von Übung A machst du Übung B)
- 3 bis 4 Übungen pro Muskel bei 3 bis 4 Sätzen und ca. 8 bis 10 Wiederholungen pro Muskel
- Push-pull-Prinzip (Übung A = Drücken, Übung B = Ziehen)
- Antagonisten-Training (Übung A = Bizeps, Übung B = Trizeps)
- Gewicht bei 90 Prozent der Übungen so wählen, dass 8 bis 10 Wiederholungen machbar sind
- Gewicht bei 10 Prozent der Übungen so wählen, dass nur 4 bis 6 Wiederholungen machbar sind und hierbei die Kadenzzeiten (Dauer der Ausführung bzw. Zeit unter Muskelspannung) verlängern (eine Wiederholung dauert ca. 8 Sekunden). Hier können auch Rest-/Pause-Sets eingebaut werden (eine Wiederholung bei Maximalkraft, 5 bis 10 Sekunden Pause, eine Wiederholung bei Maximalkraft). Dieses Intervall ca. fünf- bis sechsmal wiederholen.

Über Bauchübungen kursieren jede Menge Mythen. Die Bauchmuskeln sind ein Muskel wie jeder andere Muskel auch. Jeder, der Hunderte von Crunches macht, macht was falsch: Du kannst auch nicht 100 Bizeps-Curls machen, ohne dass etwas nicht stimmt.

**HIER MEINE ROUTINE:**

- Nur 3 x ca. 20 Wiederholungen
- Nur hängend und mit dem Gewicht der Beine (Beine zu heben ist deutlich schwerer als Brust und Kopf zu heben und geht weniger auf den Rücken)
- Gerade und seitlich heben

Das große Geheimnis: Disziplin. Verpass einfach nie wieder eine Trainingseinheit und deiner Traumfigur steht nichts im Weg. That's it! Der Rest ist das Produkt deiner Ernährung. Deine Gesundheit und dein Körper basieren zu 90 Prozent darauf, was du isst, und nur zu 10 Prozent darauf, was du im Gym machst.

# 4. ERNÄHRUNG

Lass mich dir folgendes Szenario ausmalen und sag mir, ob ich recht habe: Du hast wirklich Bock auf totale Schweinereien! Schokolade, Pommes, Hamburger, Eis, von allem zu viel und vor allem die falschen Dinge. Du bestellst das Zeug, weil du ein Gefühl hervorrufen willst. Ein Gefühl von Zufriedenheit, Erfüllung (im wahrsten Sinne des Wortes). Du willst mal so richtig reinhauen. Alles klar, ab geht's! Und danach? Immer, aber auch wirklich jedes einzelne Mal fühlst du dich schlecht. Dir ist kotzübel, du bist viel zu voll, schlapp und einfach nur durch – dein Cholesterin- und Blutzuckerwert steigen, dein Körper ist für einen Augenblick vergiftet.

Kennen wir alle, alles klar, einverstanden. Aber jetzt meine Frage: »Warum machst du die Nummer dann immer wieder mit?« Irgendwie verrückt, oder? Mein Tipp: Die Gefühle, die du dir von einem richtig guten Essen wünschst (»richtig gut« wird gern mit »richtig viel« verwechselt), die bekommst du von Nahrungsmitteln bester Qualität. Stell dir einen Sportwagen vor, der ordentlich Gas geben will und sich deshalb mal so richtig schön (zu) viel Frittenfett in den Tank schießt! Das funktioniert nicht. Da muss Top-High-Octane, Bombensprit, rein, richtig gutes Zeug. Gut für das Getriebe, für die Langlebigkeit, für das Wohlbefinden. Ich kenne Jungs, die schütten sich selbst nur Billigquatsch in den Kopf und polieren ihre Felgen mit Reinigungsmittel, von dem 100 Milliliter mehr kosten als 20 Liter frisch gepresster Orangensaft. Was läuft da? Eben nichts, zumindest nicht mehr lange. Höchstens die hübschen Felgen vielleicht.

Mach dir klar, dass dein Körper sofort auf das reagiert, was du ihm zur Verfügung stellst. Jedes einzelne noch so kleine bisschen, das in deinen Körper gelangt, wird bewertet, verwendet und irgendwie genutzt – und wenn es zur Zerstörung ist (über Kippen müssen wir hier hoffentlich gar nicht erst reden, come on, Buddy!). Ganz wichtig für alle Kritiker, die jetzt aufschreien und sagen, es wäre zu teuer, gesund zu leben: Das ist komplett paradox. Spar ein bisschen Kohle, um zu leben wie ein Mülleimer, und stirb dafür deutlich früher. Und in der Zwischenzeit geht's dir beschissen. Bravo, gutes Geschäft, Mr. Sparfuchs.

Der Trick ist nicht nur die Qualität, sondern auch die Quantität und die Routine. Nicht zu wissen, was man essen will, führt zu Zeit- und Geldverschwendung im Supermarkt. Ich esse vielleicht vier bis fünf verschiedene Gerichte in verschiedenen Variationen, alle bezahlbar, ultraschnell zubereitet, ohne viel

# EAT CLEAN, GET SMART, FEEL GREAT!

Küchenkram dreckig zu machen, und im Supermarkt kenne ich die Route auswendig. Mach dir klar, was du deinem Körper täglich (!!!) geben möchtest, um wirklich gut draufzukommen. Falls du keine Idee hast: mageres Fleisch, guter Fisch, Gemüse, Olivenöl, Obst, Wasser, frisch gepresste Säfte, Nüsse usw. Dann lass dir ein paar nette Rezeptvarianten einfallen und verfolg einfach deinen Plan. Jetzt sollte Folgendes passieren: Du hast mehr Zeit, musst weniger nachdenken, du bist gesund, munter, happy und freust dich, weil du deinem Körper etwas Gutes tust. Diese neu gefundene Energie, körperlich und mental, führt dich an Orte, die vorher unerreichbar waren. Du schaltest schneller, bist wacher, siehst besser aus, bist aktiver und willst ins Gym, weil du dir selbst gegenüber in der Verantwortung stehst. Eine Aufwärtsspirale, die extrem steil geht und auf deiner Einkaufsliste angefangen hat. Eat clean, get smart, feel great – und zwar nicht nur für dich, sondern auch für deine Familie!

Es ist wissenschaftlich bewiesen, dass das Risiko für Herzkrankheiten und Diabetes bei dir, vor allem aber bei deinen Kindern (!) deutlich erhöht ist, wenn deine Ernährung nicht ausgewogen ist. Schon ein Stück gesunder Lachs pro Woche senkt das Risiko, an Nierenkrebs zu erkranken, um mehr als 50 Prozent und hat damit auch einen direkten Einfluss auf deine Kinder und Kindeskinder. Denk an morgen, wenn du heute Hunger hast! Stell dir vor, deine Gesundheit wäre ein Konto: Es gibt Nahrungsmittel, die dich reich machen, deinen Kontostand erhöhen, während andere dein Konto plündern, bis zum Bankrott – und das teilweise täglich. Aus schlechten Nahrungsmitteln ergeben sich über die Zeit destruktive Muster, die einen gesunden Lifestyle fast unmöglich machen. Brich die Muster schon am Anfang der Kette auf und sichere deinen Kontostand durch die richtigen Entscheidungen ab: Die Entscheidung im Supermarkt führt zum richtigen Inhalt des Kühlschranks, der wiederum zu einer gesunden Lebensweise führt. Der erste Dominostein deiner großen Entscheidungen muss richtig fallen, dann passiert der Rest von selbst und sorgt für unschätzbaren Reichtum auf dem Konto deiner Gesundheit!

Rezepte (quick and dirty, ultragünstig, supergesund, in weniger als drei Minuten fertig, während nur ein Geschirrstück dreckig wird – Effizienz schmeckt nachher immer am besten):

### MATTHEWS-KILLER-MIKROWELLEN-OMELETTE-SCHÜSSEL

4 Eiweiß, Zwiebeln, Tomaten,
Spinat, Mandelmilch

Zusammenrühren in einer Schüssel, die mit etwas Olivenöl beschichtet ist, in die Mikrowelle stellen, bis das Eiweiß aufquillt (ca. 1 Minute), 2 Minuten abkühlen lassen und direkt aus der Schüssel essen. Drink: frisch gepresster O-Saft

## MITTAGESSEN

### MATTHEWS-KILLER-LACHS-TELLER

Rote Bete, Zitrone, 2 Scheiben Schwarzbrot,
Olivenöl, Lachs (gibt's schon fertig, z. B.
Räucher- oder Stremellachs)

Öl und Zitronensaft auf die Rote Bete geben, mit etwas Salz und Pfeffer würzen, Brot und Lachs dazu und direkt vom Teller essen. Drink: Wasser

### MATTHEWS-KILLER-PROTEIN-SHAKE

Wasser, Himbeeren, Honig, Heidelbeeren, Walnüsse, Eiswürfel, 50 g Proteinpulver

Alles im Mixer mischen, direkt aus dem Mixer trinken (like a boss).

### MATTHEWS-KILLER-CHICKEN-SALATSCHALE

Tomate, Zwiebel, Salat (Mix), Basilikum, Hühnchenbrust (fertig), Sonnenblumenkerne, Avocado, Olivenöl

Alles zerkleinern, in die Schale geben, Olivenöl und Sonnenblumenkerne drüber und direkt aus der Schale essen.
Drink: stilles Wasser

*MSM besorgen!*

(Einziges Nahrungsergänzungsmittel, das ich neben Protein derzeit verwende, ist Methylsulfonylmethan, kurz MSM, also organisch gebundener Schwefel. Ultrawichtig für den Körper und oft gefährlich unterschätzt. Der menschliche Körper enthält fünfmal mehr Schwefel als Magnesium und vierzigmal mehr Schwefel als Eisen. Von Magnesium und Eisen höre ich an jeder Ecke, von Schwefel spricht dagegen niemand. Im Körper laufen aber kaum Prozesse ohne Schwefel ab. Er ist wichtig für den Aufbau lebenswichtiger Antioxidantien und Hormone. Wenn es dich interessiert – google it!)

Für alle, die noch ein wenig tiefer eintauchen wollen in die mystische Welt aus Diättheorien und Wichtigtuerei: Sorry, da bin ich der Falsche! :) Ich halte es simpel, nicht weil ich in Bio immer so schlecht war, sondern weil mich die vielen »Diät-Religionen« mittlerweile nur noch verwirren. Quick and easy: unterm Kalorienbedarf bleiben, Kohlehydrate am Abend verringern. That's it! Okay, mein schlechtes Gewissen plagt mich, also gibt es jetzt einen, aber auch nur einen Diättipp, take it or leave it! Ich gebe es offen zu: Ich habe die Nummer noch nie versucht, aber in der Theorie und laut meiner Recherche zu dem Thema scheint die Kiste wasserdicht zu sein und viele meiner Fitnessjungs und Querdenker wie Tim Ferriss schwören darauf. Here we go:

### DIE KETOGENE DIÄT

Eine medizinische Form der Low-Carb-Diät: viel Fett, mittlerer Proteinanteil, sehr wenige Kohlehydrate – bis hierher noch ganz nachvollziehbar, sogar für mich. Wir drehen die konventionelle Ernährungspyramide um 180 Grad und machen das Gegenteil einer herkömmlichen Diät (nur tote Fische schwimmen mit dem Strom). Wir stellen alles infrage, was geht, und können definitiv ganz andere Ergebnisse erwarten. Nur wer etwas Neues macht, kann etwas verändern. Was passiert: Kohlehydrate aus Zucker werden komplett eliminiert (u.a. ein Therapieansatz für die Behandlung von kindlicher Epilepsie, kann also nicht ganz so schlimm sein). Im Normalfall wird Energie durch den Metabolismus der Kohlehydrate zu Glukose gewonnen. Die ketogene Diät hingegen bezieht den Energiebedarf nicht mehr aus Fett und Glukose, sondern nur noch aus Fett und aus daraus im Körper aufgebautem Glukoseersatz, den Ketonkörpern. Der Zustand heißt Ketose – alles spannendes Bio-Namedropping mit einem klaren Take-away: Die Nummer verbrennt nur Fett, den ganzen Tag!

*check that*

Wenn dich das irgendwie gepackt hat, dann check das gerne auf eigene Faust, ich höre viel Gutes, aber ich steige hier aus – wie gesagt, nur ein kurzer Tipp, nicht mehr, nicht weniger! Stay hungry! :-)

# 5. GEWINNER-ROUTINE

»Was für ein toller Tag!« Wann hast du das letzte Mal diesen Satz gesagt und warum? Wir kennen diese Tage genau: Wir schaffen richtig viel, alles läuft smooth, Dinge funktionieren und wir fühlen uns am Ende dieses Toptages einfach gut. Ich habe dieses Gefühl wirklich akribisch auf seine einzelnen Bestandteile und die genauen »Trigger« heruntergebrochen, um es wieder reproduzieren zu können, weil es sich gut anfühlt! Ich bin mittlerweile süchtig nach diesem Gefühl, nach der Bestätigung, wirklich etwas gerissen zu haben, den Tag und sein volles Potenzial echt genutzt zu haben!

Eine ganz entscheidende Erkenntnis: Es gibt eine Routine, die deinem besten Tag zugrunde liegt, und diese Routine ist für jeden anders. Jeder hat eine, auch du. Wie im Gym gibt es einen Plan, einen genauen Ablauf für deinen besten Tag. Es gibt bestimmte Dinge, die passieren müssen, damit du dich wirklich gut fühlst. Je mehr Bausteine deiner Gewinner-Routine du identifizieren kannst, desto effektiver kannst du das Gefühl reproduzieren, das ein wirklich gut gelebter Tag dir schenkt. Wir nutzen hier fixe und flexible Elemente. Einige Bausteine brauchst du jeden Tag, andere nur phasenweise.

Zunächst die fixen: Zementier diese Bausteine in dein bestes Leben! Fangen wir am Morgen an. Wie früh musst du aufstehen, um dich gut zu fühlen? Auch wenn du das wahrscheinlich nicht hören willst, aber je früher du aufstehst, desto besser fühlst du dich. Sorry, Buddy! Aber let's be honest: Du willst Dinge am besten immer sofort. Langes Warten kostet Zeit, Nerven und verschiebt den Moment der Befriedigung in immer weitere Ferne. Du willst als Erster im Ziel sein, als Erster fertig sein. Wie? Indem du schneller bist als alle anderen! In deinem besten Leben und bei deiner Gewinner-Routine geht es aber nicht schneller, denn schneller bedeutet auch anstrengender. Schneller bedeutet gefährlicher, schneller bedeutet weniger sorgfältig, schneller bedeutet weniger gut. Schnelligkeit durch Anstrengung geht immer auf Kosten der Effizienz – also, Vorsicht!

Entscheidender Gedanke: Versuch nicht, mehr Dinge im gleichen Zeitraum zu schaffen, um schneller am Ziel anzukommen, fang einfach früher an als alle anderen. Die Erfolge deines besten Lebens liegen in den Dingen, die andere nicht tun wollen, hier ist dein Vorteil. Deine neue, simple Strategie: die Zeit zwischen fünf und sieben Uhr morgens. Diese zwei Stunden sind dein Vorsprung, deine Poleposition. Diese zwei Stunden schärfen deinen Fokus und deine Gedanken ohne zusätzliche Anstrengung. Wer weniger schläft, ist länger wach, ganz einfach. Du startest zwei Stunden früher ins Rennen. Bei Olympia werden Fehlstarts ausgerufen, wenn ein Läufer auch nur eine Millisekunde früher startet als die anderen – ein unfairer Vorteil entsteht. In unserem besten Leben ist hier eine kleine Lücke im Regelwerk, die wir ausnutzen werden. Zwei wichtige Treiber:

## QUICK TIPP

Schüssel mit kaltem Wasser und einem Lappen neben das Bett. Gleich nachdem der Wecker geklingelt hat, hinsetzen, den Lappen tränken und durchs Gesicht wischen. Danach ein Glas Wasser trinken und die Wahrscheinlichkeit, dass du dich wieder hinlegst, sinkt um bis zu 90 Prozent. Wir haben jeden Tag die Möglichkeit, alle anderen hundertfach zu überrunden, wenn wir einfach früher starten.

### DIE MISSION

Du musst genau wissen, warum du aufstehst. Hab einen Plan, vorbereitete Kleidung, vielleicht für das Fitnessstudio. Du musst wissen, wo es hingeht, sofort; Struktur und Pläne schaffen nächste Schritte.

### DAS GEFÜHL

Jeder war schon mal um fünf Uhr wach. Das Gefühl von Ruhe, das Gefühl, allein aktiv zu sein in einer Welt, die noch schläft, früher anzufangen, besser reinzukommen, entspannter zu sein, während noch keiner auf der Bahn ist – es fühlt sich cool an! Verbinde mit dem frühen Start in dein bestes Leben dieses einzigartige Gefühl: Während alle noch schlafen, läufst du schon die ersten Runden eines Rennens, das du nicht mehr verlieren kannst. Erster fixer Punkt deiner Gewinner-Routine: Get up early! Damit wäre auch die Bedingung für deine Abendplanung (zumindest werktags) fix: früh ins Bett! Ganz ehrlich, was reißt du denn noch, wenn du bis zwei oder drei Uhr nachts irgendeinen Trash im Fernsehen schaust (den Fernseher hast du hoffentlich schon verkauft)? Es hat keinen Mehrwert. Eine Verschwendung von Zeit, Leben und potenziellem Wachstum. Routine Nr. 2: No TV!

Und damit wären wir auch schon bei Routine Nr. 3: lesen und/oder lernen. Jeden Tag solltest du etwas lesen oder lernen. Sehr geeignet ist die Zeit vor dem Schlafengehen. Mach niemals die Augen zu, bevor du nicht 30 Minuten gelesen hast (Inspirierendes, nicht den Bergdoktor-Roman). Diese Routine verfolgen die weltbesten Denker und Unternehmer. Die letzten Gedanken, die du vor dem Schlafen in deinem Gehirn platzierst, sollten von bester Qualität sein. Dein Unterbewusstsein wird sich die ganze Nacht damit beschäftigen, also bitte keine Billig-Pornos oder peinliche Ballerfilme aus dem Nachtprogramm reinlassen. Hab immer ein gutes Buch neben deinem Bett, immer. Für alle Hater: Du kommst für drei Euro bei Amazon in die Köpfe der interessantesten Persönlichkeiten der Welt und die Bücher werden dir vor die Tür geliefert. Do it!

Trenn an deinem besten Tag außerdem aktive und reaktive Phasen. Wann agierst du, wann reagierst du, wann bist du Macher, wann Manager?

### MEIN ANSATZ

Bis 12 Uhr bin ich Macher. Keine E-Mails, keine Anrufe, keine sozialen Netzwerke. Es geht um mich, und ich mache die Regeln. Fitnessstudio, kreative Arbeit, schreiben, lesen.

Ab 12 Uhr bin ich auch Manager. To-dos, E-Mails, Calls. Ab jetzt greifen auch Externe in meine Planung ein, und ich manage diese Eingriffe. Die Arbeit an Verwaltung und Management kostet immer auch kognitive Steuern: Jeder Output in diesem Segment geht immer auch zulasten der Kreativität und der Aufmerksamkeit. Terminiere diese Phase genau und limitiere sie zeitlich, um deine kognitive Steuerersparnis zu maximieren. Deine Aufgaben dauern immer so lange, wie du Zeit dafür hast – also setze klare Zeitfenster, um fokussiert zu arbeiten!

# DON'T WASTE YOUR TIME, AMIGO!

Behüte deine Zeit! Verschwende keine Zeit, ganz ehrlich. Deine Zeit ist dein kostbarstes Gut. Unwiederbringlich. Für mich gilt Folgendes: Ich verschwende dann Zeit, wenn ich etwas anderes tue, als ich eigentlich sollte, und ich mir dessen bewusst bin. Beispiel: Ich müsste zum Sport gehen oder an meinem Projekt arbeiten; stattdessen bin ich bei YouTube oder Facebook unterwegs und bin mir darüber bewusst, dass ich meine Zeit gerade nicht perfekt nutze. Das ist Zeitverschwendung. Es ist aber zum Beispiel meiner Meinung nach keine Zeitverschwendung, einen Film zu schauen, um dabei Spaß zu haben. Das ist eine bewusste Entscheidung und es gibt in diesem Moment nichts Wichtigeres.

- Besorg dir eine Terminfindungs-App! Wenn du viele Meetings planen musst, weißt du, wie viel wertvolle Zeit beim ewigen Hin und Her verloren geht. Eine App wie »Schedule Once« hilft hier ungemein. Alternativ ist es auch hilfreich, einfach immer drei Termine vorzuschlagen, um die Chance eines potenziellen E-Mail-Kriegs zu minimieren.

- Mach es jetzt! Schieb auch triviale Dinge nicht auf, sondern mach sie sofort! So sparst du Aufmerksamkeit und Kraft, die sonst unterbewusst für die Problem-verlagerung verwendet werden. Der psychologische ROI (Return on Investment) ist hierbei immens, weil du so, selbst bei den kleinsten Aufgaben, deine Faulheit besiegst. Ich mache zum Beispiel jeden Morgen mein Bett. Eine Angewohnheit, die ich meiner Oma zu verdanken habe. Sie sagte immer: »Räum immer alles gleich weg, und vor allem immer an den gleichen Ort, dann musst du in deinem Leben nie mehr suchen.«

- Sortier dein Geld im Portemonnaie! Nicht nur aus Respekt gegenüber deinem Geld, sondern auch wegen der Ordnung und Effizienz. Scheine nach Größe und immer Hologramm auf Hologramm – fühlt sich super an, sieht super aus, macht das Zählen einfacher und hält dich auf dem Boden.

Begreif auch deine ganz eigenen Werte und Visionen als Teile deiner Gewinner-Routine! Menschen fragen immer wieder nach dem Sinn des Lebens – ein unheimlicher Druck entsteht, wenn du hier nach dem einzig wahren »One-Hit-Wonder« suchst. Versteh den Sinn doch einfach als Teil deiner Gewinner-Routine: eine Art Wurzel mit vielen Abzweigungen, Elementen und verschiedenen »Armen«, die dich festigen und die dir Kraft schenken. Aufgebaut auf deinen Emotionen, deinen Werten, Zielen, Idealen und zusammengefasst in deinen regelmäßigen Ritualen beziehungsweise deiner eigenen Gewinner-Routine! Immer dynamisch und in Bewegung, neue Dinge kommen hinzu, andere gehen, aber der Prozess verankert dich immer tiefer und tiefer im Erdreich deiner Um-welt und schützt dich vor den Stürmen der schweren Tage.

So, und nun zu den flexiblen Aspekten deiner Gewinner-Routine: Was muss gerade passieren in deinem Leben? Für welche Menschen musst du gerade besonders da sein? Welche Projekte brennen, was ist wirklich wichtig? All diese Dinge gehören phasenweise als fixe Punkte in deine Gewinner-Routine. Mach sie und fühl dich gut dabei, so lange, bis sie abgeschlossen sind. Die flexiblen Elemente deiner Gewinner-Routine kommen und gehen. Zeitweise gibt es

Projekte, die superwichtig sind, und so gehört es in deine Routine, genau diese zu bearbeiten, und zwar kontinuierlich, jeden Tag. Der Fokus liegt hier auf der Kontinuität.

Es ist keine Zauberei mehr, wenn scheinbar übermenschlich begabte Ausnahmetalente ihre Fähigkeiten präsentieren. Was du hier siehst, ist das Ergebnis einer systematisch runtergebrochenen und kalkuliert einstudierten Aufgabe. Durch Disziplin, Planung, Ausdauer und Wille kannst du alles schaffen. Nimm es einfach auf in deine Gewinner-Routine, plane genau, wann was passieren muss, damit du glücklich und erfüllt bist, und lass das System durchlaufen. Wie in einem perfekt einstudierten Theaterstück folgst du einfach nur dem Skript. Du musst gar nicht viel nachdenken, just run your plan!

## 6. WILLENSSTÄRKE-MUSKEL

Ich habe letztens über eine wissenschaftliche Studie gelesen, bei der die Gehirne von Londoner Taxifahrern untersucht wurden. Es ging dabei vor allem um den präfrontalen Cortex, also den Frontallappen der Großhirnrinde auf der Stirnseite, der unter anderem für die räumliche Vorstellungskraft und Navigation verantwortlich ist. Die Londoner Cabby-Jungs sind für solche Untersuchungen sehr gefragt, weil das Straßennetz in London so unverschämt komplex ist, dass sich Wissenschaftler gern die Beschaffenheit solcher »menschlichen Straßenkarten« anschauen. Die Ergebnisse waren erstaunlich: Im Vergleich zu Probanden mit »normalen« Kenntnissen der Londoner Straßenführung hatten die meisten der Taxifahrer einen physisch größeren präfrontalen Cortex. Das heißt für mich als Facharzt der Neurologie (haha): Die Jungs, die mehr drin hatten, hatten auch mehr dran. Der Terminus technicus lautet »neuronale Plastizität« und bezeichnet die Fähigkeit des Gehirns, tatsächlich zu wachsen. Ein absolut unglaublicher und bahnbrechender Gedanke! Da soll noch mal einer sagen: »Ich kann das nicht lernen, ich bin dumm geboren!« Du kannst nicht nur alles lernen, sonder völlig unabhängig davon, mit welchem Gehirn du geboren wurdest, kannst du dein Gehirn auch noch wie einen Muskel trainieren und es wirklich fit und stark machen, im wahrsten Sinne des Wortes. Wie einen Bizeps kannst du also dein Gehirn regelmäßig trainieren, flexen und richtig Masse aufbauen! Okay, bis hierhin ganz geil, aber jetzt wird's erst richtig abgefahren!

Der präfrontale Cortex, von dem wir gerade erfahren haben, dass er trainierbar ist, ist auch verantwortlich für die menschliche Willensstärke. Nennen wir ihn ab jetzt den »Willensstärke-Muskel«, und genau diesen kannst du fit machen. Amigo, was würde passieren, wenn dein Willensstärke-Muskel plötzlich richtig Eier hat? Wie kommst du morgens aus dem Bett? Wie oft bist du im Fitnessstudio? Wie laufen deine Projekte, deine Beziehung, deine Freundschaften, was ist mit deinen Zielen und Träumen?

**66 TAGE BIS ZUR NEUEN ROUTINE**

Mehr Willensstärke ist die Basis aller guten Ergebnisse und sie ist trainierbar. Jetzt nicht aufhören zu lesen, denn ich gebe dir nun den Schlüssel zu einem System, mit dem du absolut todsicher in weniger als drei Monaten jede neue (noch so schwere) Routine in dein bestes Leben einbrennen kannst. Und zwar so tief, dass du danach überhaupt keine Willensstärke mehr aufwenden musst, weil ab jetzt alles von allein läuft – automatisch. Wie bei einem Kind, das Laufen lernt, sind auch hier nur die ersten Schritte schwer; der Rest »läuft«, ohne dass du darüber weiter nachdenken musst. 66 Tage! Es dauert 66 Tage, um eine neue Routine in dein Leben einzuarbeiten – das ist wissenschaftlich belegt. Du willst jeden Tag um fünf Uhr aufstehen können? Dann zieh es 66-mal durch und es passiert fortan von allein. Du willst fünfmal pro Woche ins Gym? 66 Tage beißen und dann läuft die Nummer, garantiert.

Automatisierung ist das Stichwort. Du trainierst deinen präfrontalen Cortex, deinen Willensstärke-Muskel, also 66 Tage lang genau wie im Studio auf eine spezifische Aufgabe hin, bis er richtig fit ist. Danach übernimmt der Automatisierungsprozess und du musst keine Willensstärke mehr aufwenden. Dein Muskel ist genug gewachsen, die Routine ist jetzt Teil deines Lebens und du bist stark genug, um sie ohne viel Kraft auszuführen, ganz automatisch. So, jetzt atme kurz durch und mach dir klar, was das heißt: Egal was du können oder schaffen willst – alles ist machbar, mit dem richtigen System und einem gut durchdachten Action-Plan! Am besten hakst du jeden Tag im Kalender ab, wenn du genau das gemacht hast, was du machen wolltest, und schaust dabei zu, wie du in kürzester Zeit zu Hochtouren aufläufst. Mit genau dieser 66-Tage-Taktik habe ich mich und meine Willensstärke fit gemacht, um dieses Buch in Rekordzeit fertig zu schreiben, jeden Tag ein bisschen, bis mein Willensstärke-Muskel so kräftig wurde, dass ich gar nicht darüber nachdenken musste, ob ich schreiben würde oder nicht – es passierte einfach.

Und jetzt noch ein Mega-Gedanke für deine Entscheidungskraft, die von deiner Willensstärke abhängig ist: Diese beiden müssen zusammenspielen, so wie Quarterback und Defensive Line im Football. Stell dir vor, du hast pro Tag nur eine endliche Anzahl wirklich guter Entscheidungen zur Verfügung, sagen wir mal 100. Je mehr Entscheidungen du für scheinbar wichtige, aber in Wahrheit total belanglose Dinge verballerst (was ziehe ich an, was poste ich auf Facebook, was koche ich heute usw.?), desto weniger gute Entscheidungen hast du später noch übrig für die wirklich wichtigen Dinge. Spar dir deine wenigen Entscheidungen auf, indem du alles Irrelevante auf Autopilot stellst. Was denkst du, warum Weltklasse-Denker wie Steve Jobs immer die gleichen Klamotten tragen? Warum sie immer die gleichen Dinge essen? Diese Jungs wissen genau: alles auf Automatisierung, damit sie ein volles Magazin haben, wenn sie wirklich wichtige Entscheidungen treffen müssen, die sie wirklich weiterbringen, die dabei helfen, ihren präfrontalen Cortex zum Wachsen zu bringen, die sie zu ihrem besten Leben führen und Entscheidungen treffen lassen, die sie stolz und glücklich machen.

Also, zum Mitnehmen: Der Teil deines Gehirns, der für die Willensstärke zuständig ist (präfrontaler Cortex), ist trainierbar, indem du immer wieder, mindestens aber 66 Tage hintereinander, die Dinge tust, die du in deinem Leben verankern willst und die du brauchst, um zu wachsen und erfüllt zu sein. Das gelingt dir, indem du deine endliche Anzahl an wirklich guten Entscheidungen schonst und nicht für Schwachsinn verschießt, sondern nur dann zuschlägst, wenn es dir wirklich hilft.

Im Umkehrschluss heißt das auch Folgendes: Je mehr Optionen du hast, desto weniger Erfüllung produziert das Ergebnis, denn Optionen sind anstrengend für dich, wenn du deine Entscheidungen treffen willst.

Tim Ferriss, Querdenker, Autor, Investor und eines meiner großen Vorbilder im Hinblick auf die Analyse scheinbar unergründlich komplexer Denkwege und Eliteperformance, äußert sich in seinem Blog (unbedingt anschauen: www.timferriss.com) immer wieder zu dieser Frage: Was ist wichtiger: ein besseres Ergebnis bei weniger Erfüllung oder ein schlechteres Ergebnis bei mehr Erfüllung? Machen wir es mal ganz praktisch: Würdest du lieber monatelang Optionen abwägen und vergleichen, um deine Entscheidung dann monatelang anzuzweifeln? Oder würdest du lieber schneller entscheiden können, auch wenn die Qualität der Option möglicherweise um bis zu 20 Prozent geringer ist, du aber hierbei keine Zweifel hast, weil die zeitliche und emotionale Investition im Vorfeld nicht so hoch war? Was ist besser und gemessen an welchen Richtlinien?

Wir messen die »optimale« Option an ihrer Praktikabilität. Deine finanzielle Ausgangssituation ist theoretisch immer wieder herstellbar. Zeit, Nerven und Aufmerksamkeit sind es niemals. Aufmerksamkeit und Nerven sind, genau wie deine Entscheidungen, endliche Werte, die schon durch eine kurze Beschäftigung mit einem Problem systematisch dezimiert werden, selbst wenn du aktiv gar keine Aufmerksamkeit aufwenden willst. Ein Beispiel: Wie gut kannst du schlafen, wenn du kurz vor dem Schlafengehen von einem schweren Problem hörst, das du aber erst am nächsten Morgen lösen kannst? Aktiv schenkst du dieser Problemstellung keine Aufmerksamkeit, aber unterbewusst und passiv werden deine Ressourcen an Aufmerksamkeit und Nerven beansprucht. Du wägst ab, du triffst Entscheidungen. Die Menge an Zeiteinheiten dieser Nacht bleibt unverändert, aber deine Aufmerksamkeit und Entscheidungskraft werden verringert und nehmen den Zeiteinheiten so ihren Wert. Oder übersetzt: Ich kann nicht pennen, und wenn ich am nächsten Morgen aufstehe, bin ich zu nichts zu gebrauchen (leer, im wahrsten Sinne des Wortes).

Es gilt, keine neuen Denkwege anzutreten, bevor du nicht auf potenzielle Problemstellungen sofort reagieren kannst. Eine große Auswahl wird immer teuer bezahlt in endlichen Einheiten aus Zeit, Entscheidungskraft und Aufmerksamkeit, die nicht mehr für eine sofortige Umsetzung, für Bewusstsein und Aktion zur Verfügung stehen. Zu viele Optionen ziehen dich aus dem Augenblick. Zu viel Auswahl schlägt sich immer negativ auf die Produktivität, Erfüllung und Zufriedenheit nieder. Fazit: Zu viele Optionen machen dich weniger produktiv und erhöhen den Anspruch an deine Entscheidung, zur Zufriedenheit zu führen, was aber schließlich in Zweifeln resultiert.

Erhöhte Kosten durch künstlich reduzierte Optionen sind als Einlage zu sehen – ein Investment in Zeit, Nerven und Erfüllung, da Zeit gespart wird und Entscheidungen später nicht bereut werden. Eine weitere Stütze: Gesetze, klare Gebote und Regeln helfen dabei, die Optionen zu strukturieren und so die Produktivität und Zufriedenheit zu erhöhen. Eigene harte Regeln, im persönlichen und geschäftlichen Umfeld, erleichtern den Prozess der Entscheidung, da dieser

*Auch bei Großeltern?!?*

ab hier nur noch von messbaren, erkennbaren Variablen abhängt. Automatisier deine Entscheidungen, finde den Rhythmus deiner Gewinner-Routine. Richte Daueraufträge und Einzugsermächtigungen ein, schließ Abo-Verträge ab für Dinge, die du eh brauchst: Meine Zahnpasta und Rasierklingen werden mir geliefert. Eliminier unnötige Entscheidungen und vermeide, Probleme zu verlagern beziehungsweise den Moment der Entscheidung zu verschieben! Sag lieber deiner Verabredung vorher ab und dann überrasch sie, falls es doch klappt, als zuzusagen, obwohl du weißt, dass du nicht kommen wirst, nur weil du den Moment der negativen Entscheidung (aus Sicht deines Dates) aufschieben willst.

Was steht auf dem Spiel? Lass uns einmal den Worst Case durchdenken! Das Risiko in diesem Kontext ist ein unveränderliches negatives Ergebnis. Wenn das Risiko in dieser Betrachtungsweise niedrig ist, maximiert es die Effizienz und schont die Ressourcen, Dinge einfach zu entscheiden und weiterzugehen. Hier können Grenzwerte die Entscheidung erleichtern, indem sie ihr einen Rahmen geben. Eine mögliche Variable wäre die Anzahl an Optionen: Ich werde nicht mehr als zehn Optionen in Betracht ziehen. Zeitliche Variable: Ich werde nicht länger als 24 Stunden lang Angebote vergleichen. Oder monetäre Variable: Wenn das Risiko beziehungsweise der potenzielle, unveränderliche Schaden nicht mehr als 1.000 Euro betragen kann, dann werde ich sofort entscheiden, ohne weitere Optionen zu betrachten. Auch wenn es paradox klingt und wir immer wieder über neue Eindrücke sprechen, die deine Routine brechen und Ideen kreieren, aber Routine ermöglicht immer auch Kreativität! Routinen zur Steigerung der Effektivität sind wertvoll. Wenn du deine Routine für Genuss beziehungsweise Kreativität unterbrechen willst, solltest du genau unterscheiden: Ein Spaziergang oder ein Urlaub sind zwar effektive Brüche in der Routine, aber die Gewinner-Routine selbst immer ortsungebunden. So kannst du Kreativität und saubere Rhythmik immer auch miteinander verbinden.

Übrigens, die besten Entscheidungen triffst du morgens (klar, weil du noch so viele gute Entscheidungen übrig hast), also steh früh auf und knock die ganz wichtigen Dinger direkt als Erste aus, dann läufst du nicht Gefahr, wegen zu wenig guter übrig gebliebener Entscheidungen abends irgendetwas Wichtiges zu verpassen. Auf geht's! Stell deinen Wecker!

# 7. DU BEKOMMST ALL DAS, WORAUF DU DICH KONZENTRIERST

»Warum immer ich? Wieso kann ich das nicht?« Hast du dir schon mal diese Fragen gestellt? Mach das nie wieder! Warum? Weil es dich dazu einlädt, dich auf Folgendes zu fokussieren: möglichst viele belegbare Gründe dafür zu finden, warum du zu irgendetwas nicht fähig bist. Und glaub mir: Dein Gehirn ist rechthaberisch. Sofort bekommst du richtig viele richtig gute Antworten und machst dir selbst klar, wie unfähig du scheinbar sein musst. Denk mal ein paar Meter weiter: Was passiert, wenn du das nächste Mal vor der gleichen Herausforderung stehst? Genau! Sofort werden wieder sämtliche Gründe abgerufen, die doch schon beim letzten Mal klargestellt haben, dass du das nicht kannst. Warum sollte sich daran jetzt etwas geändert haben? Also lässt du das Ganze lieber sein und kommst keinen Schritt weiter.

Du bekommst immer genau das, worauf du dich konzentrierst. Frag dich, warum etwas nicht klappt, und es wird nicht klappen. Ganz einfache Nummer. Aber pass auf! Was ist, wenn du einfach die Frage änderst? Worauf fokussierst du dein Unterbewusstsein (check noch mal Punkt 5 meiner Gedanken über Kreativität) – und arbeitest so mit Lichtgeschwindigkeit an einer Lösung und an den »next steps« –, wenn du zum Beispiel fragst: »Was würde es für meine Entwicklung bedeuten, wenn ich aus dieser Situation möglichst viel lerne? Wie viel weiter würde es mich bringen, wenn ich jetzt nicht aufhöre, sondern kontinuierlich an mir und meinem Projekt arbeite, egal was passiert?« Gute Fragen führen immer zu wirklich guten Antworten. Konzentrier dich auf Wachstum, auf Möglichkeiten, auf große Ziele und beeindruckende Entwicklungen, und genau das wird sich einstellen. Wenn du dich wirklich fokussierst und dir selbst glaubst, dann werden deine Gedanken Realität. Wie glaubst du dir selbst? Stell deinem Gehirn gute Fragen und lass es sie beantworten, beweis dir selbst, dass deine Ziele Realität werden, und gewinn die Argumentation mit deinen eigenen Gedanken. Überzeug dich selbst vom Wachstum und es passiert ganz von allein!

Menschen lieben Geschichten und deshalb erzählen wir uns Geschichten – immer wieder und als Reaktion auf alle möglichen Situationen. Das Problem (und gleichzeitig ein Riesenvorteil): Wir schreiben unsere Geschichten selbst. Problematisch daran ist vor allem, dass diese Geschichten immer parteiisch sind und für uns absolute Wahrheit beanspruchen. Ein Beispiel: Dein neuer Partner

Gute Fragen führen immer zu wirklich guten Antworten!

im neuen Projektteam wirkt dir gegenüber verschlossen; du bist verwirrt. Und jetzt beginnt die Geschichtenschreiberei in deinem Kopf: »Habe ich etwas falsch gemacht? Nein, ich mache nichts falsch. Oder vielleicht doch? Vielleicht, weil ich gestern zehn Minuten zu spät im Meeting war? Möglich. Aber dann wäre er echt kleinlich. Er war selbst letzte Woche zu spät. Warum eigentlich? Vielleicht hat er eine Affäre. Hat er überhaupt eine Frau? Keine Ahnung. Denkt er, ich habe eine Affäre, und distanziert sich deshalb? Okay, er unterstellt mir eine Affäre und ist obendrein noch kleinlich. Es waren ja nur zehn Minuten.«

STEIG AUS DEINEM »KOPFKINO« AUS!

Wir könnten diese Geschichte ewig weiterspinnen: So funktioniert unser Kopf – tolle Geschichten, wenig Nutzen, zumindest wenn du kein Krimiautor bist. Zwei Dinge sind jetzt ganz wichtig, um im Dialog zu bleiben, um neutral zu bleiben, um fair zu bleiben. Distanzier dich von Geschichten und steig immer wieder aus deinem »Kopfkino« aus. Deine besten und wildesten Geschichten werden immer geschrieben, nachdem du etwas beobachtet hast und bevor du reagiert hast. Diese Zwischenphase wird von deiner Fantasie gefüllt und kommt oft ganz ohne Fakten aus. Die Geschichten verlaufen immer zu deinen Gunsten, und je mehr du ihnen zuhörst, desto mehr Glauben schenkst du ihnen. Ganz einfacher Trick: Frag ehrlich nach, was los ist! In dem Moment, in dem einer Beobachtung eine deiner Geschichten folgen würde – ein neuer Krimi über Dinge, die du nicht erklären kannst –, schalt ab und frag nach! Vielleicht ist dein Partner im Team einfach etwas unsicher, weil er neu ist und du schon länger dabei bist. Er wünscht sich Hilfe von dir, respektiert dich ungemein, ist total glücklich, aber auch nervös, mit dir arbeiten zu dürfen. Frag nach, der Knoten platzt und ihr schreibt zusammen eine viel bessere und vor allem echte Geschichte!

Ich sagte eben beiläufig, dass unsere Geschichten aber auch einen Riesenvorteil haben. »Warum?«, fragst du dich, nachdem wir die Geschichten gerade komplett ausgebremst haben? Weil wir unsere Geschichten nutzen können, um eine ganz neue Reaktion zu erzielen. Die Geschichte wird jetzt zum Hebel für unser Glück. Du hast die Kraft, jeder Situation eine Bedeutung und eine Geschichte zu schenken, die du dir aussuchst, die du erzählst. Es gibt Indiostämme in Südamerika, die feiern, wenn einer aus ihrem Dorf stirbt. Ich möchte keinen religiösen Exkurs machen, und es geht hier nicht darum zu bewerten, sondern darum, respektvoll anzuerkennen, dass diese Jungs feiern, wenn jemand stirbt. Sie nehmen diese schreckliche Situation und schenken ihr eine andere Bedeutung, erzählen eine andere Geschichte.

Deine Geschichten erzeugen deine Emotionen! Nimm dir deine wirklich schweren Momente vor, die unerklärlichen Rückschläge, und schreib eine neue Geschichte! Die Geschichte vom Erfolg, der auf Hunderten von Misserfolgen aufgebaut werden muss. Die Geschichte vom Meister, der jeden seiner Fehler brauchte, um ein Meister zu werden. Die Geschichte von der Beziehung, die enden muss, damit du die Person finden kannst, die für dich bestimmt ist. Wir bekommen nicht das, was wir wollen, wir bekommen das, was wir sind und was wir glauben! Erzähl gute Geschichten und sie werden zu deiner Wahrheit! Nimm diese Wahrheit mit in deinen Alltag! Verzichte auf jede Art von Klagen, um den Kraftaufwand, den du für das Bereuen brauchst, zu minimieren. Schenk Zweifeln keine Aufmerksamkeit! Ganz konkret: 24 Stunden nicht klagen ändert sofort alles! Du verzichtest einen Tag lang auf jede Art von Klagen oder Zweifeln, Negativität oder bewusster Enttäuschung. Klagen ändert nichts, kosten aber Zeit, Nerven und Aufmerksamkeit. Die Zeit, die wir damit verbringen, Vergangenes zu kritisieren und neu zu durchleben, indem wir darüber klagen, ist für immer verloren und damit schlecht investiert.

Eine weitere taktische Übung für dich zur Realisierung deiner besten Geschichte: Nimm dir jeden Abend vor dem Einschlafen fünf Minuten Zeit für den Film über dein bestes Leben! Schreib diese Geschichte in deinem Kopf, vor deinem geistigen Auge! Schau gespannt diesen Film über dich selbst in der Rolle deines Lebens. Schau genau zu, wie du deine Ideale lebst, deine Werte, voller Integrität, Wahrheit, Disziplin, Freude, Liebe und Glück. Sieh dich selbst, wie du die Dinge tust, die dich stolz machen, wie du Situationen so meisterst, wie du es dir immer schon gewünscht hast, wie du der Freund, Partner und Mensch bist, der deinen tiefsten Überzeugungen entspricht. Diesen Film, einen Tag in deinem besten Leben, schaust du dir nun jeden Abend einmal an! Konzentrier dich auf jede Sekunde und schau zu, wie dieser Film Realität wird, denn du bekommst all das, worauf du dich wirklich konzentrierst!

Jeden Abend vor dem Einschlafen
↳ Der Film über dein bestes Leben!

## 8. LÄCHELN

Ein simples Lächeln schüttet im Körper die »Feel good«-Neurotransmitter Dopamin, Endorphin und Serotonin aus, lockert somit biologisch nachweisbar jede Situation und schenkt dir und deinem Gegenüber absolute Sicherheit, Gelassenheit, Freude und Glück. Kennst du vielleicht den Satz »Er hat mir ein Lächeln geschenkt«? Bombe! Schenk jedem, dem du begegnest, sofort ein Lächeln. Ich fordere dich dazu auf, das mal zu versuchen: Du kannst dir gar nicht vorstellen, wie gut du dich dabei fühlen wirst und wie viel Positives du zurückbekommen wirst. Und zwar sofort. Aber ganz wichtig: Schenk ein echtes Lächeln, nicht so ein falsches Ding! Nicht nur mit dem Mund lächeln – das merkt man sofort! Ein echtes Lächeln ist eines, das von innen strahlt, nicht von außen.

Kleiner Tipp: Denk kurz, bevor du zum Lächeln ansetzt, an etwas Schönes, etwas Lustiges, und lächle nicht nur, sondern lach ein bisschen in dich hinein. Dann lachen nämlich die Augen mit, und es ist plötzlich absolut echt. Ist übrigens auch ein toller Tipp fürs nächste Fotoshooting: Stell dir vor, der Fotograf ist nackt, und sofort musst du laut lachen. Wirkt Wunder, das Foto wird super!

## 9. ERSCHRICK DICH SELBST!

Wann hast du dich das letzte Mal wirklich erschreckt? Ich rede nicht von der kurzen Schrecksekunde, weil dein lustiger Freund »Buh!« gesagt hat, als du es nicht erwartet hast, sondern ich meine einen Moment, in dem du ganz bewusst etwas getan hast, was dich vor dir selbst wirklich erschreckt hat? Du kannst ganz allein Situationen kreieren, die deinen Status quo komplett auf links drehen und dir frischen Wind verleihen! Bist du schon mal falsch abgebogen, und plötzlich warst du total wach und da, alles war wieder glasklar und du warst 100-prozentig konzentriert? Diesen Augenblick, diese Emotion machen wir uns zunutze und hebeln sie für maximale Ergebnisse bei deiner Kreativität, Freude, Power und Spannung! Das nächste Mal, wenn du dich ausgebrannt fühlst, deine Gedanken nicht wirklich scharfsinnig sind, dann erschrick dich selbst mit etwas, was du sonst niemals tun würdest! Geh raus, spring, schrei, tanz und teile deinem Körper mit, dass du gerade einen Schalter umlegst! Du wechselst die Gänge, du willst weiterkommen! Alles Alte wird plötzlich weggespült von dem Adrenalinstoß, und jetzt bist du ready.

- **Kalt duschen, vom Anfang bis zum Ende:** Total easy, und du fliegst geradezu aus der Dusche! Ich habe das auf Ibiza für mich entdeckt, als unsere Dusche auf der Terrasse nur kaltes Wasser abgegeben hatte und ich jedes Mal wahnsinnig positiv aus dieser Nummer rausgekommen bin – try it, trust me!
- **Tanzen und Musik:** Hör laute Musik und du tanzt für einen Augenblick, als wenn keiner zuschauen würde. Garantiert bist du auf einem ganz anderen Level, wenn du aus der Nummer rauskommst.
- **Verzichte auf eine Angewohnheit:** Ein Sieg über deine üblichen Verhaltensweisen wühlt dich sofort auf – positiv! Rauch keine Zigarette, fahr einen anderen Weg nach Hause, trink 30 Tage lang keinen Alkohol oder mach keine Selbstbefriedigung (kein Witz), schau zwei Stunden lang nicht aufs Handy. Sieg über deine Sucht im Alltag – damit fängt dein Siegeszug im Leben an!
- **Gewinner-Haltung:** Welche Pose nimmt jeder Gewinner ganz automatisch ein? Denk mal an Fußballer, die ein Tor schießen, Rennfahrer auf Platz eins des Podiums, Leichtathleten oder Lottogewinner. Beide Arme nach oben, Kopf hoch, Blick in den Himmel: Halt diese Pose mal 30 Sekunden durch und die Körper-Geist-Connection schießt dich sofort in ganz andere Sphären. If you don't feel like a winner, act like a winner first!
- **Spazieren gehen:** Raus an die Luft, in den Wald oder aufs Feld – sofort bist du ready for take-off! Verbinde diesen Tipp mit Musik hören und tanzen und es gibt kein Halten mehr!
- **Study Music – einfach bei YouTube eingeben:** Ich höre gerade genau diese Art von Musik (die über Alphawellen und binaurale Tonalität die Konzentration verbessern soll) und kann sagen, es funktioniert! Dein neuer Soundtrack, der sofort alles ändert.
- **Leg dich kurz hin:** Handy in den Flugmodus, Beine hoch, Kopf aus! Nicht länger als 30 Minuten. Danach bist du ein neuer Mensch.
- **Mach das Unerwartete:** Lass deinen Körper nicht wissen, was als Nächstes passiert. Überrasch dich oft, und du wirst von den Ergebnissen überrascht werden!

# 10. GEH DAHIN, WO DEINE ANGST AM GRÖSSTEN IST!

Neue wissenschaftliche Studien belegen, dass das menschliche Gehirn gefordert werden möchte. Wir sind dann wirklich emotional glücklich und zufrieden, wenn wir wachsen, uns neuen Situationen aussetzen, Erfolgserlebnisse feiern und uns immer wieder selbst überwinden. »Du bist deine eigene Grenze, erhebe dich darüber«, lautet ein Zitat von Hafis. Das eigene Wachstum zu erweitern ist also gar nicht so schwer: Du musst einfach genau dahin gehen, wo deine größte Angst ist. Du musst genau die Dinge tun, die dich wirklich nervös machen, dann ist dein Gefühl von Erfolg und vom persönlichen Sieg über deine eigenen Grenzen am allergrößten. Angst und Unsicherheit sind dein Potenzial und dein Wachstum. Nimm die Einladung an und geh durchs Feuer, denn auf der anderen Seite findest du immer dein bestes Leben!

**DEINE ANGST ZEIGT DIR DEN WEG**

Erinner dich mal an deinen ersten Kuss: Nervosität, Unsicherheit, und trotzdem hast du irgendwann all deinen Mut zusammengenommen und eine Entscheidung getroffen, die dein Leben für immer verändert hat. In den Momenten unserer größten Entscheidungen haben wir den größten Einfluss auf unser Glück und unsere Erfüllung! Richte deine Antennen ganz auf dein eigenes Gefühl von Angst und renn ihr entgegen, sobald du sie spürst – dann bist du immer auf dem richtigen Weg! Diesen Prozess gilt es jetzt mit unermüdlicher Ausdauer immer und immer wieder durchzuziehen, so lange, bis du wirklich gut darin wirst!

Angst führt zur Perfektionierung! Wie haben wir alle Lesen gelernt? Zweite Klasse, jeder hat ein Buch auf dem Tisch und dann hieß es: laut vorlesen, einer nach dem anderen. Und was haben wir alle gemacht? Wir haben geschaut, wer welchen Absatz bekommt, um zu antizipieren, welchen Part wir selbst werden lesen müssen, und den Part haben wir dann 30-mal leise im Kopf durchgelesen, sodass wir das Ding ohne Probleme vorlesen konnten, als wir drangekommen sind. Wir wussten also mit sieben Jahren schon: Die Dinge, die uns Angst machen, motivieren uns! Wir hätten den Absatz freiwillig niemals 30-mal gelesen – zumindest ich nicht, haha!

# »DU BIST DEINE EIGENE GRENZE, ERHEBE DICH DARÜBER.«

HAFIS

Lass uns gemeinsam einmal das Konzept der Angst ein bisschen genauer durch-leuchten. Angst kommt meistens durch die Worst-Case-Szenario-Fantasien deines Gehirns, das sich vorstellt, welche Konsequenzen eine deiner Handlun-gen haben könnte (meistens eine Handlung, die für dich wichtig ist). Die Vorstellung bestätigt, dass das Gefühl, das diese Konsequenz erzeugt, nicht gut ist, also spüren wir Angst – eine Stimme, die uns von dieser Handlung abrät. In ihrem Buch *Playing Big* spricht Tara Mohr in diesem Zusammenhang über die Stimme des »Inneren Kritikers«, der sich äußert, wenn wir uns unserer Angst ge-stellt haben, und der wirklich verletzende Kritik an uns äußert. Wir stellen dann infrage, ob es richtig war, sich unserer Angst zu stellen, weil die Kritik wehtut. Dieser Mechanismus dient dazu, unser Urverlangen nach emotionaler Sicher-heit zu gewährleisten und uns vor Situationen zu schützen, in denen das Feed-back anderer Menschen in Form von schlechter Kritik uns verletzen könnte. Der innere Kritiker übernimmt also die Rolle der tobenden Meute, zieht die schlechte Kritik vor und versucht damit zu verhindern, dass wir uns weiterhin so »gefährlichen« Situationen aussetzen. Dass es jedoch genau diese Situationen sind, die unser Wachstum und unseren Erfolg erst ausmachen, erklärt, warum ein Großteil der Menschheit in Mittelmäßigkeit verharrt, und ist absolut nach-vollziehbar. Mach dir bewusst, dass dein innerer Kritiker dich paradoxerweise durch gezielte Stiche in wirklich verletzliche Bereiche deiner Psyche schützen will, und entscheide dich fortan immer gegen seinen Rat, wenn du schneller wachsen willst, als du es dir jemals hättest vorstellen können. Nutz die Stimme des inneren Kritikers allerdings dazu, herauszufinden, wo deine verletzlichen Bereiche liegen (sie sind immer Gegenstand seiner Kritik), und versuch zu verstehen, wie du dich im inneren Dialog mit diesen Schwächen direkt ausein-andersetzen kannst (durch Aufschreiben oder indem du mit Freunden oder deiner Familie sprichst). Nimm dem inneren Kritiker seine Angriffsfläche und nutz sie für dein Wachstum.

Es wird Momente geben, in denen du Angst hast, in denen du unsicher bist, dich kraftlos fühlst und in denen du dafür nirgendwohin gehen musstest – es passiert einfach, das ist ganz normal. Um jetzt stark zu bleiben, sprich zu dir selbst! Eine wirklich sehr simple Übung für mehr Kraft und Furchtlosigkeit, und zwar sofort, besteht aus vier Sätzen à 15 Wiederholungen; die Grundidee kommt von einem meiner größten Vorbilder, Robin Sharma – wenn du ihn nicht kennst, leg dieses Buch jetzt zur Seite, geh auf Amazon und kauf dir jedes seiner

Bücher – thank me later, der Typ ist ein Killer! Zurück zu vier Sätzen à 15 Wiederholungen: Was jetzt klingt wie Pumper-Jargon aus dem Fitnessstudio, ist eine Übung, die dich sofort stark macht, und zwar im Kopf und im Herzen, nicht im Oberarm. Jeden Tag, morgens und abends, sagst du dir selbst 15-mal denselben Satz. Zuerst im Kopf, dann laut, schriftlich, und dann laut vor dem Spiegel. Wähle einen kurzen Satz, der dich stark macht und der deinen tiefsten Idealen und Werten entspricht. So etwas wie: »Ich bin ehrlich, authentisch, fit und stark, voller Werte und Integrität!« Deinen eigenen ganz besonderen Satz sagst du dir 15-mal im Kopf, 15-mal laut, schreibst ihn einmal auf und sagst ihn 15-mal laut vor dem Spiegel. Sofort wirst du merken, wie du dich stark und furchtlos fühlst. Mach diese Übung regelmäßig! Unterschätz niemals die Kraft deiner Worte im Kampf gegen die eigene Angst und Kraftlosigkeit. Geh dahin, wo deine größte Angst ist, um zu wachsen, und wachse über deine Angst hinaus, wenn sie dich vorher findet – jeden Tag, mit der Kraft deiner Worte!

Mein eigener ganz bes. Satz

15 x im Kopf
15 x laut
1 x aufschreiben
15 x laut vor dem Spiegel

# 5

## MATTHEWS TOP 10 DER

## KILLER-GESCHÄFTSIDEEN UND DIE KÖPFE DAHINTER

Jedes wirklich erfolgreiche Unternehmen, jeder Erfolgsmensch oder auch jede wirklich gute Idee, der durch einen mutigen Entrepreneur Leben eingehaucht wurde, besitzt immer auch eine ganz eigene Geschichte, eine Mystik. Klar ist: Wir sind alle gleich. Wir sind alle Menschen – alle mit der gleichen Möglichkeit, wertvolle, kreative Arbeit zu leisten, und trotzdem fallen immer wieder einige besonders auf. Geniale Geschäftsmodelle, große Erfolge, spannende Geschichten und tolle Persönlichkeiten werden dich durch dieses Kapitel tragen wie auf einer Welle aus Weisheit und den Lehren der Schule des Lebens. Die Unternehmer, mit denen ich für diesen Teil deiner Reise ganz offen und ehrlich gesprochen habe, sind unbezahlbare Weggefährten. Versetz dich in ihre Schuhe, blick durch ihre Augen und spüre die Momente des ganz großen Erfolgs und der heftigen Pleite! Wir nehmen dich mit in die so wichtigen Stunden der Ideenfindung, zu den Einflüssen und Hintergründen, den Jahren der Übung, den Momenten der Kraftlosigkeit, aber auch den unvergesslichen Augenblicken der Erfüllung. Nimm jedes Wort ganz bewusst auf, denn es spart dir potenziell unendlich viel Kraft, Zeit, Lehrgeld und Nerven! Tauch gemeinsam mit mir ein in die Köpfe und Seelen von zehn meiner besten Unternehmer-Freunde! Schau zu, wie sie ihre Lebenswerke auf links drehen, für dich und dein bestes Business! Schnall dich an auf dieser einzigartigen Fahrt durch zehn meiner Lieblingsgeschäftsideen und zu den Köpfen dahinter!

## 1. AUS JUNGS MÄNNER MACHEN – FLAVIO SIMONETTI

Es ist kurz nach 20 Uhr und mein NEONSPLASH – Paint-Party®-Mitgründer und Freund Flo und ich fahren in ein kleines Dorf bei Würzburg. Fachwerkhäuser, kleine Straßen, am Straßenrand stehen Traktoren, und es ist richtig dunkel. Kaum Straßenlaternen – ich meine: richtig dunkel. Wir sind auf dem Weg zum 30. Geburtstag unseres Freundes Flavio. Hunderttausenden junger Männer in Deutschland besser bekannt als Flavio Simonetti, Retter der Dünnen, Mr. Hallo mein Freund. YouTube-Star, Fitnessexperte, Vorbild, Mentor einer ganzen Generation, die Antworten sucht. Antworten auf Fragen, die seit Neuestem ganz entscheidend sind: Supplements oder Ernährung? Jeder redet plötzlich über Massephasen, Definitionsphasen, Supersätze, Burnouts, Kadenzzeiten, Proteine und Aminosäuren. Fitness ist überall. McFit ist der neue McDonald's und Flavio ist mittendrin.

Wir biegen in eine kleine Seitenstraße ein und parken vor einem sauberen, weißen Reihenhaus. Der kleine Vorgarten ist indirekt beleuchtet, sehr aufgeräumt, Kiesbett, Aluminium-Briefkasten. Neubau, maximal zwei Jahre alt. Wir klingeln. Flavio öffnet selbst. Herzliche, feste Umarmung, sicherer Blick in die Augen – wir freuen uns wirklich, einander zu sehen! Flavio feiert heute im engsten Freundes- und Familienkreis seinen Geburtstag. Ich begrüße jeden Gast. Etwa 15 Freunde. Die meisten kennt Flavio, seit er ein Kind ist. Alles wirklich nette Menschen, ganz normale Leute. Einige kennen Flavio aus der Jugendarbeit, die er für die Kirchengemeinde macht. »Good people«, würde mein Vater sagen. Der Abend verläuft total angenehm. Es gibt Kürbissuppe, Pizza, Kuchen, alles selbst gemacht von Flavio und seiner Frau, die zu diesem Zeitpunkt im achten Monat schwanger und trotzdem eine fabelhafte und zuvorkommende Gastgeberin ist. Das Haus ist wirklich geschmackvoll eingerichtet, hell, sauber, minimalistisch, aber trotzdem sehr gemütlich. Fotos von Familie und Freunden an den Wänden. Drei volle Bücherregale im Wohnzimmer. Zeitlose Klassiker zu Persönlichkeitsentwicklung, Business, Fitness.

Flavio dirigiert Partyspiele, teilt Teams ein, es gibt Quizfragen. Die Stimmung ist super, ein ganz normaler, schöner Geburtstag! Kurz vor Mitternacht – es gibt ein Lagerfeuer im Garten und Ballons, die wir alle zusammen in die Luft steigen lassen –, hält Flavio eine Rede. Er spricht über Freundschaft, über Glaube, über Ziele, über seinen ersten Lebensabschnitt. Er weint, weil es ihn berührt, dass seine Freunde bei ihm sind, er ist dankbar.

Wie dieser Geburtstag abläuft, ist ein perfektes Spiegelbild von Flavios Charakter. Er wächst als ältester von zwei Jungs auf, sein Vater ist Italiener. Er macht eine Ausbildung zum Biologielaboranten, lebt ein ganz normales Leben und wiegt sich in der Sicherheit der Konformität. Er sucht Herausforderungen und Bestätigung in kurzen Adrenalinkicks und Statussymbolen. Ein Spiel, das er nicht gewinnen kann.

2008 wird er bei einem illegalen Straßenrennen in einen Autounfall verwickelt und seine damalige Freundin trennt sich von ihm. Totalschaden: materiell, finanziell und emotional! Er verliert alles, wacht auf und ändert alles. Flavio schließt sich monatelang ein und arbeitet. Während alle anderen feiern gehen, fängt er richtig an zu trainieren. Seinen Körper und seinen Geist. Er ernährt sich perfekt, nimmt 20 Kilogramm ab, trainiert seinen Körper härter als jeder, den er kennt, liest jedes Buch, das er in die Finger bekommt. Flavio umgibt sich nur noch mit Menschen, die ihn inspirieren, die mehr wissen als er. Er lernt jeden Tag, versucht sich an neuen Geschäftsmodellen, schreibt ein E-Book über Fitness und macht dann etwas, was sein ganzes Leben verändert wird: Er nimmt ein YouTube-Video auf. Nichts Besonderes, schlecht belichtet, kaum durchdacht, aber er trifft den Nerv einer ganzen Generation. Er erklärt, wie Fitness funktioniert, in einer Zeit, in der »fit« das neue »cool« ist. Er tut das in einer Sprache, die alle verstehen. Er ist ein normaler Typ, der es geschafft hat, eine Traumfigur zu erreichen. Man kann sich mit ihm identifizieren. Er ist greifbar, begrüßt seine Zuschauer immer mit dem Satz: »Hallo, mein Freund, Flavio Simonetti hier!« Dieser Satz wird Kult. Flavio wird ein Star, ein Sprachrohr für einen Trend, der so schnell wächst wie kaum ein Trend zuvor. Beinahe jeder männliche Deutsche zwischen 16 und 30 Jahren möchte das, was Flavio hat: einen guten Körper. Flavio zeigt ihnen, wie es geht. Er erarbeitet Ernährungs- und Trainingspläne, die eine sogenannte »Transformation« für jeden möglich machen. Flavio entwickelt Apps, Software-Programme, E-Books, DVD-Sets, T-Shirts, Seminare. Mit Namen wie »Muskelakademie«, »Brustformer« und »Armageddon-Arme« gelingt es ihm in Rekordzeit, ein kleines Weiterbildungsimperium aufzubauen. Plötzlich kann jeder herausfinden, was er wann essen sollte, wie er wann welchen Muskel trainieren muss. Es gibt Rezepte, Trainingspläne, Erfahrungsberichte. Mittlerweile hat Flavio über 550.000 Fans auf Facebook. Er wird unfassbar erfolgreich, heiratet seine neue Freundin, wird Vater eines gesunden Sohnes. Flavio wird auf der Straße erkannt. Er ist ein Star, weil er Menschen hilft.

**EIN STAR IST, WER MENSCHEN HILFT**

Die Genialität seines Geschäftsmodells findet auf mehreren Ebenen statt. Er ist die Marke, man kann ihn nicht kopieren. Sein Input generiert maximale Ergebnisse. Er erarbeitet seine Trainingspläne ein einziges Mal, verkauft sie tausendfach, jahrelang. Die Skalenerträge sind fantastisch. Ein Bilderbuch-Business. So weit, so gut – bravo, Flavio. Als ich aber mit ihm über die Zukunft spreche, über sein »Big Picture«, eröffnet er mir eine unglaubliche neue Welt, und die Einfältigkeit des Kraftsports (das sage ich mit hochachtungsvollem Respekt, ich pumpe selbst sechsmal die Woche) rückt plötzlich sehr weit in den Hintergrund. Es geht ihm gar nicht mehr nur um Fitness. Jeder, der nur Flavio den »Pumper« sieht, irrt gewaltig. 70 Prozent der Selbstmordopfer in Deutschland sind männlich, erzählt er mir. Er will helfen. Flavio will Leben verändern, Fitness ist nur der erste Schritt, die

Einstiegsdroge. Flavio schreibt sich fortan auf die Fahne: Ich will aus Jungs Männer machen! Äußerlich und innerlich. Es fängt mit Fitness an, aber es geht weiter mit Selbstbewusstsein, Persönlichkeitsentwicklung, Charakterbild, Moral, Werten, Zielen. Flavio wird mit seinem neuen Programm »Naturgewalt« nicht nur der »Retter der Dünnen«, sondern der »Retter der (traurigen) Jungs«. Er wird Leben verändern, Leben retten, Männer machen. Flavio Simonetti ist das lebende Beispiel seiner Geschäftsidee. Eine echte Transformation kann jeder durchlaufen.

**NEXT BIG THING:**

- ○ **Sinn** (check)
- ○ **Großes Problem** (check)
- ○ **Skaliert** (check)
- ○ **Fair** (check)
- ○ **Risikooptimiert** (check)

## 2. DAVID GEGEN GOLIATH IM SPORTGESCHÄFT – HENDRIK KLÖTERS

Ausgelassene Stimmung in unserem Kölner Penthouse, gute Musik, gute Drinks und vor allem gute Gespräche. Wir haben mal wieder zu einem unserer »Masterminds« eingeladen (ein Wichtigtuer-Wort für eine kleine, private Party aus Jungunternehmern). Der »Vibe« ist total angenehm, weil alle die gleiche Sprache sprechen, die gleichen Probleme haben, sich gegenseitig helfen können und einander verstehen. Zugegebenermaßen wird es zunehmend schwierig, mit Bürohengsten über unseren Weg und die aktuellen Herausforderungen zu sprechen – die Schnittmenge ist einfach nicht groß genug und wir können einander nie wirklich verstehen (nichts gegen meine Jungs mit klassischem Bürojob, voller Respekt). Die Runde ist super gemischt, viele sehr interessante, sehr erfolgreiche und smarte Menschen dabei, alle aus den verschiedensten Bereichen: Internetmarketing, Speaker, Trainer, Berater, Autoren, YouTube-Persönlichkeiten, Blogger, Pick-up-Artists, Veranstalter, Webdesigner – die Truppe ist bunt und laut.

Ich gebe natürlich den netten Gastgeber und springe von Gruppe zu Gruppe und versichere mich, dass jeder sich wohlfühlt und eine gute Zeit bei uns hat, und dabei fällt mir ein »neues« Gesicht auf. »Den kennst du nicht, der war noch nie hier«, denke ich mir und registriere sofort zwei Dinge: Der Kerl ist echt jung, wirkt aber sehr reif. Nicht auf eine verlebte, sondern auf eine selbstbewusste Art. Er weiß, was er will, und er muss gut und nett sein, sonst wäre er nicht hier gelandet (zu diesen Abenden kommst du immer nur mit einer Einladung beziehungsweise als Freund von Freunden). Unsere Augen treffen sich kurz und er kommt sofort zu mir rüber und stellt sich vor: »Hey, ich heiße Hendrik, vielen Dank für diesen netten Abend!« Glasklarer Blick, guter Händedruck, offenes Lächeln, »gesunder« Kerl! Ich will wissen, was er macht, und so kommen wir ins Gespräch. Was jetzt entsteht, ist einer dieser seltenen Dialoge, bei denen plötzlich ganz viel Synergie, gegenseitiges Verständnis und eine identische Wellenlänge den Weg ebnen für ein Feuerwerk aus Worten und Gedanken, das den ganzen Himmel hell erleuchtet. Wir lesen die gleichen Autoren, haben die gleichen Ansichten über Geschäft, Freundschaft, Familie und Partnerschaft. Wir denken ganz ähnlich, philosophieren über Verhaltensmuster, Psychologie, Gewinner-Routinen und Entscheidungsstrategien. Es ist ein bisschen, als hätte er dieses Buch gelesen, noch bevor ich es zu Ende geschrieben habe.

Er erzählt mir von seinem ersten eigenen Business, gegründet mit 13! Er kauft Bier beim Getränkegroßhändler günstig auf Kommission (um das Risiko zu minimieren – NEXT-BIG-THING-Eigenschaft zur Risikooptimierung perfekt umgesetzt, noch bevor er alt genug ist, um ein Moped zu fahren). Er füllt eine Mülltonne mit Eis und den Dosen und verkauft ab jetzt im Sommer eiskaltes Bier, obwohl er es selbst noch lange nicht trinken darf. Später, mit 17, importiert er Uhren günstig aus China und baut sich an über 34 Schulen ein Vertriebsnetzwerk aus Schülern auf. Die Bestellprozesse laufen über Facebook ab. »Ich habe abends in meine Nachrichten geschaut und jeden Tag neue Bestellungen von meinen Verkäufern im Kasten gehabt. Die haben eine kleine Provision bekommen.« Der 17-jährige Uhren-King macht Moves!

Und dann kommt Hendrik zu seinem aktuellen Business: »Ich verkaufe Sportequipment, aber im CrossFit-Bereich!« Natürlich, denke ich mir. Er hat den größten Trend im Sportsegment seit Air-Jordan-Schuhen nicht nur erkannt, sondern schießt aktuell gegen Industrieriesen wie Reebok und Adidas. AMRAP Fitness heißt seine Marke, mit der er sich auf CrossFit-Artikel wie Springseile spezialisiert hat. Bis hierher recht Standard, aber der Kicker lässt nicht lange auf sich warten. Hendrik erzählt mir, wie systematisiert sein Business ist. Bis ins kleinste Detail hat er die Prozesse analysiert, optimiert und automatisiert. Er fasst die Produkte, die er verkauft, teilweise nicht mal selbst an. Da werden Produkte in China fertiggestellt, verpackt (alles nach seinen Vorgaben), nach Deutschland geschickt und direkt im Logistikzentrum weiterverarbeitet, gelagert und von dort aus versendet. Hendrik ist der Puppenspieler, sein Theater umfasst Protagonisten aus der ganzen Welt.

Ich bin begeistert von diesem Typ und seiner Geschichte und freue mich, dass wir uns kennengelernt haben. Als ich nach seinem Alter frage, ändert sich dann noch mal alles – der Kerl ist 22! Ich kann es kaum glauben und bin wirklich verwirrt. Er hat gerade noch so reflektiert über Themen gesprochen, die uns beide wirklich was angehen, hat so messerscharf über Märkte und Strategie referiert, Bücher und Autoren kommentiert, die auch mich fesseln, und dabei ist er erst knapp über dem »legal drinking age« der USA. Als ich 22 war, hatte ich nicht das Mindset von diesem Rookie-Talent, niemals!

Ich bin fasziniert und fange an zu bohren. Ich will an den Kern eines solchen Rohdiamanten heran. Wie funktioniert das? Die üblichen Verdächtigen sind schnell widerlegt: keine Unternehmerfamilie, die Eltern sind normale Angestellte. Hendrik kommt nicht aus Berlin oder München, ist nicht mit begnadeten Start-up-Genies aufgewachsen, sondern in einem 800-Seelen-Dorf groß geworden. Ich versuche zu verstehen, wo sein Feuer und seine ganz natürliche unternehmerische Cleverness herkommen. Er erzählt mir von einem alten Mann, den er als Kind mal getroffen hat, der ihm folgenden Satz gesagt hat: »Machen, immer machen!« Das wird sein Leitspruch. Hendrik hat alle Handicaps, die es nur geben kann. Er geht mit verbundenen Augen und Gewichten an den Schuhen ins Rennen: Ein viel zu junger Typ aus dem viel zu langweiligen Dorf – keine Chance! Aber Hendrik trägt eine Gabe in sich, die ihm keiner wegnehmen kann: Er ist sich klar über eine einzige Wahrheit, egal was kommt, egal wie seine Ausgangslage ist: »Machen, immer machen!« – daran hält er fest. Die Kontinuität, der Wille und Fleiß, die Disziplin und der unerschütterliche Glaube an die Kraft des »Machens« sind das Geheimnis dieser Erfolgsgeschichte. Wenn Hendrik nach Entschuldigungen für eine gescheiterte Karriere als Jungunternehmer im Kampf gegen die Weltkonzerne gesucht hätte, hätte er nicht weit schauen müssen, um sofort all seine Träume zu verwerfen, und seine Eltern hätten sicherlich auch ruhiger schlafen können. Aber dieser Junge sucht keine Ausreden – er sucht Lösungen, er sucht Möglichkeiten, er sucht Gespräche, er sucht neues Wissen und will wachsen, furchtlos und voller Freude für seinen Traum.

*Ich widme diese Geschichte all meinen jungen Lesern. Den Lesern, die denken, dass ihre Träume zu groß sind und ihr Potenzial zu klein ist. Den Kids vom Dorf,*

*denen die Komplexität der Stadt Angst macht, und deren Eltern, die die riesigen*
*Träume ihrer Kinder oft gar nicht wirklich nachvollziehen können. Du hast ein*
*Feuer in dir, und du weißt genau, wenn du gemeint bist. Du bist noch nicht ganz*
*sicher, wie und was passieren wird, aber du weißt genau, dass du ein Leader*
*und zu großen Dingen bestimmt bist. Freu dich an dieser einzigartigen Energie,*
*an diesem Licht, das in dir scheint, denn es ist ein Geschenk. Egal wie alt du bist,*
*wo du herkommst oder was alle anderen für möglich halten, egal wie schwer es*
*wird und wie oft du fallen und wieder aufstehen wirst – vergiss niemals einen ganz*
*einfachen Satz auf dem Weg zu deinen Träumen: »Machen, immer machen!«*

**NEXT BIG THING:**

| ○ **Sinn** (check) | ○ **Großes Problem** (check) | ○ **Skaliert** (check) |
|---|---|---|
| ○ **Fair** (check) | ○ **Risikooptimiert** (check) | |

## 3. DAS ZALANDO VON INDONESIEN – DOMINIC HOFFMANN UND LAZADA

Es ist Sommer 2007 und ich habe gerade mein Studium an der Cologne Business School angetreten (ich habe hier ein Jahr studiert, bevor ich in die USA gezogen bin, um mein Studium dort weiterzuführen). Die CBS ist eine kleine, private, sehr gute Hochschule, die vor allem durch die winzigen Kursgrößen und die interessanten Kommilitonen auffällt. Der ganze Jahrgang hat nur knapp 100 Studenten. Ein Witz, denn so viele sitzen zehn Minuten weiter an der staatlichen Uni Köln in der VWL-Vorlesung auf den Treppen im Hörsaal, weil der mit über 1.000 Menschen gefüllt ist (ich habe nichts gegen staatliche Schulen, meine Uni in den USA war auch staatlich). In meinem VWL-Kurs sitzen wir mit etwa 25 Studenten. Der Dozent liest die Namensliste durch, um sicherzustellen, dass alle da sind. Klingt wie die Gästeliste zur VIP-Loge im nahe gelegenen Müngersdorfer Stadion, wo der 1. FC Köln spielt. Miele (ja, der von den Waschmaschinen), »Hier!«, Daum (ja, der Sohn von Christoph), »Hier!«, Lux (Enkel des OBI-Baumarkt-Gründers), »Hier!«, Mockridge (der später aus Farbe Gold machen wird), »fehlt«, haha! Sport, Entertainment, Wirtschaft, Ärzte, Anwälte. Alle spielen Golf, alle sprechen mindestens drei Sprachen, jeder war im Ausland, jeder hat eine Geschichte. Ich bin fasziniert. Das Umfeld inspiriert mich total, ich weiß genau, hier sind Leute dabei, die was reißen werden, weil sie es nicht anders kennen. Es geht nicht um Connections, aber um das Hustlen, das wirklich harte Arbeiten. Hier sind Leute, die Gas geben, seit Generationen.

Wir haben in der Zeit in Köln alle zusammen sehr viel gelernt, aber auch sehr viel gefeiert (wir sind durch die kleinen Gruppen sehr schnell sehr eng miteinander geworden). Einer der Leistungsträger, ganz klar: Dominic Hoffmann. Als Sohn eines Unternehmers aus Frankfurt zockt Dominic schon im ersten Semester in den Freistunden online mit Aktien. Er ist smart, schnell, ein Haudegen mit viel Herz und Klasse. Er studiert East Asian Management. Total nervig und anspruchsvoll, muss Chinesisch lernen, länger in der Uni bleiben als alle anderen. Er tut es, weil er spürt, dass es ihm später helfen wird. Er hat recht. Die Internet-Erfolgsfabrik der Samwer-Brüder, Rocket Internet, rollt gerade in Indonesien im großen Stil Klone der erfolgreichsten Geschäftsmodelle der letzten zehn Jahre aus. Rocket Internet wächst und expandiert so schnell, dass Dominic nach weniger als 36 Monaten schon den Zalando-Ableger von Indonesien, ZALORA, leitet. Er ist plötzlich für Hunderte von Mitarbeitern verantwortlich, baut ganze Versandnetzwerke auf, da es keine verlässliche Post gibt. Er macht über 100 Flüge im Jahr. Dominic, mit dem ich wenige Jahre zuvor noch als Kölner Student die Nacht zum Tag gemacht habe, ist Topmanager einer Mega-Company.

Wir treffen uns beim Nachtreffen unseres Jahrgangs und gehen alle zusammen, wie in alten Zeiten, in Köln feiern. Wir geben richtig Gas. Es kommt uns wie gestern vor, als wir noch verschlafen in die Vorlesungen gestolpert sind. Bei Gin Tonics reden wir stundenlang über Business, Strategie, Führungsphilosophien, Produktivität und das Leben. Dominic und ich haben die gleichen Bücher gelesen, sehen viele Dinge ähnlich und wir inspirieren und motivieren uns gegenseitig. Wir sind stolz auf unsere Wege und stolz aufeinander.

Dominic ist ein Sleep-Hacker, springt täglich durch die wildesten Zeitzonen, ist eigentlich immer erreichbar. Wir sprechen gespannt über die Ordnung im E-Mail-Postfach auf dem Smartphone. »Mein Postfach ist immer leer, ich fasse keine Mail zweimal an.« Er empfängt jeden Tag etwa 200 Mails und erklärt mir, wie wichtig es für ihn ist, alles sofort auszuknocken und sich auf das Essenzielle zu konzentrieren. Er antwortet in kurzen Sätzen, teilweise nur so etwas wie: »Okay, confirmed.« Er sortiert alles in Ordner und Unterordner. »Awaiting reply« beispielsweise, ein Ordner, der an unbearbeitete Aufgaben seiner Teams und Kollegen erinnert. Wir reden über Toplevel-Produktivitäts-Tools und gleichzeitig über echte »Ärmel-Hochkrempel-Arbeit«. Wir sind uns darüber einig, wie wichtig es ist, für die eigene Wertschätzung von Erfolg und Wachstum auch selbst mit anzupacken. Dominic hat ganze Lager mit aufgebaut und Inventuren geleitet, nächtelang, in tropischer Hitze, und sich mit Händen und Füßen unterhalten, irgendwo in Asien. Er hat Wege geschaffen, wo vorher keine waren. Er ist der Kapitän einer Hundertschaft aus Roller fahrenden Paketboten, die iPhones und Tablets in die entlegensten Ecken der Welt liefern.

**GRENZEN ÜBERWINDEN**

Und es ist Land in Sicht – während ich diese Zeilen schreibe, baut Dominic schon am nächsten großen Puzzleteil des Rocket-Portfolios: LAZADA – Teil des »Billion Dollar Start-up-Club«, einem erlesenen Kreis aus jungen Firmen, die mit über einer Milliarde US-Dollar bewertet sind. Zu seinen stolzesten Momenten zählen die Weihnachtstage, die er im Lager und in den Büroräumen seiner Company verbringt, zusammen mit dem Team. Gemeinsam bewältigen sie den Tsunami des Weihnachtsgeschäftes. Alle zusammen. »Wir haben alle mit angepackt. Ich musste dort sein, mit meinem Team, als Beispiel, alles geben. Als der Sturm vorbei und die letzte Bestellung bearbeitet war, waren wir alle so stolz aufeinander. Ein unbeschreiblicher Augenblick für mich und das Team!«

Als ich nach weiteren Schlüsselmomenten frage, bin ich überrascht, dass er mir mit Sport antwortet: »Ich bin einen Marathon gelaufen!«, sagt er stolz. »Das war unglaublich!« Er leitet das Gefühl des gigantischen, scheinbar unerreichbaren Ziels vom Laufsport ab und überträgt es auf Leben und Geschäft. »Wenn deine Ziele nicht unerreichbar scheinen, dann sind sie zu klein. Ich hätte niemals gedacht, dass ich einen Marathon laufen kann, also habe ich genau das versucht. Das Gefühl, gegen die eigenen Grenzen zu gewinnen, Geist und Körper zu scheinbar unmöglichen Dingen zu treiben, das ist ein wirklich unfassbar gutes Gefühl!« Ich denke viel über diesen Satz nach und verstehe genau, was er meint. Das Leben, das er führt, das Leben eines Unternehmers, eines echten Abenteurers, voller Hindernisse und Ungewissheit, weit weg von zu Hause und mit unfassbarem Druck – das ist sein Marathon. Er läuft und läuft und läuft. Er gesteht mir Momente der Unsicherheit, ich ihm auch, aber wir einigen uns auf die Kraft des Weges. Dominic Hoffmann hat sich einen Killer-Marathon aufgeladen, bei dem er einfach nicht aufgeben wird. Er kennt das Ziel nicht, aber er kennt das Gefühl, das ihn im Ziel erwartet. Er kann nicht aufhören, er hat begriffen, dass der Schmerz, den er auf der Strecke spürt, der Beweis für sein Wachstum ist. Auf der Strecke kommst du weiter, ein Fuß vor den anderen, Tag für Tag.

# »WENN DEINE ZIELE NICHT UNERREICHBAR SCHEINEN, DANN SIND SIE ZU KLEIN.«

DOMINIC HOFFMANN

Diese Geschichte widme ich dem BA 07 der Cologne Business School. Auch wenn ich nur ein Jahr dabei war, bin ich wirklich froh und stolz, Teil einer so starken Truppe gewesen zu sein. Die Erfolgsgeschichten dieses Jahrgangs sind Wahnsinn und werden gerade noch geschrieben, in allen Teilen der Welt und in den verschiedensten Geschäftsbereichen. Junge Menschen, voller Kreativität, Energie, Freude und Spaß am Leben, voller Furchtlosigkeit und echter Macher-Mentalität, emotionaler Intelligenz und Cleverness, können die Welt verändern. Es gibt nicht nur New York, Tokio, San Francisco – es gibt auch eine kleine Seitenstraße in Köln, in der ganz große Träumer ihr Handwerkszeug bekommen. Herz, Willensstärke und riesige Ziele führen dich auf deinen ganz eigenen Marathon. Ärmel hoch, just keep going!*

**NEXT BIG THING:**

- Sinn (check)
- Fair (check)
- Großes Problem (check)
- Risikooptimiert (check)
- Skaliert (check)

## 4. SOCIAL SELLING IST DER WACHSTUMSMOTOR – DIE ERFOLGSSTORY VON ERFOLGSTRAINER TORSTEN WILL

Ich kenne Torsten Will eigentlich aus der Welt der Erfolgstrainer und Redner. Er ist einer der erfolgreichsten deutschen Erfolgstrainer aller Zeiten – klingt krass und fühlt sich auch verrückt an, es zu schreiben, weil ich ihn gut kenne, ist aber wahr. Er startete bereits mit jungen 18 Jahren als Unternehmer, mit 21 Jahren führte er ein Netzwerk mit Millionenumsätzen und über 15.000 Partnern in 19 Ländern. Seit über 20 Jahren inspiriert er als Trainer und in den letzten zehn Jahren besuchten über 250.000 Teilnehmer seine Seminare. Promis, TV-Moderatoren, Musiker und echt fitte Profisportler vertrauen auf Torstens Expertenwissen für mehr Erfolg. Die Presse nennt ihn »Smart Coach« und berichtet über seine Erfolge »vom Tellerwäscher zum Millionärsmacher«. Der Mann steht im deutschen Rednerlexikon, und in den USA ist er unter die Top 5 der einflussreichsten Erfolgstrainer gewählt worden. Torsten rockt!

Wir verstehen uns sehr gut, sind auf einer Wellenlänge und haben tolle Synergien, weil wir beide authentisch sind. Unsere Storys sind echt und das ist leider, gerade in Torstens Welt der Trainer, eher rar. Er ist einer der wenigen, der erzählt, wie es funktioniert, aber tatsächlich schon mal im Fahrersitz einer fetten Company saß und das Rennen gewonnen hat, und zwar nicht nur einmal.

Als ich Torsten zum ersten Mal traf (wir waren beide zum Sprechen auf einer Veranstaltung in Berlin), fiel mir sofort seine Aura auf. Natürlich wusste ich, wer er war, und kannte seine Geschichte, aber er hätte mir auch komplett fremd sein können und ich hätte trotzdem das Gleiche gespürt. Er brannte. Torsten polarisiert, aber ohne Druck. Er bewegt sich scheinbar mühelos im Business. Man sah ihm die Erfahrung, die Ruhe, die totale Kontrolle und gleichzeitig unglaubliche Energie einfach an. Ich hätte ihn aus Tausenden rauspicken können, ohne sein Gesicht zu kennen. Unglaublich wache, klare Augen, sehr verbindlicher Händedruck, schnell, gezielt, effektiv und doch total herzlich. Ich hörte mir seinen Vortrag an und war tierisch beeindruckt. Er las das Publikum perfekt, sprach pointiert, informativ, dicht und authentisch – sauguter Typ! Auf und hinter der Bühne. Wir sprachen an dem Tag nicht viel, aber eines der Dinge, die er mir sagte, die ich nie vergessen werde, war: »Du hast eine Wahnsinnsgeschichte. Damit gehörst du zu ganz wenigen in dieser Branche. Geh auf die Bühne und erzähl einfach deine Geschichte, und zwar so!« Und er zeigte auf mein Outfit (Jeans, grüne Turnschuhe, T-Shirt, Baseball-Cap). Wahrscheinlich einer der wertvollsten Tipps, die ich jemals bekommen habe.

Seit diesem Tag stehen wir immer wieder in Kontakt, treffen uns, versuchen uns gegenseitig zu helfen, wo es geht, philosophieren über neue Businessideen und das Leben. Torsten ist ein wichtiger Mensch für mich geworden und ich vertraue ihm! Torsten ist auch der Erste, den ich fragte, ob er bereit wäre, für mein Buch ein Interview zu führen, über »sein« Geschäftsmodell Social Selling.

Torsten sagt sofort zu und wir verabreden uns zum Telefonieren (übrigens total easy und unkompliziert à la »Ruf doch jetzt einfach durch, hab grad Zeit«). Da er der Erste ist, den ich im Rahmen meines Lieblings-Geschäftsideen-Kapitels interviewen werde, sage ich ihm gleich zu Beginn unseres Gesprächs:»Torsten, du bist das erste Interview dieser Art, ich weiß noch gar nicht, wo das hinführen wird, aber lass uns einfach mal locker sprechen, und ich schreibe mit, wenn mir was gefällt.« Keine Chance! Ich habe diesen Satz nicht mal zu Ende gesprochen und Torsten fängt an zu ballern. Unfassbar intelligente, reflektierte Inhalte zu Business und Mindset, zu Team und Erfolg, erzählt Geschichten so gut, dass ich teilweise das Gefühl habe, ich sitze mit ihm, seinen Investoren und Geschäftspartnern beim Notar und erlebe live mit, was er mir erzählt. Er kreiert Bilder und haucht ihnen Leben ein, übers Telefon, mal eben so. Ich hätte einen Stenografen ordern sollen, denn die Info fliegt mir so schnell um die Ohren, dass ich kaum mithalten kann.

Kurzer Heads-up über Torstens Business:

Wir sprechen über Existenzgründungen im Social Selling (Marketingprozesse werden an unabhängige, freie Vertriebspartner ausgelagert, die auf Provisionsbasis Produkte verkaufen). Nahrungsergänzung, Schmuck, Kosmetik: Seit 1992 ist Torsten Will in dieser Welt als Unternehmer und Erfolgstrainer zu Hause und hat Hunderttausende von Vertriebspartnern in diesen Bereichen erfolgreich gemacht.

Ich frage Torsten, woher er in den letzten Jahren immer wieder wusste, welche Geschäftsideen funktionieren werden. Gab es den Moment der Eingebung? Torsten geht einen Schritt weiter und spricht vom Moment der Gewissheit. »Immer wieder in meinem Leben wusste ich ganz genau, dass ich diese Chance nicht vorbeiziehen lassen darf. Dass ich Teil von etwas ganz Besonderem sein darf. Dass diese Idee unglaublich erfolgreich werden kann und ich sie nicht verpassen darf. Ob im September 1992, im Februar 1995 oder im November 2011 und mit jedem neuen Klienten und jeder weiteren Gründung. Immer wieder vertraute ich auf diese innere Stimme, die mir ein klares ›Das wird riesig‹ signalisiert und mich noch nie enttäuscht hat.«

### Die Frage nach dem Erfolgsfaktor Nr. 1

Der Erfolg ist ein Produkt verschiedener Geschichten, verschiedener Expertisen und Frequenzen. Internet, Verkauf, Menschen und Maschinen, Marketing und Operations. In diesem Gewinnerteam will keiner der Beste sein, alle wollen das Beste für die Sache. Torsten spricht von tiefem Vertrauen, vom Wunsch jedes Einzelnen, »die Genialität der Idee des anderen zu verstehen und zu bestätigen«. Keine Sorge um Status oder Ansehen: Es geht um das Team und das Ergebnis, nicht um die einzelnen Spieler. Ich erkenne die Parallelen zu meinen Companys und meinem Verhältnis zu meinen Jungs. Ich feiere jedes Wort, das mit so viel Überzeugung und Liebe für das Team durch den Hörer kommt. Torsten sieht es nicht, aber ich habe ein breites Grinsen im Gesicht, als er vom Team und dessen Spirit erzählt. Ich kann nur immer wieder leise sagen »Yes, Baby!«, während ich, so schnell es geht, jedes bedeutungsschwangere Wort in die Tasten hacke.

Wir sprechen über Märkte und entsprechende Geschäftsmodelle: Es gibt zwei Arten von Märkten, sagt Torsten.

1. Dinge, die Menschen brauchen, aber nicht wollen.
2. Dinge, die Menschen wollen, aber nicht brauchen.

»Du willst immer im zweiten Markt unterwegs sein, denn da musst du dich nicht rechtfertigen, die Menschen wollen dein Produkt ja. Der beste Verkäufer muss nicht erklären, warum er da ist. Er ist da, weil die Menschen sein Produkt haben wollen, auch wenn sie es nicht brauchen. Wenn Menschen dein Produkt haben wollen, bist du kein Missionar. Du bist begehrt! Menschen brauchen Vitaminpillen, sie sind supergesund, keine Diskussion, aber wer will sie schlucken? Niemand! Schmuck oder auch Luxuskosmetik ist anders. Niemand braucht es, aber jeder will es!« Ein Markt, den Torsten Will als ideal beschreibt. Alles, was teuer ist, sagt er nüchtern, funktioniert nach diesem Muster. Keiner braucht einen Ferrari, aber jeder will ihn. Dein Produkt muss selbstverständlich werden!

Ich bin gefesselt von diesem Monolog über Psychologie und Kaufverhalten, Gesellschaft und Opportunität, aber es geht noch weiter! »Wir verkaufen keinen Schmuck, keine Kosmetik oder Lifestyleprodukte, die gibt es in jeder Fußgängerzone, und die passende, nette Verkäuferin dazu. Wir bieten ein Karrieresystem, eine Chance, das Fahrzeug, seine Ziele zu erreichen! Wir schenken Lebensqualität, wir verbinden Menschen, wir geben Möglichkeiten, eigene Träume zu leben.«

Torsten glaubt an den Erfolg eines jeden Menschen. Sein Geschäftsmodell manifestiert seine Überzeugung: »Create a need, help people, change lives!«

Torsten ist ein Macher. Als ich ihn frage, welches Buch er jungen Unternehmern empfiehlt, sagt er: »Die Gelben Seiten. Es geht weniger darum, die ganze Theorie zu verstehen, sondern vielmehr darum, anzufangen, das Telefon in die Hand zu nehmen und zu wählen, mit Menschen zu sprechen und die ersten Schritte zu gehen. Natürlich wirst du Misserfolge haben, aber genau diese führen zum Erfolg und bilden die Basis für alles, was noch kommt. Nichts passiert ohne Grund.«

**MISS-ERFOLGE FÜHREN DICH ZUM ERFOLG**

Als wir auflegen, brauche ich erst mal fünf Minuten um runterzukommen, das Tempo zu bremsen. Torsten Will brennt für sein Ziel, brennt für den Moment, für die Möglichkeit, etwas Großartiges zu schaffen und keine Sekunde zu verschwenden. Seine E-Mails unterzeichnet er mit den Worten »Maximal freudige Powergrüße«. Jetzt verstehe ich, was er meint!

# 5. LACHEN IST GESUND! – REINHOLD GEISS UND DEITERS

Ich sitze beim italienischen Traditionsfrisör *Cedro* auf der Venloer Straße in Köln-Ehrenfeld. Ein kleiner Laden mit viel Herz und 20 Jahren Historie in Köln. Es gibt zwei schwere schwarze Sessel, die an einen amerikanischen Barber Shop erinnern. Im linken Sessel sitze ich, weit zurückgelehnt, sehr entspannt. So wie jede Woche wird hier gerade mein Bart geschnitten, von Ayhan, einem jungen türkischen Barbier – noch nie hat jemand meinen Bart besser geschnitten als er – Männer brauchen Rituale! Neben mir im Sessel sitzt Unternehmer, Lebemann, TV-Star und Frohnatur Reinhold Geiss, dessen schneeweißes Haar vom Chef Cedro persönlich geschnitten wird. Das imaginäre Mikrofon hält in dieser Situation ohne Zweifel »Opa Geiss«, wie er in der irrsinnig erfolgreichen Reality-TV-Show *Die Geissens* liebevoll genannt wird. Er unterhält den ganzen Laden und ist dabei witzig, schlagfertig, schnell, charmant, gewinnend und ein echtes Kölner Original.

Die Freude am Leben und Feiern hat in seinem Werdegang immer schon eine große Rolle gespielt: Das heute aus der Partyartikel- und Karnevalsindustrie gar nicht mehr wegzudenkende Kostüm-Mammut »Deiters« ist in vierter Generation das Lebenswerk der Geiss-Dynastie. Das Unternehmen ist fast 100 Jahre alt. Vom Urgroßvater gegründet, feiert das Unternehmen nach einigen geschäftlich schwierigen Jahren während des Ersten Weltkrieges mit der Erfindung von künstlichen Blumen ein unfassbar erfolgreiches Comeback. Die Zielgruppe sind Schausteller, und Großvater Geiss hat sie alle – bis Ende der Dreißigerjahre sind die falschen Blumen aus Köln in aller Munde, und zwar im wahrsten Sinne des Wortes, da die Blumen aus dem gleichen Material gefertigt werden wie die Hostien in der Kirche. Das Wunder von Köln ist perfekt!

Erst der Zweite Weltkrieg bringt Ernüchterung in die heitere Welt der Geschäfte mit dem Spaß – Köln liegt in Ruinen, es gibt kaum Autos. Die Geschäfte werden mit dem Expresszug abgefertigt, die Zeiten sind hart. Reinholds Vater, Fritz Geiss, kämpft unermüdlich für den Familienbetrieb und holt 1957 seinen Sohn als Lehrling ins Unternehmen. Reinhold Geiss verdient im ersten Lehrjahr zum Groß- und Einzelhandelskaufmann 45 Mark im Monat. Er steht sofort mitten im Leben, heiratet seine große Liebe sehr früh und hat mit 24 schon drei Kinder. Er spricht mit Bedacht über diese Zeit. Macht immer wieder klar: »Es war damals wirklich schwierig für uns, wir hatten nicht viel, aber wir haben immer zusammengehalten! Meine Frau und ich sind heute 53 Jahre verheiratet, ohne sie hätte ich das damals alles nicht geschafft. Sie war eines der ganz wichtigen Elemente unseres Erfolges!« Sofort wird mir klar: Das Jetset-Leben der Familie Geiss, das so pompös und überschwänglich in TV und Medien dargestellt wird, hat echte, ehrliche und vor allem wahrhaftig verdiente Anfänge. Hart erkämpfter Erfolg unter Schweiß, Blut und Tränen, zwischen großem Druck und Ausweglosigkeit. Reinhold eröffnet mir eine Seite der Familie Geiss, die mich sehr beeindruckt.

Ich frage Opa Geiss nach einem Lieblingsmotto und er antwortet sofort: »Unbedingter Wille zum Erfolg!« Dieser unbedingte Wille zum Erfolg führt die Familie durch die schweren Nachkriegszeiten zu ihrer ersten wirklich großen Produktionsstätte: Die Geissens bauen eine riesige Halle, mitten in Köln. Das Schaustellergeschäft wurde in dieser Zeit immer schwächer. »Wir hatten eine Familie, 40 Mitarbeiter beschäftigt, die Riesenhalle – Erfolg war angesagt, nicht weil er so glamourös ist, sondern weil der Druck enorm war.« Die Geissens refokussieren ihre Unternehmensstrategie auf das Karnevalsgeschäft. Wenn eine Tür sich schließt, öffnet sich irgendwo immer eine andere. Opa Geiss reist 1976 selbst nach China. »Wir haben vorher mit Importeuren gearbeitet, aber ich musste selbst rüber, alles sehen, anfassen, das Zepter selbst in die Hand nehmen!« Er ändert die Ansätze, verkleinert die Sortimente, optimiert die Prozesse. Der Erfolg gibt ihm recht. »Ich habe immer einen guten Riecher gehabt!« In Spanien glaubt er als Allererster an eine neuartige Kinderpuppe, kauft einen ganzen Container direkt von der Messe und dreht eins der größten Geschäfte seines Lebens. Der feste Glaube an den Erfolg trägt ihn durch die Tiefs in immer höhere Hochs, jeder Rückschlag scheint neue Kraft zu generieren, und Opa Geiss ist kaum zu stoppen.

Mit zahlreichen Filialen und starkem Onlineshop ist das Geiss'sche Lebenswerk »Deiters« mittlerweile fest verwurzelt in der Karnevalstradition des Rheinlandes. Reinholds Neffe und Patenkind Herbert expandierte jüngst in Rekordzeit (inzwischen gibt es 17 Filialen), stellte um von Groß- und Außenhandel, straffte das Sortiment, führte Trachtenmode ein. Der Junior hat gut aufgepasst: Seine Lehre absolvierte er bei Opa Geiss persönlich und bringt das Familienunternehmen in ungeahnte Sphären. Reinhold ist stolz, vor allem auch auf das Verhältnis zu den vielen Mitarbeitern. »Respekt, Menschlichkeit und gegenseitige Unterstützung. Leben und leben lassen, wir halten uns gegenseitig den Rücken frei«, sagt er mit einem echten, kindlichen Lächeln – die Augen blitzen, und er freut sich an diesem Moment.

Wir sprechen über junge Menschen, über neue Generationen. Opa Geiss wünscht sich mehr »Macher«, mehr Mut und mehr Tatendrang. »Junge Menschen studieren ewig. Es scheint mir oft, als hätten die jungen Leute gar keinen wirklichen Hunger mehr!« Er schwärmt von der Disziplin und der Arbeitseinstellung in China: »Das starke Wir-Gefühl der Chinesen ist auch in jeder Firma entscheidend!« Er liest gerade das Buch *Klug regieren* von Nicolas Berggruen. Ihn verunsichert die Gelassenheit einer ganzen Generation, ihm fehlt der Biss bei den jungen Menschen. Ein Mann, der sein Leben lang gearbeitet hat, Rückschläge weggesteckt hat und immer wieder aufgestanden ist, der wahnsinnig erfolgreiche Kinder hat (die kein Studium absolviert haben), sucht vergeblich nach »jungen Anpackern«. Seinen Stiefenkel hat er zum Bergsteigen eingeladen. Zusammen erklimmen sie den Ararat in der Türkei. »Davon kann der Junge erzählen, da nimmt er was mit fürs Leben – nicht vom Partyurlaub auf Malle!«

Opa Geiss spricht von der Schule des Lebens, von Familie und vom Selfmademan. »Ich habe immer hinter meinen Kindern gestanden, wenn sie Großes vorhatten. Visionen begeistern mich!« Trotz großer Visionen und unbändigem Siegeswillen bleibt der talentierte Fußballer (»Frööher wor isch rrischtisch joot am Ball!«) aber immer auch realistisch: »Nie höher pinkeln, als der Strahl Kraft hat«, sagt er verschmitzt und erzählt, wie er sein Leben lang fast ausnahmslos eigenfinanziert gewirtschaftet und große Entscheidungen stets im Familiengremium besprochen hat. »Ich sitze seit 53 Jahren jeden Morgen um sieben Uhr mit meiner Frau am Frühstückstisch, wir sind ein Team! Wir reden viel, das ist unser Erfolgsgeheimnis! Es geht in der Ehe um Toleranz und Kompromisse, wir wollten zusammen etwas aufbauen, egal wie schwer, in guten und schlechten Zeiten, vom ersten Tag an, bis heute!«

*Ich widme diese Geschichte allen jungen Menschen, die noch unsicher sind, die suchen und keinen Opa haben, mit dem sie die Berge dieser Welt bezwingen können. Nimm dein Leben selbst in die Hand und fang einfach an! Gleichzeitig ist diese Geschichte für all die Menschen, die ihren Hafen im Kreis ihrer Familie gefunden haben. Opa Geiss ist ein Lebemann, lustig, voller Energie, Liebe, Treue und dem unerschütterlichen Willen zum Erfolg – für sich und für seine Familie. Er nimmt Rückschläge hin wie ein Mann, kämpft und steht immer wieder auf, so lange, bis seine Familie und deren Erfolg, vor allem aber die ehrliche und echte kölsche Art, eine ganze Nation in ihren Bann zieht. Zu Hause, um sieben Uhr am Frühstückstisch, authentisch und echt, da werden die großen Erfolge gefeiert – Jetset und Glamour, Reichtum und Erfolg haben immer auch ein starkes Fundament, zu Hause, in der Familie und im Herzen. Danke, Reinhold Geiss!*

**NEXT BIG THING:**

| | | |
|---|---|---|
| ○ **Sinn** (check) | ○ **Großes Problem** (check) | ○ **Skaliert** (check) |
| ○ **Fair** (check) | ○ **Risikooptimiert** (check) | |

# 6. FISHING-KING – HUBERTUS MASSONG

Ich stecke im Stau fest, der Kölner Feierabendverkehr macht mir einen Strich durch meine Zeitplanung, und so schreibe ich meinem Buddy Hubertus eine kurze SMS: »Hänge im Stau, Amigo, sorry, wird zehn Minuten später!« Sofort kommt zurück: »Kein Problem, habe uns schon einen Platz reserviert. Lass dir Zeit, es gibt immer was zu tun!« Wir treffen uns, um über mein Buch zu sprechen, und er ist zehn Minuten früher am Start. Ultraverlässlich, total verbindlich, grundehrlich – einer der wenigen. Das ist Hubertus Massong.

Hubi, wie er von Freunden genannt wird, hat nicht die typische Unternehmergeschichte zu erzählen. Er wächst mit einem Stiefvater auf, der alles andere als ein gutes Vorbild ist: stark am Glas, schwach im Herzen. Falsche Freunde bringen Hubi schon sehr früh auf die schiefe Bahn. Er erfüllt alle Klischees eines Problemkindes, die Schule sieht er kaum von innen, sein Umfeld ist miserabel. Er landet auf einer Sonderschule und seine Zukunft scheint für immer komplett verbaut – Hubertus Massong ist gerade mal 15 Jahre alt. »Ich war echt ganz unten angekommen«, sagt er während unseres Dinners und wirkt dabei so fern von dieser Person, die er beschreibt.

# ALLES IST MACHBAR!

»Ich lernte jemanden kennen, das hat alles verändert!« Der 15-jährige Hubi trifft einen Vertriebler: jung, erfolgreich, glücklich. Er ist fasziniert. Zum ersten Mal in seinem Leben hört Hubi, dass es egal ist, wo er herkommt, dass er trotzdem alles schaffen kann, dass er die Kontrolle hat und alles verändern kann, wenn er es wirklich will. Wie ein Schwamm saugt er alles auf, was er hört, und fängt tatsächlich an, Dinge zu ändern. Hubi meldet sich in der Abendschule an, macht seinen Realschulabschluss nach. Es ist nicht einfach, aber sein Fleiß, Durchhaltevermögen und seine Disziplin tragen ihn durch jede Schulstunde. Er fängt an zu arbeiten, als Spüler im Restaurant, und spart jeden Euro, den er verdient. Sein Erspartes investiert er in die Freiheit, an sich selbst zu arbeiten. »Als ich genug Geld gespart hatte, um nur noch halbtags als Spüler zu arbeiten, habe ich die freie Zeit genutzt, um zu lernen!« Neben der Schule lernt Hubi, wie das Leben funktioniert. Er liest jedes Buch, das ihm in die Finger kommt. Über Persönlichkeitsentwicklung, Psychologie, Unternehmertum, Sport, Gesundheit, Philosophie und über die Geschichten erfolgreicher Menschen. Er nutzt diese Zeit, um sich selbst zu finden: Wofür stehe ich? Was will ich überhaupt? Was kann ich und was muss ich noch lernen, was sind meine Ziele, wie kann ich helfen?

Hubi wächst. Er besteht sein Fachabi und tritt ein Studium an: Business. Unternehmertum fasziniert ihn, denn hier ist es wie im Leben: Wenn du wirklich willst, kannst du alles schaffen. Das beweist er vor allem auch dem Speaker, Unternehmer und Bestsellerautor Dr. Stefan Frädrich, den er so lange bearbeitet, bis er bei ihm eine Praktikumsstelle bekommt. Nach nur wenigen Tagen ist auch Stefan klar: »Dieser Typ ist was ganz Besonderes!« Schnell wird Hubi fester Bestandteil in Stefans Team und schlägt regelmäßig alle Verkaufsrekorde. Die Kunden lieben ihn, er räumt richtig auf, steht 2013 schließlich selbst als Speaker auf der Bühne und erzählt seine Geschichte! Ich sitze damals auch im Publikum, tief berührt und voller Hochachtung für die Geschichte dieses Jungen!

### HUBI, DER UNTERNEHMER

Als begeisterter Angler erkennt er schnell das Kernproblem einer ganzen Branche: »Die Vorbereitung für den Angelschein ist absolut mittelalterlich!« Wo andere sich beklagen, erkennt Hubi eine Geschäftsidee: Fishing-King – schnell zum Angelschein. »Ich habe mit einer Zeitungsannonce angefangen!« Im ersten Angelseminar, das in einer kleinen Kneipe stattfindet, sitzen nur eine Handvoll Menschen, aber die sind begeistert. Endlich vermittelt jemand sein Wissen zum

Angelsport in einem zeitgemäßen Format, schnell und präzise, professionell und trotzdem mit viel Herz und Spaß – Fishing-King-Seminare sind genau wie ihr Gründer! Diese Authentizität, die Wärme und das Interesse am Publikum haben Fishing-King in nur fünf Jahren mittlerweile zum größten deutschen Angelkurs gemacht. Die Seminare finden heute mit über 100 Teilnehmern schon lange nicht mehr in Kneipen, sondern zum Beispiel in den MMC Studios in Köln statt, wo sonst »Deutschland sucht den Superstar« aufgezeichnet wird. Hubi fliegt regelmäßig mit Kunden um die Welt, die ihn für Praxisseminare und Einzelkurse im Fliegenfischen oder Streetfishing buchen. Fishing-King expandiert explosiv, das Team umfasst mittlerweile zehn Mitarbeiter, und Hubi ist happy. »In Zukunft kommen noch andere Städte dazu und auch ein Onlinekurs«, sagt er selbstsicher. Er kann mir die Entwicklung der Firma für die nächsten fünf Jahre ganz genau erklären, jedes Ziel ist klar definiert, und er weiß genau, was er tun muss, um dieses Ziel zu erreichen. »Alles ist machbar«, das weiß Hubi besser als jeder andere.

Was mir auffällt, ist, dass die Ziele dieses 24-jährigen Fishing-Kings nicht materialistischer Art sind. Als ich genauer nachfrage, erzählt er mir von inneren und äußeren Zielen. »Mich interessieren Werte mehr als Ziele! Meine Ziele umfassen die Person, die ich werden möchte, nicht die Dinge, die ich besitzen möchte!« Er erzählt von Zielbildern, die über seinem Spiegel im Bad hängen. Jahresziele, die seitlich angebracht sind, die zu Fünfjahreszielen führen. Hubi weiß genau, wie er langfristige Erfolge dekomponieren und realisierbar machen kann. So hat er sein ganzes Leben verändert, gegen jede Vorstellungskraft und in Rekordzeit. »Ich möchte meiner Mutter eine tolle Rente ermöglichen, einen Bauernhof kaufen – sie ist meine größte Motivation, sie zählt auf mich. Ich möchte mich für den Tierschutz engagieren, Kindern aus schwierigen Verhältnissen dabei helfen, an sich zu glauben. Ich möchte an übermorgen denken, etwas Nachhaltiges aufbauen!« Hubi geht es nicht um Ziele, es geht ihm um die Person, die er auf dem Weg dorthin werden möchte, und um die Dinge, die er schaffen möchte – für andere. Als ich ihn nach seinem Lieblingszitat frage, erzählt Hubi von einem »Vorbildkalender für Heimkinder, in dem ich abgebildet bin« mit folgendem Spruch:

Was du bist, hängt von drei Faktoren ab:
1. was du geerbt hast
2. was dein Umfeld aus dir gemacht hat
3. was DU aus deinem Umfeld und deinem Erbe gemacht hast

Ich denke lange über diesen Spruch nach und Hubi sagt: »Selbst wenn ich eine Million geerbt hätte, hätte ich verkacken können – es geht immer darum, was du daraus machst!« Ich frage ihn nach einem Rat, den er seinem 15-jährigen Ich heute geben würde: »Viel lernen, viel lesen. Such dir die Leute, die das haben, was du gern hättest, und lerne alles, was du kannst, um zu wachsen. Erst musst du besser werden, bevor die Leute um dich herum besser werden!«

Hubi ist sichtlich dankbar für die Leute, die ihm »ein Licht waren«, wie er sagt. Heute will er das zurückgeben! Als wir uns verabschieden, bin ich noch lange Zeit gefesselt von dieser Geschichte!

**WERTE SIND WICHTIGER ALS ZIELE**

*Ich möchte diese Geschichte all denjenigen widmen, die es nicht immer leicht hatten im Leben. Deren Vergangenheit eine Entwicklung zum König der Fische, aber auch zum König der Herzen vielleicht augenscheinlich gar nicht zulassen würde. So wie es Menschen im Leben von Hubertus gegeben hat, die ihm ein Licht waren, wünsche ich mir für dich, dass Hubi und seine Geschichte dir ein Licht sind. Ein Licht in den Tagen, die dunkel sind, ein Licht in den Nächten, die einsam und kalt sind. Egal wie ausweglos und schwierig deine Situation zu sein scheint, werde besser, sei stärker und schreib deine ganz eigene Geschichte! An Hubi und an jeden, der es mal schwer hatte und trotzdem gewachsen ist – danke für den Mut und danke für den Beweis: »Wenn du etwas wirklich willst, dann kannst du alles schaffen. Denn ich möchte von diesem Planeten gehen und wirklich was verändert haben!« – Hubertus Massong*

**NEXT BIG THING:**

○ **Sinn** (check)   ○ **Großes Problem** (check)   ○ **Skaliert** (check)
○ **Fair** (check)   ○ **Risikooptimiert** (check)

# 7. SMOOTHIES – NIC LECLOUX UND TRUE FRUITS

Ich bin mir sicher: Junge, du hast dich komplett verlaufen! Ich irre durch ein Industriegebiet im Bonner Stadtteil Beuel. Altes Fabrikgebäude, Innenhof, viel zu viele Türen und Schilder: Ich kann hier nicht richtig sein, hier soll ein fettes Getränkeunternehmen sitzen!? Plötzlich erkenne ich ein Schild der Firma, nach deren Büro ich suche – true fruits. Das Logo und vor allem auch das Flaschendesign sollte mittlerweile jeder klar vor Augen haben. Glasflasche, Schraubverschluss (ein bisschen wie bei Babynahrung), true fruits, alles in Kleinschreibung, vertikal aufgedruckt, und ein Apfelstiel mit Blatt über dem »e« von »true«. In jeder Tanke und in jedem Supermarkt stechen die grellen Farben dieser »Smoothies« immer aus dem Kühlregal hervor – mittlerweile nebst vielen anderen Smoothieprodukten, aber true fruits war als Erster da!

Ich spaziere in die sehr hellen und einladenden Büroräume und werde total nett von einer jungen Dame empfangen. Alles wirkt sehr jung, total entspannt und wirklich freundlich. »Die spielen hier nichts«, denke ich mir. Es wirkt angenehm authentisch. Als ich zum Büro des Mitbegründers und Geschäftsführers Nic geführt werde und wir uns zum ersten Mal sehen, verstehe ich auch, warum: nett, sympathisch, echt. Ein Typ aus dem Leben. Kurze Haare, Bart, Jeans, T-Shirt, Sneakers. Sein Büro ist nicht besonders, kein Tamtam, nicht schick oder angeberisch. Hier wird gearbeitet, nicht gepost. Ich sinke in einen Bürostuhl und wir fangen total locker an zu quatschen, als ob wir uns schon ewig kennen würden. Ich bin selbst auch in Bonn geboren und so haben wir uns gleich viel zu erzählen. Haben gemeinsame Bekannte, teilen Kindheitsstorys und es gibt echt viel zu lachen. Wir sind gegenseitig ganz ehrlich begeistert von der Unternehmensgeschichte des anderen und freuen uns gemeinsam an dem, was wir uns aufgebaut haben.

Es gibt eine ganz gute Schnittmenge in unserer unternehmerischen Vergangenheit, und so erzählt mir Nic, wie er noch während seiner Zeit an der Uni (Nic hält einen Abschluss in International Business) das true-fruits-Geschäftsmodell zunächst als Projektarbeit erarbeitet hat. Seine Partner (noch heute) waren damals mit ihm zusammen an der Uni. 2006 startet Nic zusammen mit Inga und Marco seinen »Saftladen«, wie er seine Firma liebevoll nennt. Von ganz unten (wir reden von einer PowerPoint-Präsentation, die in der Uni-Mensa fertiggestellt wird) und mit null Ahnung vom Getränkebusiness beginnt für die Freunde die Reise mit dem Smoothie. Ein Professor der Uni begleitet das Projekt, unterstützt und berät. Chemiker aus der Uni, die noch Scheine brauchen, helfen bei den ersten Geschmacksproben. Alles ist ultraschlank. Noch keiner ahnt, wo diese Reise einmal hinführen wird.

Wir sprechen über die Idee. Wie, wann, warum? Nic erzählt mir eine gleichsam lustige und vor allem auch logische Geschichte über das Auslandssemester von

Marco und Inga in Schottland während des Studiums. »Jungs und Mädels aus Bonn sind keinesfalls Kinder von Traurigkeit und die Schotten haben auch gerne mal Durst«, sagt Nic. Und so beginnt die Geschichte zur true-fruits-Idee mit dem Ende einer langen Nacht in den Pubs von Schottland. »Da laufen Inga und Marco morgens mit einem Mega-Pappmaul von der letzten Party durch die Straßen und kriegen plötzlich im Supermarkt einen sogenannten Smoothie in die Finger. Frischer, kalter Smoothie – total super!« Wie eine Feuerwehrmannschaft löscht dieses geheimnisvolle Getränk anscheinend sofort das »Pappmaul-Problem« und ist sicher auch hilfreich für das schlechte Gewissen aus der Nacht zuvor. Gutes Gefühl, Erfrischung, und das Ganze auch noch sehr praktisch. Dieses Getränk löst ein Problem (Alarmglocken)! »Warum gibt es das in Deutschland nicht?«

Zurück in Deutschland wird die Idee mit dem Saft Grundlage eines Business-plan-Projekts. Die drei Freunde werden Opfer ihres eigenen Erfolgs. Der Businessplan ist gut. So gut, dass ein Professor sich der Clique annimmt und das Team zusammen anfängt, die Theorien ihres Plans in die Realität umzu-setzen. Anfangs wird noch alles selbst gemacht. In kleinen Schritten geht's wei-ter und immer wieder blockieren scheinbar unüberwindbare Hindernisse den steinigen Weg. »Da fahren wir in die hinterste Ecke von Ostdeutschland, in einer Mietkiste, weil unser alter Polo diese Odyssee niemals überleben würde, um einen Abfüller zu treffen.« Nic erzählt mir von der Schwierigkeit, die durch den Gebrauch von Glasflaschen entsteht. Es gibt nur noch ganz wenige potenzielle Abfüller, und die sind teuer. »Plastik wäre einfacher und billiger gewesen, aber wir wollten Glas. Premium, schön, anders.« Ich bin beeindruckt von allem, was dieser kurze Satz impliziert: Es geht billiger, es geht einfacher, aber diese drei Freunde sind sich einig. »Wir machen nicht das, was einfach ist, wir machen das, was unserer Vision entspricht – Smoothies in hochwertigen Glasflaschen. Wir wollen uns abheben, ein Produkt kreieren, welches wir selber gut finden würden!« Der eigene Anspruch wird die Messlatte und der Schwierigkeitsgrad dieses Drahtseilaktes hat sich gerade vervielfacht!

Beim Abfüller angekommen, haben alle ein super Gefühl, der Plan scheint auf-zugehen, Nic und Marco »high-fiven« sich schon hinter dem Rücken des Chefs der Abfüllanlage. »Das ist es«, denken sich die drei und sehen ihren Traum schon wahr werden – bald werden hier ihre true-fruits-Smoothies übers Band laufen! Kurz vor der Abfahrt dann noch eine Frage vom Chef: »Über wie viele Flaschen reden wir eigentlich, die ihr hier abfüllen lassen wollt?« »Etwa 2.000«, antwortet Nic selbstsicher. Der Mann lächelt und erklärt, dass bei einer so geringen Stückzahl der Smoothie nicht mal voll durch die riesige Anlage fließen würde. »Da hab ich hinten schon alles weggezogen, bevor es vorne überhaupt rauskommt, das ist viel zu wenig, Leute!« Auf der Rückfahrt sprechen die drei kaum ein Wort miteinander, die Fahrt wirkt endlos und alle fühlen sich kraftlos. »Wir waren so nah dran!« Einziger Trost: eine Visitenkarte, die der Abfüller ihnen noch mitgegeben hat. »Ein kleiner Laden in Baden-Württemberg, Familienbetrieb. Vielleicht können die euch helfen!« Und so wird diese Visitenkarte ein Schlüsselspieler in der true-fruits-Erfolgsgeschichte. Der Tipp war Gold wert, der kleine Laden in Baden-Württemberg (der mittlerweile gar nicht mehr so klein ist) ist heute noch der Abfüller von true fruits und einer der wichtigsten Partner von Nic, Inga und Marco.

»Es geht nicht um die Hindernisse, nicht um die Dinge, die nicht funktionieren«, sagt Nic, »es geht um den Weg und die Vision. Wenn du klar vor Augen sehen kannst, wie dein Traum aussehen wird, wirklich im Detail, dann wird er Realität.« Nic und seine Freunde sind das beste Beispiel für die uralte, aber zeitlose Theorie: Wenn sich eine Tür schließt, öffnet sich eine andere! Jeder Misserfolg ist eine wichtige Sprosse der Leiter zum Erfolg. Nic lebt diese Überzeugung und zitiert immer wieder Arnold Schwarzenegger: »Follow the vision!« Er erzählt, wie er seine Biografie verschlungen hat und wie sehr ihn die unerschütterliche Determination von »Arnie« begeistert. »Da kommt ein Typ aus dem hintersten Bergdorf von Österreich, mit grauenhaftem Akzent, und entscheidet einfach, einer der größten Bodybuilder, Schauspieler und später auch noch der Gouverneur von Kalifornien zu werden!« Arnold Schwarzenegger glaubt diese fantastische Geschichte selbst und so wird sie Realität. Durch klare Vision und stahlharte Disziplin. »Er hatte ein riesiges Ziel und hat sich jeden Tag ein bisschen mehr in dieses Ziel reingelebt«, erkennt Nic, und sofort sehe ich die Parallelen und verstehe, warum ihm das Mut macht. Drei Studenten aus Bonn treten gegen die monströse Getränkeindustrie an, mit einem Smoothie, den anfangs keiner kennt. Riesenvision, noch größeres Herz. Die Freunde stellen sich furchtlos allen möglichen Problemen und zaubern immer wieder Lösungen, heute noch. Freundschaft, Abenteuer, Determination, Passion und der unerschütterliche Glaube an das Projekt und die Idee sind der Motor. Unbetretene Pfade werden frei geschnitten. Die globalisierte Getränkeindustrie hat so etwas noch nie gesehen, und genau das ist der Zauber!

# FOLLOW
# THE VISION!

Mittlerweile gibt es die Smoothies an jeder Ecke, aber diese Marktdurchdringung haben Nic und seine Freunde mühsam erkämpft, mit einem Produkt, das die Menschen lieben lernen mussten. Und inzwischen ist Nic nicht mehr »nur« Gründer von true fruits, sondern nutzt sein Lebenswerk vor allem auch als Treiber für Projekte. Die true-fruits-Flasche ist immer noch aus Glas, das ist wichtig und wird auch immer so bleiben. »Plastik ist Gift. So ein gesundes Getränk in Plastikflaschen zu verkaufen wäre ein Paradoxon«, sagt er nüchtern und empfiehlt mir den Dokumentarfilm Plastic Planet – unbedingt ansehen, hier geht es auch um Ideale, nicht nur um Business! Nic ist Teil des Bundesverbands Deutsche Startups e.V. und vertritt also immer auch die Meinung anderer junger Unternehmer und hilft, wo er kann. »Wir machen regelmäßige Gründerberatungen, weil wir wissen, wie schwer der Anfang ist. Als wir damals angefangen haben, haben wir Tausende von E-Mails verschickt, wollten netzwerken. Kaum einer hat überhaupt geantwortet, keiner wollte helfen. Das machen wir anders«, erzählt Nic. Er gibt immer seine private E-Mail-Adresse (nic@true-fruits.com) heraus und lädt Gründer dazu ein, sich zu melden. Er will helfen, Ratschläge geben, Jungunternehmern die Angst nehmen.

Ich erinnere mich noch gut an meine Anfangszeit mit NEONSPLASH – Paint-Party®: Da hat uns Nic mal kistenweise Smoothies für das ganze Team einer großen Show geschenkt. Alle Techniker, Securitys, Künstler und Manager tranken an diesem Abend nur true-fruits-Smoothies. Ein wirklich toller Typ! Nic ist Vater und glücklich verheiratet, lebt in Bonn und liebt Burger. Wenn du mal wirklich guten Start-up-Rat von einem grandiosen Menschen brauchst, nimm mit Nic Kontakt auf und lad ihn in die Fette Kuh in Köln ein. »Wenn ich noch mal starten würde, würde ich einen Burgerladen aufmachen«, sagt er und lacht. Das gibt es doch: netter Typ, nettes Produkt, ehrliches Business und keine Tricks. So lautet auch der Untertitel seiner Smoothies: true fruits – no tricks. Der Mann hält, was er verspricht. Danke, Nic, weiter so!

**NEXT BIG THING:**

| ○ Sinn (check) | ○ Großes Problem (check) | ○ Skaliert (check) |
|---|---|---|
| ○ Fair (check) | ○ Risikooptimiert (check) | |

# 8. GIRLPOWER – LENCKE STEINER IN DER HÖHLE DER LÖWEN

Als Primetime-Fernsehmacher für das neue Business-Casting-Format *Die Höhle der Löwen* noch eine Frau brauchten, war die Wahl eigentlich total einfach: Lencke Steiner, ganz klar! Lenckes voller Terminkalender liest sich wie ein Business-Bilderbuch mit Happy End: erfolgreiche Geschäftsführerin im Familienunternehmen für den Großhandel mit Verpackungen, Gründerin eines VC-Fonds zur Förderung neuer Geschäftsideen, Beraterin für Start-ups, Vortragsrednerin zum Thema »Unternehmertum und Frauen«. Lencke ist Mitglied im Bahnbeirat der Deutschen Bahn, sitzt im Frauenbeirat der HVB und wurde zur Fraktionsvor-sitzenden der Bremer FDP und zusätzlich zum Mitglied des Bundesvorstands gewählt. Trotz alldem ist Lencke ein echter Familienmensch: »Ich war nie wirklich erfolgsorientiert, nie karrieregeil«, sagt sie locker. »Familie war und ist für mich das Wichtigste.« Es sind vielmehr die Neugier und der unbedingte Wille, etwas bewegen zu wollen, die der jungen Lencke so schnell zu einem so steilen Aufstieg verholfen haben. Ihre Sichtweise ist beeindruckend: Es geht Lencke Steiner nie um das Ergebnis, sondern immer um den richtigen Blick auf jeden weiteren Schritt. Sie lebt nach dem Motto: »Jeder Stein, der einem in den Weg gerollt wird, ist ein Meilenstein, mit dem man sich seinen Weg baut!«

Lencke ist eine Frau aus dem Leben. »Ich hatte als Kind nie teure Klamotten oder so was. Meine Eltern haben meinen Bruder und mich sehr bodenständig erzogen.« Das hat zur Folge, dass Lencke neben ihrem Leben an einer kleinen Privatschule immer auch viele Freunde hat, deren Herkunft für Lencke keine Rolle spielt. »Ich habe sehr früh erkannt, was es bedeutet, hart zu arbeiten und sich seine Träume zu erkämpfen – das hat mich beeindruckt und inspiriert.« Es ist diese Welt aus Kontrasten und Realität, die den Grundstein legt für die Toleranz, Offenheit und Lockerheit, mit der diese Powerfrau durchs Leben geht. »Ich mache keinen Unterschied zwischen Reinigungskraft und Vorstand – jeder hat die gleiche Chance und Aufmerksamkeit verdient.« Lencke ist authentisch, echt und steht zu ihrer Person, fühlt sich wohl in Jeans und Turnschuhen, versteckt sich nicht hinter Kleidung oder Außenwirkung. »Ich will niemanden beeindrucken«, sagt sie entschlossen und fügt hinzu: »Wenn du deinen Feind nicht mit Stärke besiegen kannst, erdrück ihn mit Liebe.« Lencke sieht Fehlschläge nie so eng. »Ich lerne viel, wenn es schwierig wird, das ist positiv.« Ich bin überrascht und beeindruckt, denn in unserem Gespräch tauchen immer wieder wirklich verblüffende Paradigmenwechsel auf. »Wenn ich jemanden nicht leiden kann, versuche ich, mir Dinge klarzumachen, die ich an dieser Person mag.« Dabei bleibt sie immer authentisch und zu 100 Prozent bei sich und ihren Prinzipien. »Ich habe mal einen Superposten im Aufsichtsrat abgelehnt, weil der Vorsitzende nicht gut mit seinem Sohn umgegangen ist.« Ein No-Go für den Familienmenschen Lencke Steiner, die immer das gute Verhältnis zu ihren Eltern und ihrem Bruder hütet wie eine Löwin. »Ich verkaufe meine Seele nicht, egal wie gut der Posten sein könnte. Ich will Dinge nur aus Überzeugung machen.«

In unserem Gespräch appelliert Lencke immer wieder an weibliche Unternehmerinnen und stellt klar: »Ich würde mir wünschen, dass Frauen sich mehr zutrauen und weniger zweifeln«, sagt sie mit sehr viel Klarheit. Der entscheidende Unterschied: »Bitte eine Frau und einen Mann, ihre Qualifikationen für einen Job abzuhaken. Der Mann kreuzt ein Feld an und denkt sich, den Rest lerne ich. Die Frau kreuzt alle Felder bis auf eines an und lehnt ab.« Sie findet es schade, dass Frauen immer wieder an sich zweifeln, denken, sie müssten alles können und die besseren Männer sein: »Das stimmt nicht!« Frauen sollten selbstbewusster sein, nach dem Gehalt fragen: »Ihre Frau stehen!« Obwohl ihre Stärke und das unerschütterliche Selbstbewusstsein absolut spürbar sind, baut Lencke immer auch auf die Unterstützung ihres Mannes: »Wir sind ein Team, starten jeden Tag zusammen. Entweder gemeinsam am Frühstückstisch oder am Telefon beim Zähneputzen. Er hält mir den Rücken frei. Jeder Morgen fängt mit meinem Mann und einem Lächeln an, das ist meine Erfolgsroutine!« Als wir über ihren stolzesten Moment sprechen, nennt Lencke ohne Zögern: »Die Hochzeit, da bin ich ganz Mädchen!«

*Ich widme die Geschichte von Lencke Steiner allen Leserinnen, allen Macherinnen und furchtlosen Ladys, die ihre Träume leben und den Mut haben, zu starten! Lencke ist das beste Beispiel für die gelungene Vereinbarung von Familie und Beruf, von Passion und Professionalität, von Mut und Geborgenheit! Ich bin froh und stolz, dass ich dieses Gespräch mit ihr führen konnte, um klarzustellen: Auch Frauen können alles Erdenkliche erreichen, auch Frauen können eine Familiendynastie weiterleben lassen, auch Frauen sind mutig. Vielen Dank, Lencke, für deine Geschichte, vielen Dank für diesen Lichtblick! Let's go, Ladys!*

**NEXT BIG THING:**

○ **Sinn** (check)    ○ **Großes Problem** (check)    ○ **Skaliert** (check)
○ **Fair** (check)    ○ **Risikooptimiert** (check)

# 9. DEN KOMISCHEN GEHÖRT DIE WELT – LUKE MOCKRIDGE

Es ist Sommer 2011 und ich fahre in eine kleine Kneipe in der Kölner Innenstadt. Heute findet eine Comedy-Show statt, Open Mic Night, jeder kann etwas darbieten. Winzige Bühne, einfachste Technik, im Publikum sitzen etwa zwölf Gäste auf Sesseln und Sofas. Mein kleiner Bruder Luke, damals 22 Jahre alt, wird hier heute auch auftreten. Ungeachtet der Größe beziehungsweise Bescheidenheit dieser Produktion sehe ich, wie Luki (wie wir ihn in unserer Familie alle nennen) ein Kamerastativ und eine kleine Kamera aufbaut, um seine Show zu filmen (er hat an diesem Abend etwa vier Minuten auf der Bühne gestanden). »Ich muss später zu Hause alles analysieren, schauen, wie ich auf der Bühne gewirkt habe, was funktioniert hat und was nicht«, sagt er selbstverständlich und klingt dabei schon wie einer der ganz Großen.

Heute, vier Jahre später, sind es genau diese Aufmerksamkeit, dieser Fleiß, die Arbeit am Detail und der unermüdliche Perfektionismus, der Anspruch an die eigene Arbeit, die Luki berühmt gemacht haben. Wir sitzen auf der Terrasse eines Kölner Restaurants, wohnen beide um die Ecke und sind regelmäßig zusammen hier. Wir sprechen hier über das Leben, unsere Familie, die Arbeit, über Werte und Ansichten, Ideen und neue Konzepte, über Liebe und alles, was uns in den Sinn kommt. Wir sind Brüder, wir verstehen uns, manchmal ohne dabei überhaupt ein Wort zu sagen. Immer wieder bleiben Passanten stehen, fragen nach Fotos und Autogrammen. Die erste Staffel seiner ersten eigenen Fernsehshow ist gerade fertig, und Luke Mockridge ist aus dem Deutschen Fernsehen und den Köpfen einer ganzen Generation gar nicht mehr wegzudenken. Er hat das geschafft, wovon Millionen Menschen träumen.

Wir sprechen über den wahnsinnig schnellen Aufstieg, den Bekanntheitsgrad, den Druck und seinen Blick in die Zukunft. »Ich habe immer gewusst, dass ich irgendwann mal meine eigene TV-Show haben werde, schon als Kind!« Er sagt das mit einer Klarheit und Überzeugung, die mich unglaublich beeindruckt. »Mir war immer klar, dass ich etwas Verrücktes in mir habe, eine Gabe, ein Talent, einen Wahnsinn. Ich war aber immer auch schüchtern und habe mich nicht wirklich getraut, diese Gabe auszuleben, aus Angst.« Wir einigen uns auf unterbewusste Schutzmechanismen der eigenen Psyche, die uns vor Situationen schützen wollen, die potenziell unangenehm oder gefährlich sein könnten – allen voran der Gang auf die Bühne. »Ich dachte immer, dass ich nicht gut genug

bin als Comedian, weil ich mich immer mit den besten verglichen habe.« Diese Messlatte führte dazu, dass Luke seit frühster Kindheit seinen Humor, sein Verständnis von Comedy und Witz, seine Schlagfertigkeit, seine Kunst und sein Handwerk immer nach den besten Performern der Welt gemodelt hat.

Unsere Eltern, beide Schauspieler, gründeten 1983 das Springmaus Improvisationstheater in Bonn. Damals hat in Deutschland noch nie jemand was von Impro-Theater oder moderner Stand-up-Comedy gehört. Szenegrößen wie Dirk Bach, Ralf Schmitz oder Bernhard Hoëcker haben alle in der Springmaus bei meinem Vater gelernt und angefangen. Luke war immer dabei und immer fasziniert. Als Säugling das erste Mal auf der Bühne, im Arm meiner Mutter, direkt neben seinem Patenonkel Dirk Bach (RIP). 22 Jahre später, nach Abertausenden von Stunden erstklassiger Comedy, die er aufgesogen hat wie ein Schwamm, nachdem er sich selbst das Gitarre- und Klavierspielen beigebracht und jeden Abend zu Hause für uns gespielt und gesungen hat, während alle anderen Jungs die Küche nach dem Essen aufgeräumt haben, fasst Luki einen sehr analytischen Entschluss: »Ich werde einfach anfangen und mich hochspielen. Spiel für Spiel. Ich werde aufsteigen, Liga für Liga!«

Das erste Spiel verliert er haushoch. Bei Kunst gegen Bares in Köln, einer Show, in der jeder auftreten darf, bei der am Ende die Zuschauer ein Trinkgeld für jeden Künstler hinterlassen können (oft bis zu 300 Euro), landen zwei Zwanzig-Cent-Stücke und eine Drachme in seinem Hut. Ich frage ihn, woher er den Mut und die Überzeugung genommen hat, danach trotzdem weiterzumachen (die Schlüsselfähigkeit eines jeden erfolgreichen Menschen). »Der Auftritt war nicht gut, aber ich habe auf der Bühne gemerkt, dass es einen einzigen, ganz kurzen Moment gegeben hat, der wirklich gut funktioniert hat. Ein Witz über mich selbst, sehr authentisch und wenig gespielt. Das hat mir Mut gemacht.« Er sucht in der Katastrophe nach der Möglichkeit, zu wachsen. »Ich habe eine Insel gesehen in diesem Meer aus Mittelmäßigkeit. Es geht darum, sich auf die Inseln zu konzentrieren, auf das, was funktioniert, und auf diese Inseln aufzubauen, Stück für Stück, so lange, bis du Festland hast. Stabilität. Qualität!« Vier Wochen später gewinnt er die gleiche Show. Und so fängt er an, Festland unter die Füße zu bekommen, immer wieder, jeden Tag. Spielt vor fünf Leuten, vor drei, vor 30. Nimmt jeden Job an, den es gibt. »Wir sind zu sechst im Auto nach Mannheim gegurkt, um für 50 Euro vor zehn Leuten aufzutreten. Ich habe in dieser Zeit alles mitgenommen, um zu lernen.«

Mit der Zeit und seinem unbändigen Siegeswillen wird Luke immer besser, stärker, schneller, selbstbewusster. »Es war ein super Gefühl, zu sehen, dass die Dinge, die ich machte, funktioniert haben – aber ich habe nie aufgehört, daran zu arbeiten! Meine Inhalte entstehen auf der Bühne, ich kann das nicht einfach runterschreiben, ich muss es testen und mit dem Publikum zusammen entwickeln.« Wir unterhalten uns über die Methodik, Comedy und die Wissenschaft hinter einem guten Witz. »Es gibt zwei Arten von Comedy: analytisch oder emotional. Analytiker produzieren Inhalte am Reißbrett. Da geht es um Satzbau, Wortwahl, Technik. Es funktioniert, aber es reicht nicht. Emotionale Comedy ist die Königsklasse. Menschen zu berühren über echte Wärme, über das Herz – dann ist der Inhalt fast egal.« Dem Publikum sein Herz zu schenken funktioniert über Mut und festes Vertrauen auf die eigene Intuition und die Verbindung mit jedem Einzelnen im Publikum. »Ich will nichts vorspielen, ich will, dass jeder für zwei Stunden alles andere vergisst, weil ich ihm alles von mir schenke, was ich zu geben habe! Wir entwickeln die Nummern zusammen, das Publikum und ich, auf der Bühne – wir vertrauen uns gegenseitig! Auf der Bühne bin ich die beste Version meiner selbst, das ist kein Game, ich liebe das«, sagt er und zitiert unseren Vater: »Finde etwas, was du liebst, und du musst nie wieder arbeiten!« Luke spricht immer sehr gewählt über seinen Erfolg. »Ich bin immer nur so gut wie mein letzter Auftritt!« Eine Weisheit von Kollege Heinz Gröning, Der unglaubliche Heinz, ein Kölner Comedy-Urgestein, der Luke von Anfang an kennt. »Ich habe nie aufgehört, an mir zu arbeiten«, sagt er, und ich weiß, dass das stimmt. Ich erinnere mich an eine Situation im Backstage-Bereich einer seiner letzten Shows: Luki war leicht krank (er hat in den letzten vier Jahren nur eine Handvoll Shows wegen Krankheit abgesagt und geht sonst bei Wind und Wetter immer auf die Bühne) und war mit dem zweiten Teil seines Auftritts unzufrieden, sagt, es war unsauber gespielt. »Niemand hat gemerkt, dass ich nicht ganz da war, aber ich habe es gemerkt«, sagt er in der Garderobe seinem Manager. Das ganze Team beruhigt Luke und versichert: »Es war absolut okay!« Luke hält kurz inne und sagt dann sehr klar: »Okay reicht nicht. Ich bin hier nicht angetreten, um okay zu sein. Jeder einzelne Zuschauer hat die beste Show verdient, die ich spielen kann!«

Es ist dieser Siegeswille, der mich fasziniert an meinem kleinen Bruder, vor allem weil er dabei nicht andere »besiegen«, sondern »mit dem Publikum gewinnen« will. Er hat ein Regal voller Preise (unter anderem den Deutschen Comedypreis), aber er hinterfragt das Konzept von Preisverleihungen immer

# »DEN KOMISCHEN GEHÖRT DIE WELT!«

## LUKE MOCKRIDGE

wieder. »Warum will man immer andere besiegen? Das hat immer auch zur Folge, dass man auf seinem Weg nach oben andere runterdrückt, wie im Schwimmbad, wenn man jemanden untertaucht. Das Bild gefällt mir nicht!«

Luki möchte Menschen hochziehen. Er holt YouTube-Persönlichkeiten, mit denen er ganz am Anfang schon gearbeitet hat, in seine Fernsehshow, lädt Comedy-Kollegen ein, um mit ihnen in der Show zu singen und Spaß zu haben. Luke Mockridge will niemanden besiegen, er will nur immer ein kleines bisschen besser sein als er selbst am Tag zuvor. »Hype ist gefährlich! Wenn du gehypt bist, musst du extrahart arbeiten«, sagt er nüchtern über seine kometenhafte Erfolgsstory. Gleichzeitig macht er klar: »Sich nur auf den Erfolg zu fokussieren ist auch nicht richtig, dann verkrampft man nur. Es geht um den Weg. Wie ein Schiff, dessen Kurs man immer wieder leicht korrigieren muss, um immer wieder zu sich zurückzufinden, denn Show ist Show, eine Seifenblase!« Nach jeder Show und nach jedem Auftritt geht Luki immer durch die leere Halle oder das leere Fernsehstudio. »Ich muss mich immer wieder daran erinnern, dass das alles nicht echt ist. Mit Licht, Musik und Kostüm ist alles schön, aber das ist nicht die Realität. Ich bin hier, um Menschen eine tolle Zeit zu schenken, nicht, um mich selbst im Scheinwerferlicht zu vergessen. Ich schulde es dem Publikum, normal zu bleiben, denn nur deshalb bin ich hier. Jeder Zuschauer wünscht sich einen Menschen auf der Bühne, der entspannt ist, der nichts spielt. Das ist wie eine Freundschaft mit dem Publikum. Sie müssen nach der Show einen Steckbrief über dich ausfüllen können. Wovor hat er Angst, was begeistert ihn, was nicht – das Ganze ist größer als nur Worte zu sprechen.« Er spricht von Thomas Gottschalk, Stefan Raab und den großen Showmastern, die durch so wenig so viel beim Zuschauer erreicht haben. »Entspannung, Authentizität, Mut zur ganz eigenen Person! Ein Musiker hat seine Musik, ein Schauspieler seine Rolle – ich bin Luki, this is, what I do!«, sagt er und wird von einer Gruppe Kids, die an unserem Tisch vorbeilaufen, begrüßt, als ob sie ihn ewig kennen würden: »Hey Luke, du bist voll cool!« Wir verstehen uns in diesem Augenblick wortlos – er hat recht.

> **FINDE ETWAS, WAS DU LIEBST, UND DU MUSST NIE WIEDER ARBEITEN!**

Luki ist nicht wirklich gläubig, aber er bekreuzigt sich vor jedem Auftritt. »Ich glaube an Karma. Wer Gutes tut, wird Gutes erleben! Ich wünsche mir, dass auf meiner Beerdigung alle sagen, dass ich ein wirklich guter Mensch war. Mir gefällt das Wort ›gut‹!« Ich weiß, dass er das ernst meint. Am Abend zuvor hat er spontan nach einer Show das ganze Team, alle Techniker, Fahrer und Assistenten zum Grillen auf seine Dachterrasse eingeladen. »Ich habe mir eine Schürze angezogen und für alle Würstchen gemacht«, sagt er mit einem großen Lächeln, »das war gut!«.

*Ich widme diese Geschichte all denjenigen, die wissen, dass sie eine Gabe in sich tragen, aber die noch zu unsicher sind, um auf die Bühne des Lebens rauszugehen und dieser Gabe Leben einzuhauchen. Das Leben von meinem Bruder Luki hat sich in dem Moment komplett verändert und ihn zu dem gemacht, was er heute ist, als er sich entschieden hat, einfach anzufangen. Den Kurs deines Schiffes kannst du in Zukunft immer wieder ändern, aber trau dich, in See zu stechen, rauszugehen, den Wind in den Segeln zu spüren, du selbst zu sein, deine Gabe zu nutzen, um andere daran teilhaben zu lassen. Und selbst wenn du anfangs nur ein tosendes Meer aus Ungewissheit vor dir siehst, erinnere dich immer daran, dass es immer auch ganz kleine Inseln geben wird, die dir Mut schenken und von denen Du mit der Zeit sicheres Festland gewinnen kannst. Festland, auf dem du Unvorstellbares realisieren kannst – so wie mein kleiner Bruder Luki! Trau dich, sei anders, denn: »Den Komischen gehört die Welt!«*

I am so proud of you, Luki!

**NEXT BIG THING:**

| ○ **Sinn** (check) | ○ **Großes Problem** (check) | ○ **Skaliert** (check) |
| ○ **Fair** (check) | ○ **Risikooptimiert** (check) | |

# 10. TRADITION, T-SHIRTS UND TRIGEMA – WOLFGANG GRUPP

Der Anzug sitzt perfekt. Einstecktuch passend zur Krawatte, die Kragennadel perfekt poliert. Wolfgang Grupp ist ein echter Gentleman, sharp und direkt, ein gut gekleideter Alpha-Wolf und Unternehmer der alten Schule. Vorbildliche Manieren, wahnsinnig diszipliniert, prinzipientreu und tief religiös. Ein Familienmensch und filmreifer Patriarch. Seine Villa im kleinen, schwäbischen Burladingen steht direkt gegenüber der Firma, die er mit 25 Jahren von seinem Vater übernommen hat. 1919 von den Brüdern Josef und Eugen Mayer gegründet und dann 1922 von Josef als Mechanische Trikotwarenfabrik Gebr. Mayer KG allein weitergeführt, kommt Wolfgang Grupps Vater, der Rechtsanwalt Franz Grupp, als Schwiegersohn von Mayer in das Unternehmen, das Trikots, Unterwäsche und später auch Damenoberbekleidung für die großen deutschen Kaufhäuser produzierte. 1969 tritt Wolfgang Grupp die Nachfolge seines Vaters an; er hat bis dato in Köln Betriebswirtschaftslehre studiert und bricht seine Promotion ab, um seinen Vater im Unternehmen zu unterstützen. Trigema (Mechanische Trikotwarenfabrik Gebr. Mayer KG) ist zu diesem Zeitpunkt stark diversifiziert und verzeichnet zehn Millionen Mark Bankschulden.

Die Textilbranche ist im Umbruch, die Fertigung wird von der Konkurrenz aus Kostengründen nach Fernost verlagert. Die großen Aufträge der Kaufhäuser gibt es nicht mehr. Wolfgang Grupp brilliert in dieser Krise mit einer seiner Schlüsselfähigkeiten, die er in unserem Gespräch immer wieder als »gutes Gespür« beschreibt. »Ich habe immer die Augen und Ohren offen gehabt. Habe genau beobachtet, was sich draußen verändert. Man muss mitgehen. Wenn es regnet, nehme ich einen Regenschirm. Ich muss den Wandel erkennen können.« Er argumentiert sehr logisch, klar und geht dabei kurze, nachvollziehbare Denkwege. Er sieht sich als Kapitän seines Schiffes, will den Ozean nicht neu erfinden, sondern die Winde gut nehmen. Er erkennt damals das Potenzial des »T-Shirts«, das sich gerade in den USA im Rahmen der Flower-Power-Bewegung zum Symbol für Freiheit und jugendliche Mode etabliert. Sein Gespür ist genau richtig, und Wolfgang Grupp führt das Unternehmen aus den Schulden heraus zu Umsätzen von über 92,7 Millionen Euro (2014).

Wir sprechen über Kreativität, Genialität und Ideenentwicklung. Er lacht: »Ich habe nichts erfunden! Ich habe mich nur stets um meine Firma und meine Mitarbeiter gesorgt.« Die Außenwirkung ist ihm dabei völlig egal. »Die Branche hat mich zunächst immer belächelt, wenn ich neue Wege gegangen bin.« Als die Kauf- und Versandhäuser keine Aufträge mehr schreiben, verkauft Grupp an die Discounter und Großhändler. Die Konkurrenz schreit auf. »Es war eine Todsünde, ein Schuss gegen jede treue Markenphilosophie. Erst eine Marke aufbauen und dann an die Discounter verkaufen, das traute sich niemand. Mir ging es nicht um die Marke, sondern um meine Firma und meine Mitarbeiter. Ich musste Aufträge generieren.« Grupp setzt Trends, er fällt auf, bricht das Eis, er ist furchtlos. Und wenn es dann doch geklappt hat? »Die Branche sagte dann immer, ich hätte Glück gehabt.« Und folgte. »Wir haben in Deutschland keine Bedarfsdeckung mehr, also ist es meine Aufgabe, eine Bedarfsweckung zu gewährleisten. Der Handel ist König. Ich muss also auch als Produzent einen Teil der Handelsfunktion übernehmen, um nicht in eine totale Abhängigkeit von einigen Großkunden zu geraten.« Grupp rettet sich immer wieder selbst. Er macht sich nicht von äußeren Faktoren abhängig, sondern nutzt jeden noch so bedrohlichen Wandel als Chance und positioniert sich immer wieder perfekt im Kreuzfeuer der Textilfront. »Ich will nichts machen, was andere sowieso besser machen als ich. Made in Germany kann ich am besten, das ist mein Fokus!« Er weiß genau, wozu er »Nein« sagen muss, weil er seine Kompetenzen, seine Vision und seinen Markt genau verstehen kann. Er will eine Sache wirklich gut können, alles Weitere stört die Klarheit.

Grupp kennt jeden Zentimeter seiner Firma. Er überfliegt die eingehende Post jeden Tag selbst, kennt alle Zahlen, Produkte, Materialien. Er macht selbst die Disposition, kann jeden im Unternehmen ersetzen. »Wenn Sie mich irgendwas zu meiner Firma fragen, was ich nicht beantworten kann, dann schenke ich Ihnen den Laden«, sagt er mir und macht klar: »Wir produzieren 100 Prozent auf Lager, ich muss wissen, was der Kunde kauft!« Grupp steht im Testgeschäft teilweise selbst an der Kasse, er will genau wissen, was passiert. »Ich muss eine Ahnung haben, sonst kann ich nicht operieren. Genau wie ein Arzt muss ich immer eine Ahnung haben.«

Die Ordnung und Disziplin lernt er in der Schulzeit. Er besucht ein Jesuiteninternat, geht dort sechsmal pro Woche zum Gottesdienst. Das prägt. Auch heute noch ist Grupp tief religiös. Er hat sich eine Hauskapelle in seine Villa bauen lassen. »Ich bin dort jeden Morgen, um mir Grenzen zu setzen. Bäume wachsen nicht in den Himmel. Ich bewahre mich davor, überheblich zu werden. Menschen beten leider immer nur, wenn sie etwas brauchen. Ich versuche, mich vor allem zu bedanken und Demut zu üben.« Wir sprechen über Erfolg, und schnell wird klar, dass sich der »König von Burladingen« (noch) gar nicht als erfolgreich sieht. »Es ist keine Kunst, erfolgreich zu sein, es ist eine Kunst, den Erfolg durchzustehen und erfolgreich zu bleiben! Wir sprechen noch mal über meinen Erfolg, wenn ich von dieser Welt gehe.« Grupp geht es um das Long Game, die Nachhaltigkeit, den Standort Deutschland, seine 1.200 Mitarbeiter und die dazugehörigen Familien, die auch alle zu seinem 70. Geburtstag eingeladen waren. Er lebt vor, was er von anderen erwartet.

»Ich stehe um sechs Uhr auf, schwimme jeden Morgen draußen im Pool, auch im Winter, das macht wach. Um sieben Uhr gibt es Frühstück mit der Familie.« Grupp hat seine 24 Jahre jüngere Frau geheiratet, als er 46 war. »Ich war ein tapferer Junggeselle und wollte jemanden finden, der wirklich zu mir passt – auch diese Entscheidung ist klar durchdacht!« Die zwei Kinder, Wolfgang Jr. und Bonita, haben in London studiert und werden bald die Firma übernehmen. Eine Textildynastie, die sich morgens am Frühstückstisch trifft. Freiheit bedeutet für Wolfgang Grupp die Natur. »Ich gehe gerne spazieren, auf die Jagd im Allgäu, sitze im Hochsitz und beobachte einfach nur die Natur.«

Wolfgang Grupp ist erfolgreich, weil er weiß, welche Routinen ihn erfolgreich machen. Er redet nicht von Wachstum, sondern von Sicherheit. Seine Prinzipien sichern seine Erfüllung und sein Glück. Das tolle Gespür, der eigene Anspruch und sein Pflichtbewusstsein halten ihn agil und wach. Wolfgang Grupp entscheidet immer aus Prinzip, Logik und Verantwortung – niemals aus Prestige, Image oder Gründen der Außenwirkung. Seine Entscheidungen fallen leicht, weil er klare Richtlinien konstruiert hat, die ihm den Weg weisen. Einen Weg, dessen Ziel er noch nicht kennt, aber dessen Route er planen kann, weil er sie auf klaren Werten aufbaut. »Ich habe keine großen Fehler gemacht, ich bereue nichts. Wer ein großes Problem hat, ist ein Versager, weil er es nicht geschafft hat, das Problem zu lösen, als es noch ein kleines Problem war.«

*Dieses inspirierende Gespräch, die tiefen Erkenntnisse und neuen Ansätze widme ich allen Unternehmern und Lesern, die stärker sind als der Trend. Die den Mut haben, gegen den Strom zu schwimmen. Die auf ihre Werte, Traditionen, ihre Prinzipien und den Glauben vertrauen. Menschen, denen Fakten wichtiger sind als Fans, die niemanden beeindrucken wollen. Wolfgang Grupp wirkt hart, altmodisch, starr und scharfkantig. Aber diese Attribute sind die Oberfläche.*

*Eigenschaften, die eine Struktur und Lebensart ermöglichen, die ihn unver-
wundbar machen. Ein Fels in der Brandung einer ganzen Industrie. Außen hart,
damit er als Leader den Weg ebnen kann, mit allem, was auf ihn zukommen
mag, aber innen weich und verletzlich, voller Verständnis und echter Emotion,
voller Glaube und Vertrauen. Vertrauen auf das, was richtig ist. Auf ihn ist
Verlass – das weiß seine Familie, das wissen seine Mitarbeiter, das weiß ich nun
auch. Dieses Gespräch gilt all denjenigen, die sich einen Ruf aufbauen, nicht
eine Marke. Danke, Wolfgang Grupp, für die Offenheit und gleichzeitig für
die Stärke!*

**NEXT BIG THING:**

- ○ **Sinn** (check)
- ○ **Großes Problem** (check)
- ○ **Skaliert** (check)
- ○ **Fair** (check)
- ○ **Risikooptimiert** (check)

# MATTHEWS 10 KILLER-SYSTEME FÜR

# WELTKLASSE LEADERSHIP

Schon seit Anbeginn der Menschheit kämpfen wir als Individuen gegen die Gefahren der Welt an. Allein funktioniert das nicht besonders gut, aber zusammen, als Team, erhöht sich die Chance auf Überleben dramatisch. Diese natürliche Basis schafft den Ursprung des Teams und kreiert die Rolle des Leaders. Du bist kreativ, die Idee steht, dein Mindset stimmt, und jetzt geht es darum, dein Team und deinen Laden zum Erfolg zu führen. Was für die Neandertaler das brutale Wetter, der gefährliche Säbelzahntiger oder die giftigen Beeren waren, sind im dichten Dschungel der modernen Businesswelt die stahlharte Konkurrenz, die sich überschlagende Geschwindigkeit der Innovation, die ganze Geschäftsmodelle binnen Monaten auslöscht oder überrollt, wechselhafte und unvorhersehbare Märkte und Aktienkurse sowie eine Generation, die nicht mal entscheiden kann, was sie morgen anzieht, geschweige denn, was sie vom Leben will und was es dafür zu tun gilt.

Die Gefahr im Hier und Jetzt liegt vor allem in der Wahrnehmung. Für die Kids gibt es nur *MTV Cribs,* und jeder, der »Business macht«, ist ein Millionär. Du hörst nur Mark Zuckerberg und Elon Musk, Milliardäre in Jeans und T-Shirt: »Geil, das will ich auch!« Aber neben allem, was diese Knaben brillant und richtig gemacht haben, gibt es vor allem eines, was sie geschafft haben, und das siehst du nicht in der Gehaltsabrechnung, du liest es nicht in der Zeitung und du verstehst es auch nicht, wenn du von außen reinschaust. Die geheime Zutat, das Salz in der Suppe einer jeden Idee, einer jeden Company und eines jeden Champions, ist seine Führungskraft. Der Leader führt sein Team in Sicherheit. Wie einst der Neandertaler weist der Leader den Weg durch das Dickicht.

»Aber wie genau funktioniert das, und wo geht es lang, denn ich sehe hier gar keinen Weg?!« Das ist richtig, denn es gibt ihn auch noch nicht. Lass mich dein Leader sein und dich durch zehn Gedanken führen, die dich zu einem unaufhaltsamen »Trailblazer« machen werden. Dann kannst auch du den nächsten großen Leader abholen und führen. Wie ein Mähdrescher wirst du dir nach dieser Impfung deinen Weg durch die höchsten Felder bahnen und eine Armee hinter dir herführen, die mit dir in jede Schlacht zieht. Nicht weil du mit MTV-Cribs-Villen lockst, sondern weil du Menschen inspirierst – Vertrauen durch Inspiration ist das größte Geschenk und der schönste Respekt, den dir jemals jemand auf dem Spielfeld des Geschäfte-Machens zollen wird. Komm mit mir durch diese zehn magischen Leader-Lektionen und lass uns zusammen deinen Weg auf die höchsten Höhen der Next-Generation-Leadership-Ebenen wagen. Follow me!

# 1. H-E-U-T-E EIN LEADER!

Es geht im Leben von echten Weltklasse-Leadern niemals darum, dass die Probleme endlich leichter werden, sondern immer darum, dass du endlich besser wirst!

Fünf Bausteine für den Weltklasse-Leader in dir! H-E-U-T-E, heute. In der nächsten schweren Situation, fragst du dich nicht mehr: »Was könnte jetzt besser, leichter, entspannter sein?« Du fragst Dich: »Was kann ich tun?« Und zwar nicht gestern und nicht morgen, sondern heute!

### H-E-U-T-E WIE HINGABE

Ich war letztens in einer echt blöden Situation: Ich hatte richtig Zeitdruck, war mit dem Auto unterwegs und habe in meiner Eile einen fetten Kratzer in mein Auto gefahren. Superärgerlich. Also habe ich mein Auto zu einer Werkstatt gebracht – in Köln, wo ich wohne. Die Werkstatt wird von zwei deutschen Herren geführt, die aber nie da sind, sind ältere Typen. Das eigentliche Herz des Ladens ist ein kleiner Italiener, Nino. Er ist dort als Kfz-Mechaniker angestellt. Nino ist vielleicht Ende 30, hat einen Sohn, alleinerziehender Vater, spricht mit italienischem Akzent und liebt Autos über alles. Echt ein guter Typ.

Ich hab mein Auto also bei ihm vorbeigebracht. Die Werkstatt ist richtig gemütlich. Ganz klein. Er schmeißt den Laden meistens komplett allein. An den Wänden Poster von alten Fiat 500, von verwinkelten römischen Gassen im Sommer, wenn die Wäsche aus dem Fenster hängt und die Blumen blühen. Wenn man sich die Poster so anschaut, kann man die Blumen und die frische Wäsche fast riechen. Es läuft immer italienische Musik im Radio und Nino ist stets wirklich super drauf. Springt immer unter irgendeiner Hebebühne hervor und begrüßt mich total herzlich: »Ah, Matteo (er nennt mich nicht Matthew, ich denke sein »th« ist auch nichts für den Englisch-LK)! Ciao, bello, was hast du wieder mit deinem Auto gemacht? So ein tiefer Kratzer, da hast du dir ja richtig Mühe gegeben!« Und schon beim Abgeben meines Autos habe ich ein super Gefühl: Es ist, als würde ich meinen kleinen Bruder im Kindergarten absetzen, gar keine Bedenken. »Mach dir keine Sorgen, Matteo, ich kümmere mich um alles!«

Zwei Tage später spaziere ich auf den Hof, um mein Auto abzuholen, und ich traue meinen Augen kaum: Nicht nur ist der Kratzer weg, sondern die Sonne

HINGABE

spiegelt sich im perfekt polierten Lack, innen alles sauber, ausgesaugt, das Auto riecht wie neu, die Felgen poliert, sogar dieser komische Schlitz zwischen Frontscheibe und Motorhaube, da, wo sich immer Laub verfängt – alles sauber! Und Nino übergibt mir die Schlüssel, als wolle er mir ein Geschenk überreichen. »Ist er nicht schön?«, sagt er leise. Ich kann kaum antworten. »Unglaublich, Nino! Wahnsinn! Ich wollte doch eigentlich nur den Kratzer repariert haben!?« Und Nino schaut mir tief in die Augen und sagt ganz ruhig: »Matteo, du verstehst das nicht! Ich liebe Autos. Ich liebe meinen Beruf! Ich kann mir nichts Schöneres vorstellen, als jeden Tag hier bei den Autos zu sein. Es macht mich so glücklich, jedes Auto so zu behandeln wie das letzte Auto, an dem ich jemals arbeiten darf. Ich freue mich wirklich, wenn ich sehe, dass die Kunden glücklich sind. Wenn sie ihr Auto, so schön wie noch nie zuvor, bei mir abholen. Das ist mein Leben, Matteo!« Das ist *Hingabe*.

Keiner hat ihm zugeschaut, als er bis in die Nacht, stundenlang, mein Auto poliert hat, obwohl ich nur einen kleinen Kratzer repariert haben wollte. Keiner hat ihn gelobt. Er muss das nicht machen. Aber er macht es, weil es das Richtige ist – heute!

Michael Jordan, die Basketballlegende und einer meiner Lieblingsathleten, hat den berühmten Satz gesagt: »Wie hart trainierst du, wenn niemand zuschaut?« Diese Frage fordert echtes Leadership. Denn was macht die kritische Masse? Chef kommt rein, alle sehen beschäftigt aus. Chef geht raus, alle hängen wieder lustlos rum. Ein Klassiker – mit einer Logik wie aus der dritten Klasse, wo der Oberlehrer nicht schimpfen soll, wenn du nicht bei der Sache bist. Darauf sind die Menschen konditioniert – ein tägliches Trauerspiel in jedem großen Büro: einfach unter dem Radar bleiben. Schade!

Noch mal zu dir, ganz ehrlich: Wie viel Gas gibst du, wenn keiner zuschaut? Wenn keiner beeindruckt werden muss? Wenn du nachts noch am Schreibtisch sitzt? Das machen, was richtig ist, nicht das, was leicht ist – darum geht's hier. Für dich und für deinen Stolz! Denn du machst dich selbst glücklich und stolz, weil du weißt, was richtig ist. Das gilt für jeden. Egal wer du bist, du bist ein Leader. Egal ob Chef oder Angestellter wie Nino – du bist ein Leader und kannst das Richtige machen, nicht das Leichte. Es ist deine Entscheidung!

Also, wenn es schwierig wird, frag dich zuallererst: Was kann ICH tun? Und zwar nicht gestern, nicht morgen, sondern heute. Erster Buchstabe: »H« – wo ist meine Hingabe?

# »WIE HART TRAINIERST DU, WENN NIEMAND ZUSCHAUT?«

MICHAEL JORDAN

Für die Skeptiker, die sich denken: »Schöne Story, Matthew, ich wünschte, ich hätte so jemanden wie deinen Nino bei mir im Laden. Denn ich muss meine Mitarbeiter erst zehnmal korrigieren, bis die Dinge funktionieren!« Entscheidende Idee: Das Verhalten, das belohnt wird, ist das Verhalten, das wiederholt wird! Jemand macht was Tolles, go crazy! Und ich schwöre dir, es wird wieder passieren. Es geht also gar nicht so sehr darum, immer wieder den Mikro-Manager zu machen und den falschen Kurs zu korrigieren, sondern viel eher darum, den richtigen Kurs zu feiern! Eine Kultur der Freude zu etablieren, wenn die richtigen Dinge passieren und Menschen echte Hingabe zeigen!

Für jeden, der sich jetzt denkt: »Aber meine Mitarbeiter wollen gar nicht feiern, die wollen viel lieber schnell rein und schnell wieder raus, ohne viele Berührungspunkte!« Das liegt an einer einzigen Emotion, die wie ein Virus die besten Teams krank macht: Angst. Deine Teammitglieder setzen eine Maske auf, als Schutz. Sie haben Angst. Angst davor, sie selbst zu sein. Angst davor, nicht reinzupassen. Angst davor, nicht zu genügen. Angst davor, schwach zu wirken. Sie verstecken sich im Alltag. Ziehen sich (oft im wahrsten Sinne des Wortes) ein Kostüm an. Verkleiden sich. Verlassen zwar das Haus, lassen ihr wahres Ich aber zu Hause. Die Tür fällt zu und sie sind jemand anderes. Das Lustige ist: Wenn du sie dann doch mal nach der Arbeit zu Hause erlebst, mit ihren Kids und Ehepartnern, dann sind sie oft ganz andere Personen. Sie lachen laut, sind glücklich und total offen.

Schade, denn die Leute denken immer: »Zu Hause geht das, aber um ein echter Leader zu sein, muss ich anders reden, muss ich anders stehen, muss ich mich anders verhalten, anders aussehen, stark und hart, um Leute richtig rumkommandieren zu können.« Die Wahrheit ist: Du verbindest dich erst dann wirklich mit deinem Team, mit deinen Kunden und mit deinen Mitmenschen, wenn du echt bist, wenn du du selbst bist. Wenn der Leader die Maske runternimmt, dann nehmen alle im Team die Maske runter. Dann wird gezaubert wie bei einer weltmeisterlichen Fußballmannschaft, garantiert!

Nehmen wir die Deutsche Fußball-Nationalmannschaft – Jungs, die sich in- und auswendig kennen! Die zusammen duschen, die zusammen im Hotel pennen, die jeden Tag zusammen trainieren. Diese Jungs sind echt miteinander! Keine Masken. Was passiert, wenn da einer das Richtige macht? Sind da Masken im Spiel? Mario Götze macht im WM-Finale 2014 den alles entscheidenden Treffer!

Macht das einzig Richtige! Wie ist die Reaktion auf dem Platz, die Reaktion bei seinen »Arbeitskollegen«? Sagt Philipp Lahm dann zu ihm: »Oh, Herr Götze, was für ein Treffer! Fantastisch! Wir sind Weltmeister, danke! Das müssen wir gleich Montag mal analysieren!« Nein, niemals! Die Jungs schreien, umarmen sich, die reißen sich die Trikots vom Leib, küssen sich, tanzen – keine Masken!

Das ist echt, deshalb funktioniert es auch. Es geht vor allem auch um den zweiten Buchstaben im H-E-U-T-E-System, das »E«.

### H-E-U-T-E WIE EMOTION

Sei verletzlich! Lache, weine, zeig echte Emotionen und dein Team wird dich dafür lieben. Menschen wollen wissen, wer du wirklich bist – hinter dem Business, unter dem Anzug –, bevor sie dir vertrauen. Es ist nicht schwach, weich zu sein, es ist extrem stark, weich zu sein, denn dafür brauchst du echten Mut! Jeder kann morgens reinkommen und so tun, als wäre er der harte Typ. Maske auf, Kostüm an und schon beginnt die Macho-Show wie an Halloween – eine Rolle spielen. Aber was wirklich groß ist, ist der Leader, der reinkommt und Emotion zeigt: »Leute, ich habe Angst. Ich weiß nicht wirklich weiter. Lasst uns zusammen dieses Problem lösen, ich brauche eure Hilfe! Zusammen schaffen wir das!«

Das sind die Worte eines echten Leaders. Starke Leader inspirieren und motivieren Menschen dazu, besser zu werden, durch ihr Vorbild, durch ihre Emotion und durch ihre (emotionale) Ehrlichkeit.

Ein anderer Aspekt zur Emotion: Lernt einander kennen! Aber wirklich. Kein Small Talk. In die Augen schauen und wirklich mit Interesse an der Emotion deines Gegenübers ein Gespräch führen. Und ich rede vom Team *und* vom Kunden. Sprich mit den Kunden. Wann haben sie Geburtstag? Was sind ihre Probleme? Erinnere dich an die Namen, die Namen ihrer Kids. Es gibt ein italienisches Restaurant in Köln, Fabio de Nittis' Bistro in der Kyffhäuser Straße. Schau mal vorbei und bestell einen lieben Gruß von mir! Ich gehe immer wieder hin. Warum? Weil der Chef meinen Namen kennt – so einfach!

Praktischer »Take-Home-Tipp«: Kauf dir eine Postkarte! Dem nächsten Kunden, der dir einen Auftrag gibt, schreibst du diese Karte. Einfach nur mit den Worten: *Danke für dein Vertrauen!*

### H-E-**U**-T-E WIE UNTERSCHIED

Sag öfter mal »Danke«, kostet nichts und kann alles. Sei die netteste Person, die du kennst, und alles ändert sich, sofort. Ich höre die Stimme in deinem Hinterkopf, die sagt: »Alter, ich kaufe mir das Buch von diesem ›Hot Shot‹-Jungunternehmer, und der erzählt mir hier, ich soll *Danke* sagen?! Langweilig!« – Moment! Es geht nicht nur um das Wort »danke«. Es geht um die Basics. Nur wenn die Basics stimmen, funktioniert der Rest. Nur wenn das Fundament stabil ist, übersteht das Haus den Sturm.

Vor ein paar Jahren ist mein Onkel gestorben. Viel zu früh, Gott hab ihn selig. Das war wirklich traurig. Aber was unglaublich schön war, war die Tatsache, dass zu seiner Beerdigung über tausend Menschen erschienen sind. Mein Onkel war kein Politiker, kein Star. Er war ein ganz normaler Mann, mit einem ganz normalen Job, aber er hat die Basics wirklich verstanden! Er war immer glücklich und positiv, hatte immer ein Lächeln auf den Lippen. Hat immer geholfen, wenn er konnte. Hat wirklich gute Manieren gehabt. Er hat immer erst an andere gedacht, bevor er an sich selbst gedacht hat. Hat seine Frau 40 Jahre lang wirklich geliebt. Hat ein sehr reduziertes, simples Leben geführt, bescheiden und war niemals materialistisch geprägt. Wollte nie jemanden beeindrucken, wollte niemals der Allerbeste sein. Er konnte sich über die kleinen Dinge im Leben freuen wie ein kleines Kind. Ein reines Herz, eine treue Seele, eine toller Freund und ein wirklich guter Onkel. Er war Zauberer, und ich werde nie vergessen, wie er uns Kindern immer neue Tricks zeigte. Für mich war sein Zauber immer echt! Er hat keine Millionen verdient, keine großen Unternehmen aufgebaut. Mein Onkel war einfach ein wirklich guter Mann, er hat die Basics verstanden und hat damit Tausende von Menschen berührt in seinem kurzen Leben, die auch noch nach seinem Tod von ihm Abschied nehmen wollten. Lern die Basics zu verstehen und du hast ein Fundament, auf dem du ein tolles Leben aufbauen kannst!

Ein weiterer Gedanke zum kleinen Unterschied: Verblüff deine Kunden! Promise low, deliver high – versprich wenig, gib viel! Diese Weisheit habe ich von meinem Professor für Operational Management, Dr. Bruce Kibler, gelernt. Richtig cooler Professor aus den USA, mit vielen Jahren Management-Erfahrung bei großen Global Playern. Ich war zu der Zeit vielleicht 20 Jahre alt. Im ersten Semester meines Business-Studiums hatte ich von nichts eine Ahnung, saß irgendwo weit hinten im Hörsaal und hatte nur Unsinn im Kopf, total abgelenkt, und dann hörte ich Dr. Kibler diesen magischen Satz sagen: »Guys, remember this, always promise low and deliver high!« Und ich war drin! Von einem Moment auf den anderen hat er mich gehabt. Und heute noch, bei allen Beratungen, die ich mache – dicke Unternehmen, schwere Jungs –, haue ich das Ding immer wieder raus, weil es so einfach und so effektiv ist. Sag nicht »Ja, ist morgen fertig!« und dann musst du wieder schieben und gibst irgendein halbfertiges Ding ab. Nein! Du sagst »Ich bin am Samstag fertig!«, baust dir aber genug Luft ein und gibst das Ding am Donnerstag ab, und zwar mit Handkuss. Das baut Vertrauen auf, darum geht's! Versprich wenig, gib viel! Thanks, Dr. Kibler!

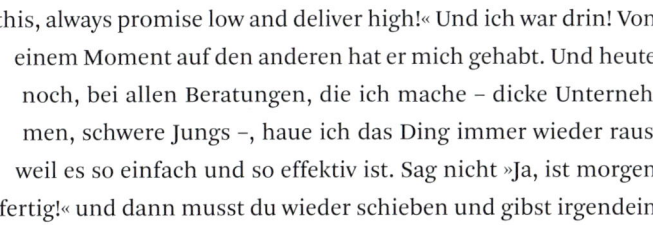

VERSPRICH WENIG, GIB VIEL!

Letzter Gedanke für den wichtigen Unterschied: Berühre Herzen! Ich habe jeden Tag viel mit harten Werten zu tun, mit Cash und allen Begrifflichkeiten, die man im Office so überschwänglich durch die Luft schmeißen kann, um sich cool zu fühlen: Customer Acquisition Cost, Customer Lifetime Value, Cost per Order, Coversion – blablabla. Es gibt Wichtigeres: Jetzt wird das Eis dünn! »Cash is King«, höre ich immer wieder! »Berühre Herzen – Matthew, ehrlich! Das ist so abgedroschen, so kitschig.« Aber pass mal auf, Amigo, die Konkurrenz ist überall und hat richtig Hunger! Ein Beispiel: Ich suche was im Internet und sofort will mir die ganze Welt was verkaufen! Und zwar zu Knaller-Preisen, verfolgt mich als Pop-up noch zehn Seiten weiter, bietet mir jede Art von Extra: kostenloser Versand, Express-Sendung, alles drin, was geht, bis ich kaufe. Aber ich kaufe jetzt nicht irgendein Angebot, sondern das günstigste. Meine Entscheidung ist jetzt nur noch preisgetrieben. Menschen kaufen das billigste Angebot, Punkt. Riesenangebot bedeutet niedrige Preise. Da kannst du nicht gewinnen, wenn du nicht skalierst wie die großen, denn die Margen sind jetzt winzig. Aber berühre Herzen und du bekommst nicht nur den einen Kunden (den du dir gegen die ganze Welt erkämpfen musst), du bekommst Loyalität, du bekommst Vertrauen, einen echten Fan, der von dir erzählt! Das ist Viralität. Wem erzählst du vom Sechserpack AAA-Batterien, das du so megabillig im Internet geschossen hast? Niemandem, weil es da nur um den Preis ging. Aber Nino, der Automechaniker, der mein Herz durch seine Hingabe berührt hat, ist Teil meines ersten Buches, verdammt noch mal. Verstehst du, was ich meine? Berühre Herzen, berühre Fans!

## H-E-U-T-E WIE TEAMWORK

Leadership ist Teamwork und es geht dabei um Menschen. Business ist wie ein Gespräch. Ein ständiger Dialog mit deinem Team, mit deinen Kunden, mit dir selbst. Wann hast du das letzte Mal wirklich mit deinem Team gesprochen? Über Dinge, die nichts mit der Arbeit zu tun haben? Wann habt ihr euch das letzte Mal in die Augen geschaut und einander gefragt: »Wie geht's dir wirklich?« Wir können von jedem Ort mit einer Hand über unsere sozialen Netzwerke in einer Sekunde unserem Buddy am anderen Ende der Welt eine Nachricht schreiben. Umsonst, sofort. Und trotzdem gehen wir oft nicht mal zwei Schritte über den Hausflur, um uns bei unseren Nachbarn vorzustellen. Es geht alles nur noch über SMS, E-Mail, allenfalls noch Telefon, wobei das auch schon ausstirbt. Frage: Wann hast du das letzte Mal jemandem eine SMS geschrieben mit den Worten: »Darf ich dich gleich mal anrufen?« Was ist da los?

Bei Teamwork, dem »T« in H-E-U-T-E, geht es um eine echte menschliche Verbindung. Um Vertrauen, um Loyalität, um Ehrlichkeit. Gemeinsam essen, Dinge teilen, Menschen wirklich kennenlernen. Und das fängt im Team an und endet beim Kunden. Wenn du Teams aufbaust, in denen Menschlichkeit erlaubt ist, Verletzlichkeit unterstützt wird, Teams, in denen einander geholfen wird, wo dem Schwächeren nach oben geholfen wird, dann werden genau diese Werte auch an den Kunden weitergetragen. In einer Kultur, in der Menschen stolz sind auf ihre Arbeit, in der Menschen Fehler machen dürfen, in der Menschen wachsen können – da gehen Teams jeden Tag raus und gewinnen zusammen!

Ich werde immer gefragt: »Junge, ist es wirklich das, worum es geht? Funktioniert es wirklich, wenn ich mein Team locker führe? Muss ich nicht hart sein? Muss ich nicht streng sein?« Und ich antworte nie mit irgendeinem Monolog über Führungsstile (die ohnehin obsolet sind, wenn wir uns dazu entscheiden, echt zu sein und nicht irgendein Skript nachzuplappern). Ich antworte immer mit dem gleichen Zitat von Gandhi: »Sei du selbst die Veränderung, die du in anderen sehen willst!« Du willst ein Team, dessen Mitglieder sich gegenseitig unterstützen? Dann unterstütz dein Team! Du willst ein Team, dessen Mitglieder offen miteinander umgehen? Dann geh offen mit deinem Team um. Aber du musst es vormachen!

*Ziele + Gandhi*

## H-E-U-T-E WIE ENTSCHEIDUNG

Die Entscheidung ist der Grundstein und schließt den Kreis, jetzt macht alles Sinn! Die Entscheidung, zu starten, die Entscheidung, den ersten Schritt zu gehen. Eine einzige, richtige Entscheidung hat die Kraft, dein ganzes Leben zu verändern!

Für jeden, der Schwierigkeiten damit hat, wirklich gute Entscheidungen zu treffen, sind hier drei Schlüsselpunkte für maximale Entscheidungskraft und eine echte Macher-Mentalität.

### ERSTER SCHLÜSSELPUNKT:
#### Augen auf die Straße!

Augen auf die Straße, vor allem (und jetzt aufgepasst!), wenn du erfolgreich bist! Ich habe oft echt fitte Jungs vor mir, erfolgreiche Menschen, die wirklich aufräumen. Die denken sich: »Bei mir läuft's, was willst du mir erzählen?« Genau das: Wenn es läuft, und zwar so richtig, dann wird es gefährlich. Dann schaust du nicht mehr konzentriert auf die Spur, wenn du mit 200 Stundenkilometern über die Erfolgsautobahn deines Lebens fliegst. Du unterhältst dich, alles ist super, schaust rechts aus dem Fenster, schaust links aus dem Fenster, der Kunde vergessen, der Hunger von früher vergessen, und dann knallt's, ganz plötzlich, und keiner hat es kommen sehen: »Es lief doch alles!« Wie oft habe ich diesen Satz gehört! Wenn du so richtig erfolgreich bist, wird es so richtig gefährlich! Arroganz, Faulheit und Gelassenheit korrelieren immer wieder mit Erfolg, Geld und Macht. Augen auf die Straße, vor allem, wenn es plötzlich schnell geht!

# »SEI DU SELBST DIE VERÄNDERUNG, DIE DU IN ANDEREN SEHEN WILLST!«

MAHATMA GANDHI

### ZWEITER SCHLÜSSELPUNKT:

**Mach zuerst das, worauf du am wenigsten Bock hast!**

Knock direkt morgens die Nummer aus, die dich am meisten plagt, führ das Telefonat, auf das du am wenigsten Bock hast. Warum? Weil du dich danach richtig gut fühlst und weil du morgens die besten Entscheidungen triffst (siehe Willensstärke-Muskel)! Und jetzt kommt's: Geh dabei Risiken ein, steh auf in dem großen Meeting, geh direkt auf den schwierigen Kunden zu! Dein Wachstum kommt im Mantel der Angst daher, um dich zu holen: Wenn es schwer wird, wächst Du. Wenn Unternehmen mich einladen, um zu sprechen, um sie zu beraten, um Dinge neu aufzustellen, um Prozesse zu ändern und um Vorschläge zu machen, dann erinnere ich immer alle gleich zu Beginn daran, dass die Veränderung, die manchmal schwierig und komisch ist, schon den ersten Erfolg bedeutet. Das unangenehme Gefühl zu Beginn einer neuen Veränderung ist der erste Vorbote des Wachstums. Es ist sofort klar: Da passiert was, und du kannst es fühlen. Dieses unverwechselbare Gefühl ist alles, worum es mir geht. Lernen und wachsen. Es geht im besten Leben darum, sich weiterzuentwickeln, jeden Tag, heute. Alle Dinge, die dir widerfahren, gute und schlechte, sind Teil deiner Schule des Wachstums und du musst sie nutzen.

### DRITTER SCHLÜSSELPUNKT: 1-Zentimeter-Siege!

Es geht nicht immer um das Riesending! Kleine kontinuierliche Siege, jeden Tag, darum geht's. Ich nenne sie die »1-Zentimeter-Siege«. Nicht viel, schon klar, aber was hast du nach einem Monat kontinuierlicher 1-Zentimeter-Siege? 31 Zentimeter. Nach hundert Tagen: 1 Meter. Nach einem Jahr: über 3,5 Meter. 3,5 Meter Wachstum. Jeden Tag kleine Siege ergeben in Summe den großen Erfolg. Es geht nicht um das Ende, es geht um die Person, zu der du mit jedem neuen Tag und jedem neuen Zentimeter wirst. 1 Zentimeter pro Tag und du kannst richtig Meter machen – garantiert! Das gilt für alles: lernen, Gesundheit, Kreativität, Fitness, Business, Familie und Beziehung.

1 Zentimeter wirkt allein nicht viel, reicht aber immer. Schon mal ein Fotofinish von einem Pferderennen gesehen? Das sind Millimeter, die über den großen Sieg entscheiden. Der Turnweltmeister Fabian Hambüchen sagte mir mal in einem Gespräch, dass er Fehler in seinen Sprüngen am Reck oft erst in der Analyse des Videomaterials entdeckt: »Wir arbeiten mit Winkelmessung und millimetergenauer Betrachtung. Manchmal sind es wenige Millimeter, die verhindern, dass du die Figur hängst!« Genauso ist es im Leben. Manchmal ist es so wenig und doch so viel, was am Ende alles entscheidet. Der eine Zentimeter entscheidet am Ende sowieso, vor allem aber auch am Anfang. Dein erster Zentimeter ist der wichtigste! Jeder Profi war mal ein Anfänger. Jeder Master war mal ein Desaster. Aber Zentimeter für Zentimeter, Tag für Tag, kommst du weiter. Hör nicht auf, wachse weiter – es gibt kein Ziel, nur deinen Weg: 1 Zentimeter am Tag!

Diese Regel gilt für alle, denn wir sind alle gleich. Wir sind alle Menschen mit 24 Stunden Zeit pro Tag. Und trotzdem picken wir uns immer wieder Menschen raus und sagen: »Wow! Der ist irgendwie besonders!« Mark Zuckerberg, Bill Gates, Cristiano Ronaldo und die anderen Granaten. Nein, das sind auch Menschen! Einziger Unterschied: Sie haben eine Entscheidung getroffen, sie sind gestartet, sie sind jeden Tag einen Zentimeter gewachsen, immer weiter, Tag für Tag. Sie haben sich selbst immer geglaubt, dass am Ende alles funktionieren wird, dass der Weg der Sieg ist, dass jeder Tag zählt und dass jeder Fehler wertvoll ist! Die großen, erfolgreichen Granaten sind nicht anders als du und ich, sie haben einfach mehr Fehler gemacht. Wer nicht genug Fehler macht, der will zu wenig! Wer nicht richtig viele Fehler macht, greift nicht nach dem höchsten Ziel! Also, greif nach den Sternen und fall hin, oft! Und fang heute damit an!

**FANG HEUTE AN!**

Egal was es ist – es kann ein ganz kleines Ding sein –, aber mach es heute! Das nette Lächeln für eine fremde Person, das Projekt anfangen, das du schon so lange verschiebst, im Fitnessstudio starten, das nette Mädel oder den Typ ansprechen, an dem du immer vorbeiläufst und dich dann ärgerst. Geh heute den ersten Zentimeter. Sag heute deiner Familie, wie sehr du sie liebst. Ich lese immer wieder, dass alte Menschen, die im Sterben liegen, alle dasselbe sagen: »Ich wünschte, ich hätte mehr gewagt, mehr gelacht, meinen Liebsten öfter gesagt, wie sehr ich sie liebe, meine Ängste überwunden und meine Träume gelebt.« Es sind die Dinge, die du nicht tust, und die Potenziale, die du nicht nutzt, die dich irgendwann innerlich zerreißen werden. Leb so, als wäre es dein letzter Tag – nein, den Spruch haben wir definitiv zu oft gehört! Leb so, als wäre es für jeden anderen Menschen dieser Welt der letzte Tag. Du wirst sie niemals wiedersehen, aber für immer wissen, dass du all die Dinge hättest tun können, die du versäumt hast. Nimm jetzt dein Handy und schreib einer Person, die du gern hast und der du das viel zu selten sagst. Keine lange Erklärung, keine lange Story, einfach ein paar nette Worte. Nicht weil du etwas zurückbekommen willst, sondern weil du etwas geben willst.

Du machst H-E-U-T-E die Dinge, für die du dich morgen bei dir selbst bedanken wirst.

> Hey, ich habe Dich total gerne!

## 2. WAS DU VON KINDERN LERNEN KANNST

Lass uns mal für einen Augenblick über wirklich krasse Leader nachdenken. Wer kommt dir in den Sinn? Irgendwelche Wirtschaftsprominenz, Fußballgötter, Kriegshelden oder Politiker? Hier geht's nicht um die schweren Jungs, hier geht es um echte, authentische Leader, um große und furchtlose Herzen und um ganz große Visionäre, voller Freude und Glück. Ich rede von Kindern. Kinder sind das beste Beispiel für Weltklasse-Führungsqualitäten! Kinder bringen uns immer wieder bei, wie das Leben wirklich funktioniert. Kinder leben die Schlüsselfähigkeiten von echten, großen Leadern, ganz spielerisch, jeden Tag!

Pass auf:

### KINDER SIND NEUGIERIG!

Schon mal ein Kind gesehen, das es gar nicht erwarten kann, sein Weihnachtsgeschenk zu öffnen? Ausnahmezustand. Pure Neugier. Echt.

### KINDER LIEBEN ES, ZU LERNEN!

Kennst du diese interaktiven Audio-Lernbücher, bei denen du auf das Apfel-Symbol drücken kannst und es kommt super nervig und laut: Aaapfel. Du würdest das Ding am liebsten direkt nach dem ersten Ton aus dem Fenster werfen, aber ein Kind wird stundenlang damit spielen und lernen. Freiwillig.

### KINDER HABEN KEINE ANGST VOR VERÄNDERUNG!

Pack fünf Kids, die sich nicht kennen, zusammen in einen Sandkasten, komm

15 Minuten später wieder und du hast eine richtig gut gehende Party mit fünf neuen besten Freunden. Alle Schuhe und alle Hosentaschen voller Sand. Pack fünf Erwachsene in einen Aufzug und es ergibt sich folgendes Bild: Totenstille, aber alle stinksauer, weil irgendeiner gefurzt hat. Die fünf Kinder im Sandkasten sind derweil alle komplett und bis über den Hosenbund vollgeschissen und super drauf! Gehen dabei auch immer auf Nummer sicher, kratzen sich am Hintern, riechen dran, stellen fest, dass es stinkt, riechen aber noch mal dran!

### KINDER STEHEN IMMER WIEDER AUF!

Tausendfach steht jedes Kind immer wieder auf, bis es laufen kann. Ein Kind gibt niemals auf, bis es funktioniert. Ich spreche hier über physisches Hinfallen, in den Dreck, und dann wieder aufstehen, tausendfach. Hier geht's nicht um einen Kunden, der am Telefon zweimal »Nein« sagt, und schon ist der Tag am Arsch. Hinfallen, auf den Boden, ganzer Körper, flach auf den Bauch und wieder hoch, tausendfach. Bis es klappt. Das sind Kinder.

Kinder probieren Dinge einfach aus und achten nicht auf die Außenwirkung! Hast du als Kind auch getanzt, als ob niemand zuschaut? Keine Ahnung, wie es bei dir damals ausgesehen hat, aber bei mir waren wirklich fragwürdige Moves dabei. Es hat aber immer Spaß gemacht! Und heute? Bist du in letzter Zeit mal im Club tanzen gewesen? Wirklich tanzen, ohne dabei auf die Außenwirkung, die Frise, die Klamotten, die Größe der Schampus-Flaschen und jeden Schritt zu achten? Da geht oft nix Echtes mehr. Traurig!

### KINDER GEBEN ALLES, UM IHRE ZIELE ZU ERREICHEN!

Hast du schon mal ein Kind beobachtet, wenn es im Spielzeugladen etwas haben möchte und mit Mama in die Verhandlung einsteigt? Da laufen Szenen ab, bei denen eigentlich sofort das Jugendamt einschreiten müsste. Die Kids schmeißen sich auf den Boden, schreien, schlagen, treten und werfen alles nach vorne, was sie haben, um das zu bekommen, was sie wollen. Da hat jemand richtig Bock auf den Abschluss, da will jemand alles und ist bereit, dafür alles zu geben.

### KINDER LIEBEN MIT GANZEM HERZEN!

Hast du eine kleine Tochter oder einen Sohn? Nichte oder Neffe, Cousin oder Cousine oder auch sonst schon mal ein vier oder fünf Jahre altes Kind umarmt? Das ist wie ein Kung-Fu-Würgegriff. Du musst dich von den kleinen Armen wie von Oktopus-Tentakeln befreien. Das ist eine echte Umarmung, nicht so ein

8 **Learning mit 8 Jahren**

- You need 3 adults to get the BBQ going
- But only 1 Grandma to make a Butterbrot!
  ⇒ EFFICIENCY

vorsichtiges, peinliches halbes Ding. All in, Baby: Kinder sind mit vollem Herzen unterwegs. Bring it in for the real thing!

Was ist also der Unterscheid zwischen Kindern und Erwachsenen? Sind wir so viel schlauer, besser, reifer und weiter? Ich sehe es eher andersherum! Erwachsene sind ganz oft eher wie »verdorbene« Kinder. Verdorbene Kinder, die ihre Träume und Wünsche vergessen haben. Die kindliche Liebe, die Unschuld, das Glück, die Visionen, das Lachen und die Leichtigkeit sind mit der Zeit einfach verschwunden, tief begraben unter den Gesetzen der Erwachsenen. Wie ein Mantra hören Kinder immer wieder Sätze wie: »Du kannst das nicht! Du darfst dies nicht! Du willst Astronaut werden? Erzähl das mal deinem Vater. Mach erst mal dein Abitur, dann unterhalten wir uns noch mal.« Große Träume werden durch das winzige Nadelöhr scheinbar unumstößlicher Gesellschaftsregeln gepresst und auf die sichere, langweilige Otto-Normal-Version reduziert. Sicher ist, wer das macht, was alle machen. Bullshit! In einer Zeit, in der du gegen die ganze Welt konkurrierst, bist du sicher, wenn du das machst, was kein anderer macht.

Frag mal in einer Kindergartengruppe, wer alles singen kann. Alle Hände oben! Frag 15 Jahre später eine Klasse im Gymnasium. Keiner mehr! Kinder denken, sie sind Superhelden – gut so! Denn mittlerweile ist es wissenschaftlich bewiesen, dass genau diese scheinbar völlig verrückte Fantasie direkt mit Glück, Freude und Erfüllung korreliert.

In ihrem Buch *SuperBetter* spricht Jane McGonigal über ein Leben, das spielerisch (gameful) zur Potenzialmaximierung geführt werden kann. Was würdest du gern können, worin musst du stärker werden? Diese Fragen führen dich zu deinem Superhelden-Alter-Ego! Welcher Superheld bist du? Ich wäre gerne »Matthew, der Event-Killer«, der mit seiner Vierer-Gang aus Unternehmer-Super-Heroes jede Show ausverkauft. Wie? Durch klare Aufgaben, die jeden Tag gestellt und gelöst werden. Aufgaben aus dem Alltag, die plötzlich zum Leben erwachen. Das Büro wird zum Level, die Monotonie zum spannenden Game. Gib dir Extra-punkte für schwere Endgegner, harte Telefonate, lange Abende – belohn dich selbst! Werde der Videospieldesigner deiner eigenen Welt. Sich selbst Aufgaben zu stellen schafft Perspektive und Verantwortung, Bedeutung und Motivation. Sie zu schaffen macht dich glücklich. Maximierte Dopamin-Ausschüttung durch das Erreichen des nächsten Levels hält dich im Spiel. Die schönsten Stunden

deines besten Lebens verbringst du beim Spielen. Nutz diese Dynamik – press »Play«, auch und vor allem wenn du denkst, dass du zu alt dafür bist!

Es ist so paradox, aber wir wachsen als Kinder mit jedem neuen Jahr und werden physisch immer größer. Psychisch werden wir aber immer kleiner. Körperliche Größe korreliert in diesen Schlüsseljahren unserer Entwicklung scheinbar mit mentalem Rückschritt – nicht intellektuell, aber spirituell. Unsere Träume, die Ideen, unser Lachen, die Fantasie, unser Gesang, unser Tanz und unsere Liebe zum Leben – all das wird kleiner und leiser und ist irgendwann beinahe komplett verschwunden.

Die entscheidende Frage ist also: Was müssen wir tun, um das Kind in uns wieder aufzuwecken, die Stimme aus der Vergangenheit wieder zu hören? Was müssen wir tun, um diese kindlichen Weltklasse-Führungsfähigkeiten, die irgendwo noch in uns schlummern müssen, wieder auszugraben und in unser bestes Leben zu führen? Vielleicht fragen wir einfach mal genau da nach, wo die Antwort schon immer gelegen hat. Bei einer Person, die dich genau kennt und deine größten Träume und Wünsche niemals vergessen wird: dein 8-jähriges Ich.

Was würde dein 8-jähriges Ich dir über die Person sagen, die du heute bist? Worauf wäre dein 8-jähriges Ich stolz? Was wäre cool, was beeindruckend, was wäre schade? Leg das Buch mal kurz zur Seite und stell dir diesen Dialog vor. Sprich in Gedanken mit dem Kind in dir über die Person, die aus diesem Kind geworden ist. Was sind deine Werte, deine Prinzipien? Wofür stehst du und was sind deine Ziele?

Das Kind in dir kennt die Antworten, weiß, was richtig und was falsch ist. Träumt riesige Träume und hält nichts für unmöglich. Verbinde dich immer wieder mit dem Kind in dir und vergiss niemals die furchtlose Leichtigkeit, mit der das Kind in dir durchs Leben fliegt. Jeden Tag hast du die Möglichkeit, ganz bewusst dem Kind in dir zuzuhören, zu leben, wie es dir früher noch möglich war. Mach es dir zum Ziel, jeden neuen Tag ein wenig mehr Kind in dir freizulassen, bis du voller Freude und Energie dein inneres Kind wieder ganz nah bei dir hast. Du hast die Kraft, jedem neuen Tag das Glück eines Kindes zu schenken.

Ich würde dir gern eine Geschichte zu den Tagen deines besten Lebens erzählen. Zu Tagen, die das Kind in dir genießen würde. Diese Geschichte handelt von einer Fotowand, einer Wand voller kleiner Fotos, vom Boden bis unter die Decke. Diese Fotowand gehört dir ganz allein, denn jedes Foto, das hier hängt, hast du selbst erschaffen. Jedes Bild repräsentiert einen Tag in deinem Leben.

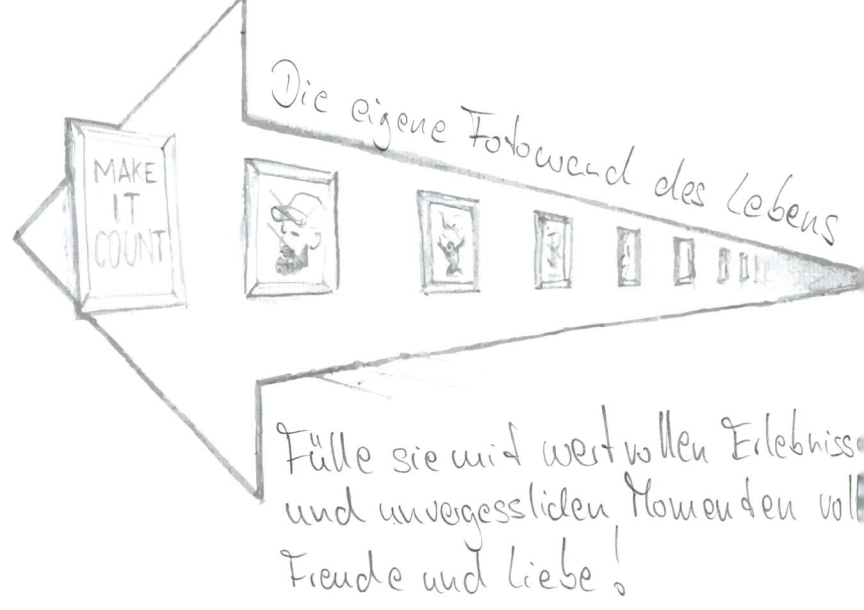

Stell dir vor, du gehst jetzt langsam an deiner ganz eigenen Fotowand entlang und schaust dir jedes Bild ganz genau an. Mit Ruhe und Zeit studierst du die einzelnen Tage deines Lebens. Und jetzt frag dich ehrlich und klar: Was hast du alles erlebt? Wo bist du überall gewesen, mit wem und warum hast du was dabei gefühlt? Wie siehst du aus auf den Fotos? Bist du glücklich? Bist du gesund? Bist du erfüllt? Lachen deine Augen? Lacht dein Herz? Lebst du dein authentisches, bestes Leben auf jedem einzelnen Foto?

Und plötzlich kommst du an eine Stelle an deiner Fotowand, an der die Bilder abrupt aufhören. Das letzte Foto von dir auf deiner ganz eigenen Fotowand ist eine Aufnahme von gestern. Danach ist die Wand leer, nackt, weiß und unberührt.

Ab heute kannst du jedes weitere Foto ganz bewusst selbst erschaffen. Aus tiefstem Herzen und voller Respekt und Hochachtung vor dir und deinen Entscheidungen bitte ich dich, dir selbst und dem Kind in dir jetzt zu versprechen, jeden neuen Tag mit Momenten zu füllen, die dich froh und stolz machen, die richtig und wichtig sind, die dich erfüllen und wachsen lassen, die authentisch und stark sind. Lebe glückliche Tage und kreiere Fotos, auf denen du glücklich bist, auf denen du dein bestes Leben lebst – aus ganzem Herzen, von innen, furchtlos und rein, wie früher als Kind. Denn es kommt der Tag – versprochen –, an dem du zu alt und zu schwach bist, um an deiner Fotowand auf und ab zu laufen. Aber deine Kinder, deine Enkel und Urenkel und deren Kinder und Kindeskinder werden für immer voller Neugier und Liebe jedes einzelne Bild deiner Fotowand ganz genau anschauen. Sorg dafür, dass jedes einzelne Bild, jeder Tag dich und alle um dich herum wirklich froh und richtig stolz macht.

Wie jede Fotowand endet auch deine irgendwann. Nimm dir jetzt, da du noch Zeit hast, um Einfluss zu nehmen, Zeit und Fantasie und verbinde dich mit deiner Endlichkeit, genauso wie du dich mit dem Kind in dir verbinden konntest. Schreib deinen eigenen Nachruf. Woran sollen sich die Menschen in deinem Leben erinnern, wenn sie an dich denken und von dir erzählen? Setz dich hin und schreib auf, wofür du gestanden hast, schreib auf, was dich ausgezeichnet hat, mach dir klar, was dich besonders gemacht hat und warum deine Mitmenschen dich so sehr vermissen werden. Was wirst du hinterlassen? Verbinde dich mit deiner Endlichkeit und finde es heraus!

*Wichtig? Immer wieder lesen und bearbeiten!*

*Kreiere dein bestes ICH!*

Menschen leben viel zu oft so, als ob die Zeit auf dieser Erde unendlich wäre. Alles wird verschoben: Morgen fange ich an, das neue Buch zu lesen, nächste Woche melde ich mich im Fitnessstudio an, nächstes Jahr fange ich an zu studieren, nächstes Jahr höre ich auf zu rauchen, ab Montag ist wieder Diät, aber jetzt ist gerade Wochenende! Menschen sind Meister im Verschieben. Aber wer weiß, wie viel Zeit du noch auf dieser Welt haben wirst? Wer weiß, ob nächste Woche vielleicht schon zu spät ist? Lebe in Minigewinnen, in Tagen, denen du volle Aufmerksamkeit schenkst und deren Potenzial du komplett für dich und dein Wachstum, für deine Entwicklung und dein größtes Glück ausnutzt! Auf dem Sterbebett bereuen alte Menschen meist nur ihr Versäumnisse (falls du immer noch keine SMS an deine Lieben geschrieben hast, schlag mal eben zurück zu den 1-Zentimer-Siegen). Wir verschieben auch immer wieder den Augenblick der Freude: »Wenn ich das dicke Auto habe, wenn die Sonne wieder scheint, wenn wieder Urlaub ist und wenn die Gehaltserhöhung kommt, dann bin ich glücklich!« Großer Fehler. Der einzige Moment, den du tatsächlich kontrollieren und ganz bewusst leben und erleben kannst, den du für dich und dein bestes Leben nutzen kannst, ist genau jetzt. Was vor fünf Sekunden war, ist vorbei, was in fünf Sekunden passieren wird, weißt du nicht, aber der Moment in dieser Sekunde gehört dir ganz allein und ist perfekt. Verbinde dich mit dem Kind in dir und den Jahren deiner Jugend und größten Abenteuerlust, reise gedanklich in die Zukunft und versteh die Wirkung deiner Endlichkeit, aber leb im Augenblick! Geh raus aus deinem Kopf und rein in dein Herz! Fühl das Leben in dieser Sekunde und freu dich am Geschenk dieses Augenblickes: Er gehört dir und du nutzt ihn, um zu wachsen – Gratulation! Und vielen, vielen Dank, dass du diesen wertvollen Augenblick mit mir teilst! Dein Fan Matthew!

## 3. LET'S TALK, ABER RICHTIG!
## WIE DU SCHWIERIGE GESPRÄCHE MEISTERST

Jede Interaktion deines Lebens wird immer auch irgendeine Art von Gespräch beinhalten. Vielleicht manchmal auch nonverbal über einen Blick, ein Gefühl oder ein Handzeichen, aber immer wirst du Informationen und Emotionen aussenden und eine Reaktion erwarten. So weit alles ganz straight, aber was ist, wenn es mal wieder schwierig wird? Was passiert, wenn ein Gespräch nicht so läuft, wie du es dir vorstellst? Du kennst den Moment genau, die Stimmung kippt, die Blicke trennen sich, es ist, als ob ganz plötzlich ein böses Gewitter über euren Köpfen aufzieht und richtig Alarm macht. Was ist da los und warum passiert das? Vor allem aber: Wie können wir hier schnellstmöglich wieder für Sonnenschein sorgen, ohne unserem Standpunkt untreu zu werden?

Fangen wir vorn an. Lass uns ein paar Vokabeln klären, sodass wir uns über die Beschreibungen im Klaren sind. In dem Moment, in dem dein Gespräch eklig wird, wird es meistens wirklich wichtig! Es geht jetzt nicht mehr um beliebigen Small Talk, jetzt geht es plötzlich um alles. Nennen wir das ganze Setting doch mal »krass«. Typische Themen in jedem krassen Gespräch: Beziehung (Liebe und/oder Freundschaft, Familie), Geld, Arbeitszeit und jede andere Art der bewertbaren und messbaren Variablen in einer Geschäftsbeziehung sowie jede Art von Kritik. Läuft dein Gespräch in eine dieser Richtungen, merkst du sofort: Jetzt wird's krass! Das größte Problem ist dann, dass die bisherige Lockerheit deines Gesprächs nicht mehr gegeben ist und eine »Spannung« entsteht. Diese Spannung entsteht, bildlich gesprochen, weil in dem Moment, in dem dein Gespräch krass wird, beide Parteien anfangen zu »ziehen«. Es geht jetzt nicht mehr darum, den Informationsfluss in ein gemeinsames »Meer« aus Wissen fließen zu lassen, sondern es geht um Richtig und Falsch, um Gewinner und Verlierer, um den Punktsieg um jeden Preis – gern auch unter Verwendung von Sarkasmus, Druck, hoher Lautstärke oder verneinender Stille. Der »moderne« Mensch – ein Neandertaler in Jeans und Sneakers – erinnert sich an seine Zeit im Kampf gegen das Mammut und stellt sich um von »unterhalten« auf »überleben«; es geht nur noch um Kampf oder Flucht.

Biologisch gesehen passiert Folgendes: Direkt aus den Nebennieren wird mächtig Adrenalin in den Körper gepumpt, um uns fit zu machen für den anstehenden Fight. Die dafür wichtigen Werkzeuge (Arme und Beine – ja, genau, fürs Treten und Schlagen) werden mit Blut versorgt und der ganze Körper wird angespannt (ich sagte doch: Die Situation ist voller Spannung!). Wir sind jetzt bereit, uns diesem krassen Gespräch zu stellen, zu kämpfen bis zum Tod (wie einst gegen das Mammut) oder zurück in unsere Höhle zu fliehen. Was gegen das Mammut immer super funktioniert hat und wichtig war, ist heute in unserem krassen Gespräch aber eher kontraproduktiv. Wir starten hier in einen meistens wirklich wichtigen Dialog (siehe oben: Familie, Geld, Freundschaft, Job etc.) und sind bereit, die Keule zu schwingen, obwohl wir vielmehr geistig und körperlich für ein intellektuelles und empathisches Feuerwerk der Rhetorik und wortgewandten Raffinessen am Start sein müssten, um so eine galante Win-win-Situation zu schaffen.

Folgendes ist also dein Gameplan, wenn es in Zukunft wieder mal schattig wird: Du bemerkst, dass ein Gewitter aufzieht; keine Frage, es wird jetzt gleich krass. Noch bevor du in Kampfstellung und Überlebensangst verfällst, stellst du dir ein paar Fragen, und zwar so komplexe, dass dein Blut im Gehirn gebraucht wird und nicht in der Waffenkammer. Du stellst dir jetzt vor allem Fragen, die sofort die Weichen für die Inhalte stellen, die du zu eurem »Meer« aus Informationen beitragen wirst, um saftigen und wirklich brauchbaren Stoff für tolle Dialoge und Kompromisse zu schaffen.

### DAS »D-U-M-U«-PRINZIP

Noch mal: In deinem nächsten krassen Gespräch gibt es keinen Gewinner und keinen Verlierer, es gibt nur eine Win-win-Situation. Deine Fragen könnten zum Beispiel lauten (ich nenne es übrigens das »D-U-M-U«-Prinzip):

# D

#### »WIE BLEIBEN WIR IM GESPRÄCH?«

**Wie könnest du dieses krasse Gespräch am besten durchziehen?**

Die Frage nach der Bereitschaft, dieses krasse Gespräch, komme, was wolle, durchzuziehen, schafft Vertrauen und echten Respekt. Hier treten sich zwei Parteien gegenüber, die gleich zu Beginn klarmachen: »Wir stehen hier nicht auf, bevor wir nicht beide happy sind!« Sätze wie »Es ist mir wirklich persönlich wichtig, dass wir mit gutem Gefühl und hoch motiviert hier rausgehen und eine Lösung finden, die uns beiden wirklich gut gefällt!« schaffen eine tolle Ausgangssituation – weiter geht's!

# U

#### »WAS WILL MEIN GEGENÜBER (WIRKLICH)?«

**Was ist die Ursache für seinen Standpunkt?**

Um herauszufinden, was dein Gegenüber genau möchte, frag doch einfach nach. »Um deinen Standpunkt bestmöglich nachzuvollziehen und mit wirklich relevanter Info weiterzusprechen, würde ich dich bitten, mir dabei zu helfen, deine Wünsche zu verstehen. Was willst du genau und warum?« Ein ehrliches Interesse an den Wünschen deines Gesprächspartners schafft die Basis für ein gutes, offenes Gespräch. Du bittest um Hilfe und öffnest dich dabei körperlich und emotional, bringst deinen Partner in eine starke Position und zeigt Empathie. Und jetzt hör genau zu, was dein Gegenüber dir erzählt, denn oft sind die Ursache und die angewandte Strategie völlig verschieden. Eine Meinungsverschiedenheit ist in der Ursache meistens viel einfacher zu beheben als in der Strategie, mit dieser Meinungsverschiedenheit umzugehen. Ein Beispiel?

Alles klar: Du bist Chef und lädst zum Firmenausflug ein. Einer deiner Vorstände sagt unerwartet ab und du bist enttäuscht. Die Kommunikation hört in den meisten Fällen hier schon auf. Wir haben einen klassischen Fall von nonverbaler Kommunikation, die mit einer heftigen emotionalen Wirkung endet. Ihr habt euch nicht einmal in die Augen geschaut, und trotzdem bist du enttäuscht, und dein Vorstand, der absagen musste, ist sicherlich auch nicht ganz unberührt. Als ehrlicher Chef und guter Kommunikator suchst du das offene Gespräch und versuchst herauszufinden, welche Ursache die Grundlage für die Strategie der Absage ist und ob man diese nicht trennen kann: »Hey, ich habe gehört, dass du den gemeinsamen Ausflug abgesagt hast. Du weißt, wie sehr ich dich mag und respektiere und wie sehr es mich gefreut hätte, dich dabeizuhaben. Ich möchte dir keinen Druck machen, aber bitte hilf mir doch zu verstehen, warum du absagen musstest.« Dein Gegenüber fühlt sich sicher und wohl in diesem Dialog und ein scheinbar krasses Gespräch (dein Gegenüber hätte davon ausgehen können, dass du sauer, enttäuscht und verletzt bist) fängt sehr locker an; es ist keine Spannung zu spüren. In diesem Setting kann sich dein Gegenüber öffnen und erzählt dir von einer Verabredung mit der Familie am Sonntag, dem zweiten Tag des Ausflugs. Es wird deutlich, wie wichtig ihm diese Verabredung ist, wobei die Firma natürlich eine klare Priorität für ihn als Vorstand hat. Wir haben jetzt hier einen klassischen Fall von Hin-und-her-gerissen-Sein und eine Ursache, die von der Strategie getrennt werden will. So weit, so gut!

# M

**»WIE KÖNNTE UNSER GEMEINSAMES ZIEL AUSSEHEN?«**

Haben wir eine gemeinsame Mission?

Sobald wir uns auf eine gemeinsame Mission einigen können, wird aus der gefährlichen Spannung eine gemeinsame Bewegung nach vorn. Wir verlagern jetzt die ganze Kraft der situativen Emotion in eine geteilte Überzeugung und Synergie.

Bleiben wir bei unserem Beispiel: »Ich finde es wirklich respektabel und toll, wie wichtig dir deine Familie ist und dass du die Verabredung mit deinen Liebsten am Sonntag nicht absagen willst. Dafür habe ich volles Verständnis und ich würde es genauso machen. Es ist mein Ziel, dich als Geschäftspartner, aber auch als Mensch zu unterstützen, und das möchte ich gern tun. Gleichzeitig würde ich gern unsere gemeinsame Mission und Überzeugung mit dir besprechen. Ist es richtig, dass wir uns beide Folgendes wünschen: ein gesundes und erfülltes Leben mit unseren Familien und eine erfolgreiche Zusammenarbeit in dieser Firma, die unsere Familien ernährt und ihnen und uns so viel ermöglicht?« Wir treffen uns so auf einem gemeinsamen Nenner, unserer Mission, nämlich der Überzeugung, Familienglück und Firma miteinander zu verbinden. Diese Synergie macht uns für einen Augenblick zu einer Person. Aus Spannung wird Leichtigkeit, aus Tauziehen wird ein gemeinsames Anschieben.

»WIE ERREICHEN WIR UNSER GEMEINSAMES ZIEL?«

Wie könnte die **U**msetzung aussehen?

»Wie erreichen wir unser gemeinsames Ziel?« – Wie könnte die (U)msetzung aussehen? In unserem Meer aus Informationen befindet sich jetzt Stoff für wirklich gute Lösungen. Die Umsetzung, die das Produkt unseres vermeintlich krassen Gesprächs werden wird, liegt förmlich auf der Hand. Ohne Druck ist die Lösung einfach entstanden, durch die richtigen Fragen, eine gesunde Grundstimmung und echte Synergie. Dein Gegenüber ist jetzt in der Lage, selbst das auszusprechen, was du dir vorstellst, ihr denkt jetzt auf einer Wellenlänge: »Vielen Dank für dieses nette Gespräch und dein Verständnis! Ich bin gern am Samstag, dem ersten Tag des Ausflugs, dabei. Den Sonntag werde ich dann mit der Familie verbringen, wenn das in Ordnung ist.« Eine lupenreine Win-win-Situation ist geschaffen worden, ganz ohne Spannung, Druck, Gewinner, Verlierer, Punkte, Keulen, Mammuts, Kämpfe oder sonst was.

Stell dich im nächsten krassen Gespräch gedanklich neben dein Gegenüber, nicht davor oder gar darüber. Ihr lauft einen Marathon zusammen, haltet euch gegenseitig im Rennen, ihr wollt zusammen ins Ziel. Jeder Sieg, vor allem ein Win-win, ist immer das Ergebnis einer Mannschaft, die zusammenspielt!

Dein Gehirn hat jetzt erst mal zu tun, und weil die Fragen Lust auf mehr machen, solltest du sie ins Gespräch einbringen.

Krasse Gespräche sind immer nur so produktiv wie ihre Protagonisten. Mach dir klar, dass ihr beide als Gewinner aus diesem krassen Gespräch gehen werdet und dass ihr nur zusammen diesen Sieg einfahren könnt. Nur als Team bringt ihr Sonne ins Gewitter, surft entspannt auf den Wellen eures Win-win-Meeres und zieht neue Energie aus der Synergie. Aus dem Kampf ums Überleben wird ein Kampf für das gemeinsame Ziel.

# 4. DER HALO-EFFEKT

Es gibt Menschen, bei denen sieht das Ansprechen anderer immer so einfach aus. Kennst du das? Die gehen irgendwo rein, boom! »Hey, na, und wer bist du? Ich bin auf jeden Fall cool!« Und du siehst es und spürst es – läuft. Ich denke mir dann immer: Wie machen die das?

Ich würde gerne mit dir über eine Theorie sprechen: die sogenannte Halo-Theorie. Kommt aus der Psychologie, aber keine Angst, wir machen das jetzt ganz easy. Halo ist das englische Wort für Heiligenschein, also das Teil, das wirklich gute Menschen über dem Kopf haben, und ich rede nicht von Snapback-Caps. Ich rede von einem richtigen Heiligenschein. Beim Halo-Effekt ist es aber so, dass nicht ein Heiligenschein, nicht ein Ring, sondern eine Zahl über deinem Kopf schwebt, eine Zahl von 1 bis 10. Und zwar bei jedem Menschen. 1 bedeutet: Interessiert mich überhaupt nicht. 10 bedeutet: Wow, egal wer das ist, ich muss diese Person kennenlernen! Hast du so jemanden schon mal gesehen? Kommt in den Raum, und sofort ist klar: Da geht was – die Luft brennt. Es gibt Leute, die nennen das Aura, andere nennen es Sexappeal, wieder andere sagen einfach: Der hat halt was! Und ich sage dir, ja, der hat was, und zwar eine 10 über dem Kopf. Interessant ist jetzt Folgendes: Möglicherweise war diese Zahl mal eine 3, aber durch Training, Weiterbildung und Arbeit am Selbstbewusstsein, an der Körpersprache und der Persönlichkeitsentwicklung wurde aus dieser Zahl irgendwann mal eine 10. Niemand wird mit einer 10 über dem Kopf geboren, das ist antrainiert wie ein Sixpack. Ganz klare Sache: im Winter ballern, damit im Sommer am Strand alles vernünftig aussieht.

Wir halten kurz fest: Egal was gerade über deinem Kopf steht: Du kannst daraus eine 10 machen, nicht nur vielleicht, sondern 100-prozentig.

### VIER GEDANKEN ZUR ERHÖHUNG DEINER PUNKTZAHL

Hier sind vier Gedanken, die die Zahl über deinem Kopf in den nächsten fünf Minuten um bis zu drei Punkte erhöhen können.

### 1. BLICKKONTAKT

Aber bitte nicht so ein kranker Robocop-Laserblick, sondern nett! Die Blicke treffen sich, registrieren: Okay, alles cool, alles nett, wir können uns jetzt näherkommen! Nichts anderes als beim Flirten. Ein souveräner Blick in die Augen zeigt Interesse, Offenheit, Respekt, ist echt, ist mutig und geht immer auch unter die Haut.

Wir verlieren das Gespür für unsere Visualität. Künstlich beleuchtete Bildschirme, Handy, Laptop, TV, alles passiert ca. 20 Zentimeter weit entfernt von unseren Augen – unsere Visualität bildet sich gezwungenermaßen zurück. Schau in die Ferne, schau in fremde Augen. Schau über deinen Horizont hinaus. Es gibt den Spruch: Die Augen sind das Fenster zur Seele! Sehr kraftvolles Tool, der tiefe Blick in die Augen, der weite Blick in die Ferne.

## 2. KÖRPERHALTUNG

*Mind-Body-Connection*

*Fake it until you make it!*

Stell dir vor, du bist eine Puppe mit Fäden an allen Gliedmaßen, wie von einem Puppenspieler. Faden am Kopf, an den Schultern, an den Ellbogen. Du stehst gerade, souverän, mit Haltung. Das ist nicht nur optisch ganz wichtig, sondern vor allem auch mental. Eine gebeugte Haltung bedeutet immer auch eine gebeugte Seele. Schon mal jemanden beobachtet, der sich wirklich freut? Der steht wie eine eins, voll Bock. Und diese Mechanik kannst du nutzen, um auch ohne Lottogewinn in eine ganz ähnliche Emotion zu gelangen, nur über die Haltung. Moderne Technik führt dazu, dass die menschliche Physiologie, die Haltung, die Körperlichkeit, immer mehr zusammenfällt. Wir hängen über dem Telefon, dem Laptop. Das ist in der Natur eine Haltung der Angst und der Unterwürfigkeit: Schultern hängen, Rücken gebeugt, Arme verschränkt. Unser Wesen ist körperlich geschlossen, zum Schutz. Diese Haltung beeinflusst über die Physiologie unsere Psychologie und schwächt uns von außen nach innen und umgekehrt – ein negativer Kreislauf. Steh gerade, spür die Fäden, fühl die Spannung! Und sofort fühlst du dich stark, gut und sicher.

## 3. DER FESTE HÄNDEDRUCK

Nenn mich altmodisch, aber ein fester Händedruck ist unglaublich wichtig. Schon mal jemanden kennengelernt, der dir so einen richtigen Waschlappen-Handschlag hingehalten hat? Einen, der noch tropft? Schrecklich! Leute, die Körper treffen sich zum ersten Mal. Was willst du denn da kommunizieren über deinen Händedruck? Na klar, Selbstsicherheit, Souveränität, Bock und Klarheit. Freude, aber auch Gelassenheit, Kraft, aber auch Schutz. Mit dieser Geste wird Frieden geschlossen, werden Kriege beendet und Milliardendeals abgeschlossen. Wenn ich mal eine Tochter habe, klare Sache: Der Händedruck des ersten Freundes wird ein absolutes K.-o.-Kriterium, entscheidet über Leben und Tod.

Ein guter Händedruck ist so entscheidend. Geradeaus, kurz, fest, gut. Nichts Verrücktes versuchen, nicht zu viel machen! Nicht diesen seitlichen Dreher. Kennst du den? Oh Mann, wie ein Kung-Fu-Kämpfer! Und bitte nicht den doppelten! Kennst du den doppelten? Den Moment während des Händedrucks, in dem die linke Hand auf die anderen beiden Hände aufgelegt wird, als ob der Papst dich begrüßt? Auf gar keinen Fall machen! Vorsicht auch bei einem zu coolen Händedruck: Die Nummer, bei der du so lässige »Fresh-Prince-of-Bel-Air-rechts-links-Kombinationen« machst – nein! Und bitte keine Waschlappen! Nicht dieses Locker-hinhalten-und-mal-schauen-was-passiert. Geradeaus, kurz, fest, gut – boom!

## 4. WORTWAHL

**Hab mindestens einen guten Satz ready** – immer! Und zwar für Intro und Outro. Es gibt nichts Schlimmeres, als irgendwo reinzugehen und nicht wirklich zu wissen, was du sagen willst! Klingt dann so ähnlich wie: »Tja, mein Name ist Matthew, ich bin hier, so wie du ja auch. Naja, schönes Wetter, oder?« Verkackt, Amigo! Zahl über dem Kopf: minus 20. Und dann fürs Outro: »Ja, gut, ich geh dann mal.« Oder noch schlimmer: der »Wegschleicher« – einfach wortlos und langsam wegbewegen. Geht gar nicht.

**Hab was parat, immer, und zwar mindestens zwei Sätze pro Situation!** Ist ja eh immer das Gleiche. Mich könntest du nachts aufwecken und boom: »Hey, mein Name ist Matthew Mockridge, freut mich sehr!« Dann kommt immer zurück: »Ah, freut mich auch, mein Name ist Peter Lustig!« Und jetzt muss der zweite Satz kommen, und zwar sofort, weil es sonst peinlich wird! Satz zwei: »Peter, freut mich wirklich, hast du eine Karte?« Ab heute immer nach der Karte fragen! Karten sind wie Geldscheine! Wir nehmen sie gern an, geben sie aber ungern weg. (Anderen Menschen die Karte ins Gesicht zu drücken, hat noch niemandem gefallen. Wir gehen bewusst etwa 10 Prozent unter unsere Grundenergie und sind ruhig, bescheiden und entspannt.)

**Kleiner Tipp: Angenommene Karte immer in die rechte Hosentasche, rausgeben immer aus der linken Hosentasche,** so geht nichts durcheinander. Dann eine nette offene Frage für Peter: »Was führt dich hierher?« Jetzt erzählt er irgendwas. Ich nenne das »Small-Talk-Fußball«, und ich sorge jetzt dafür, dass du Small-Talk-Fußballer des Jahres wirst! Du sagst: »Super, sehr schön, traumhaft, Peter, ich bin richtig neidisch (übrigens sagst du das nur, wenn du das wirklich glaubst, wir wollen hier keinen verarschen!).« Du lässt ihn also gewinnen! Intuitiv würdest du als Small-Talk-Fußballer des Jahres selbst gewinnen wollen – Übersteiger, Hakentrick, Winkeltreffer. Aber hier läuft das anders. Jungs, die selbst gewinnen wollen, erzählen davon, wie toll sie sind, was sie für Autos fahren, wie viel Kohle sie verdienen – Winkeltreffer halt. Interessiert die Parkuhr! **Mach Peter groß, lass ihn gewinnen, und er wird sich denken:** »Wow, was für ein toller Typ und was für ein nettes Gespräch!« Das ist dein Sieg! Peter mag dich, Gratulation! Die Saat ist gepflanzt, und jetzt ist es Zeit, zu gehen! Du erkennst den Moment sofort, wenn es komisch wird und die Nachspielzeit schon läuft. Jetzt nicht den »Wegschleicher«, sondern wie ein starker Mittelfeld-Spielmacher spielst du dir den Ball selbst in den Lauf: »Peter, ich mache mal eben kurz weiter meine Runden, aber es hat mich wirklich gefreut, dass wir uns kennengelernt haben. Gut, dass ich deine Karte habe (du denkst dir dabei: in meiner linken Tasche). Ich wünsche dir weiterhin einen traumhaften Abend!« Kurzer, fester, guter Händedruck und du bist raus! 1:0 für dich!

Der Trick: Inselhopping. Ein System, das ich für mich als Networking-Tool entwickelt habe, um auf Veranstaltungen möglichst effizient zu connecten. Bei NEON-SPLASH – Paint-Party® war ich unter anderem fürs Business Development zuständig (ein Wichtigtuerwort für Verkäufer). Ich musste Partner finden, Sponsoren, Lizenznehmer und Booker. Da stehe ich also auf den verschiedensten Events, in VIP-Bereichen und auf Galas, kenne keine Sau und denke mir immer wieder: »Ich kenne niemanden hier, wie soll ich hier connecten, ohne merkwürdig rüberzukommen, und wer zum Teufel ist dieser Typ (den es ja immer gibt), der jeden kennt und begrüßt?« Bis hierher eigentlich nur traurig, aber die wichtigste Beobachtung war der Typ, der scheinbar jeden kennt. Ich hab mir dann irgendwann mal wirklich Zeit genommen und beobachtet, wie die Interaktion dieses Typs mit den Menschen typischerweise aussieht, wie die Intervalle der Begrüßungen sind, die Gestik, die Haltung, die Reaktionen – und das in verschiedenen Städten und an entsprechend verschiedenen Versionen dieses Typs. Meistens gibt es bei ihm nur ein kurzes Winken oder Zunicken, einen Handschlag und wenige Worte. Nicht viel, aber für die Wahrnehmung des Umfelds sehr effektiv, alle denken, er kennt jeden. Ein Riesen-Aha-Moment für mich! Sein Status lebt vom sozialen Beweis: Alle denken, er kenne jeden, weil es so aussieht. Vielleicht kennt er sie ja auch, aber das ist für die Wirkung irrelevant. Es ist völlig egal, ob Mr. Connection die Leute wirklich kennt, der Schein genügt. Also habe ich mir ein System überlegt, mit dem ich genau diese Außenwirkung spiegeln kann, um denselben Effekt innerhalb eines Radius von fünf bis zehn Metern zu erzeugen – und zwar auf jeder Party, in jeder Stadt. So funktioniert's:

Gib einfach zehn Komplimente! Mach eine Runde auf dem Event, auf dem du dich befindest. Völlig egal ob Geburtstag, Hochzeit, Party, Kneipe, Konferenz usw. Gib während dieser Runde zehn fremden Menschen ein ernst gemeintes Kompliment und frag sie dann nach ihren Namen und stell dich selbst vor. Das kann klingen wie: »Wow, coole Sneakers. (Danke.) Ich heiße Matthew, freut mich, dich kennenzulernen. (Mich auch, ich heiße xy.) Alles klar, xy, wir sehen uns später, viel Spaß noch.« Nachdem du diese Nummer bei zehn verschiedenen Personen im Raum gemacht hast, hast du dir deine Inseln geschaffen. In der Theorie könntest du jetzt kaum noch durch den Raum gehen, ohne eine deiner Inseln anzutreffen, selbstverständlich mit großer Freude über das Wiedersehen, Handschlag, Klopfer auf die Schulter und »Hey xy, hast du Spaß?«. Weil du jetzt eine Basis geschaffen hast, bewegst du dich sicher durch die Menschen, du hast Ankerpunkte, du hast Ziele und Gründe, dich zu bewegen. Du bist bekannt und kennst jetzt mindestens zehn Leute (meistens werden daraus dann eher 30 bis 40), du interagierst authentisch und locker. Das Wichtigste: Alle anderen schauen dir dabei zu (genau so, wie du bis jetzt immer diesem Typ zugesehen hast und dich gefragt hast, wie das funktioniert) und wollen dich auch gern (Trommelwirbel!) kennenlernen! Du hast jetzt aus dem Nichts und in weniger als zehn Minuten eine Sogwirkung erzeugt und das generelle Interesse der Menschen auf diesem Event auf deine Person gezogen. Jetzt kannst du dich, wenn du willst, (in ähnlicher Manier) bei jedem im Laden vorstellen, ohne dass es merkwürdig wirkt (weil du ja nun mal so viele Leute hier kennst), und kannst dich ohne Probleme mit jedem connecten.

Ich habe diese Kiste mal auf einer Abendveranstaltung zur Elektro-Musik-Messe ADE in Amsterdam so exzessiv durchgezogen, dass ich am Ende beim Rausgehen ungefähr 50 Leute (die ich vorher nicht kannte) mit High-fives und Umarmungen verabschiedet habe – ich war mit einem potenziellen Partner dort, der natürlich jetzt Bock auf eine Zusammenarbeit hatte, weil ihm die ganze Bande bei seiner Entscheidungsfindung geholfen hat. Es geht darum, die Energie im Raum zu nutzen. Menschen denken in Eventsettings alle immer dasselbe: »Hoffentlich denkt nicht jeder, dass ich hier irgendwie verloren aussehe!« Auf so jemanden zuzugehen mit einem Kompliment, einem Lächeln und einem Handschlag ist ein Win-win, funktioniert immer und baut dir deine Inseln für die Nacht deines Lebens!

Falls du das hilfreich fandst, hier ein Blick in meine Networking-Trickkiste:

Kurzer Disclaimer: Ich bin ein Fan von guten Gesprächen, von Tiefe und von ernst gemeintem Interesse. Gleichzeitig finde ich mich immer wieder in Situationen wieder, in denen es schwer ist, ein »echtes« Gespräch zu führen (Networking-Events, Messen, Konferenzen, Seminare, Fitnessstudio, Supermarkt usw.). Die Atmosphäre schafft immer wieder eine Bühne für den kurzen Schlagabtausch: Intro, Shakehands, ein paar Sätze und du oder dein Gesprächspartner muss weiter. Für genau diese Bühne, für diese kurze Sprechrolle, soll dieses Mini-Drehbuch dir eine Hilfe sein. Unser Ziel: ein souveräner, bleibender, guter Eindruck. No fluff, nicht pushy, ehrlich und kontrolliert. Ganz wichtig: Auch wenn es um Small Talk geht, ist unser Ziel eine langfristige Verbindung. Echte Nettigkeit, ehrliches Interesse. Keine Transaktion, sondern ein Austausch.

Um die Big Points deines Auftritts möglichst strukturiert anzugehen und im Einzelnen zu optimieren, bilden wir deine Mikro-Interaktion in drei Akten ab: Setting, Auftritt, Abgang. Wie in einem Film.

### SETTING

Das Setting bestimmt die Show und steht daher immer vor dem eigentlichen Auftritt. Wie sind die Vibes im Publikum, welche Energie liegt in der Luft? Wen würdest du gern kennenlernen, wie busy sind diese Personen? Spür die Energien deines Umfelds, um zu begreifen, mit welcher Intensität und mit welcher Haltung du dem Publikum gegenübertreten wirst! Löse dich für einen Augenblick aus dem Grundrauschen, lass deinen Blick über die Menschen gleiten, werde sensibel für deinen besten Einsatzmoment! Versetz dich leicht unter das Energielevel des Raums, immer ein paar Prozentpunkte unter der Norm, nicht langsam, nicht untertourig, aber etwas gelassener als der Durchschnitt! Deine Entspannung gibt deinem Gegenüber Ruhe. Wie gut lief das letzte Gespräch, bei dem irgendein nervöser Energy-Drink- oder Kokain-Junkie dir einen Pitch in den Kopf gebohrt hat, der sich angehört hat wie ein Double-Time-Track von Kollegah. Du gleichst dich nicht dem Raum an, sondern bist etwas ruhiger, etwas lockerer, etwas klarer, etwas cooler. Der perfekte State of Mind, bevor du rausgehst.

Guter Tipp für das Setting: ein kleines Warm-up. Ein paar Sätze zum Warmwerden, zum Einsprechen. Weil du nach jedem guten Small Talk etwas selbst-

# SETTING
# AUFTRITT
# ABGANG

bewusster wirst und dich in deinem Setting immer sicherer fühlst, ist ein kleines Aufwärmprogramm immer eine gute Idee. Führ ein paar gute, kurze Minidialoge mit Personen, die kein besonderes Intro brauchen und die dich nicht nervös machen (Barpersonal, Einlasspersonal, Promo-Girls etc.)! Mach ein paar Komplimente, stell Fragen und werde warm! Komm in deinen Flow! Fühl dich wohl im Setting!

## ALKOHOL

Wenn Alkohol dazugehört (vor allem auf den Afterpartys und Meet-ups), dann trink auf jeden Fall immer ein stilles Wasser zwischen den Drinks. Als Faustregel gilt: immer ein Wasser für jeden Drink. Am besten Shots vermeiden wegen der hohen Alkoholkonzentration und klaren Alkohol immer dunklem Alkohol vorziehen aufgrund der vielen Begleitstoffe wie Aceton und Acetaldehyd. Zwischendurch Zitronen oder Limetten an der Bar bestellen und ins Wasser drücken. Die Fructose hilft dabei, die einzelnen Bestandteile zu metabolisieren, und beugt so einem Kater vor.

## PROSPECTING

Wir sind immer noch beim Setting: Du solltest verstehen, mit wem du gern ins Gespräch kommen möchtest. Im Vorfeld Partnerschaften, Verbindungen und Gesichter zu studieren, hilft dir dabei auch in einem ganz neuen Setting (fremde Branche, erster Besuch einer Messe usw.), den Überblick zu behalten und die Verbindungen zu verstehen. Je mehr Fixpunkte du hast, desto kürzer sind die Linien, die deine Fixpunkte verbinden und dein Netzwerk verdichten. Wichtig: Alle wollen mit den Big Boys quatschen, also finde einen alternativen Entrypoint. Der 200. Pitch am Tag ist immer nervig, egal wie toll deine Idee ist. Du musst einen weniger frequentierten, weniger »bewachten« Entrypoint identifizieren. Spezialeinheiten kommen meistens durch Fenster, das Dach oder andere »Hintertüren« und nicht durch die Haustür.

### DREI »UNDER THE RADAR«-ENTRYPOINTS:

**Was liest dein Big Boy?**

Welche Bücher, Blogs, Autoren liest deine Zielperson (lies Interviews und hör deren Podcasts, um das herauszufinden)? Bau eine Verbindung zu dieser Person auf und du landest im besten Fall nicht nur unter den Augen deiner Zielperson, sondern gewinnst dabei noch Glaubwürdigkeit und Social Proof, weil eine Person über dich spricht oder schreibt, deren Vertrauen bereits erwiesen ist. Lass andere den Pitch machen.

#### Wer ist in der Entourage?

Bei Konferenzen, Messen oder Seminaren steht hinter oder im Fünf-Meter-Radius deiner Zielperson immer die Entourage: Klemmbrett-Frauen, PR-Mitarbeiter, Manager, Buddys, Co-Founder, Partner. Die Entourage freut sich immer über nette Gespräche, weil sich dann für einen Augenblick die Aufmerksamkeit auch auf sie richtet – menschlich. Ganz wichtig: Wir nutzen hier niemanden aus und bauen keine Stepping-Stones, sondern stellen nette, ehrliche, emotionale Verbindungen her. Interessiert sein, nicht interessant sein, ist das Motto. Wenn du interessiert und authentisch bist, dann ist der Weg in die Entourage nicht schwer. Wenn du in der Entourage bist, dann sind deine Wege zur Zielperson wesentlich kürzer.

#### Wer ist der nächste Big Boy:

Anders als dem aktuellen Hot Shot hinterherzulaufen wie alle anderen auch, könntest du auch einfach deinen Input auf die Zukunft projizieren. Finde heraus, wer gerade das nächste große Ding dreht, wessen Buch kurz vor der Veröffentlichung steht! Die Personen, die heute gefragt sind, waren gestern noch Insider-Tipps. Finde diese Menschen und bau ehrliche, authentische Win-win-Beziehungen mit ihnen auf! Ganz wichtig: Sei nett zu jedem, denn jeder könnte (inklusive dir selbst) der nächste Branchen-Superstar sein! Nettigkeit verspricht immer Langfristigkeit, und wir errichten hier die Fundamente für lebenslange, echte Connections, nicht für irgendeinen eigennützigen Business-One-Night-Stand. Wenn du wissen willst, wie deine Zukunft aussieht, schau dir heute deine Entscheidungen an! Mach also heute etwas, wofür dein zukünftiges Ich dir dankbar sein wird. Und wenn du wissen willst, wie deine Mitmenschen dich behandeln, dann schau dir an, wie du sie behandelst: Karma!

#### DEIN AUFTRITT

Wenn du jemanden siehst, den du kennenlernen möchtest, denk nicht lang darüber nach, ihn anzusprechen! Dreh die Situation einfach mal um: Jeder freut sich, nett angesprochen zu werden, das ist menschlich. Frag dich: Wie würde ich gern angesprochen werden? Und dann mach genau das! Dein Tempo und dein eigener starker Wille helfen dir über jede Startschwierigkeit hinweg. Erlaub dir nicht länger als drei Sekunden über eine Ansprache nachzudenken: Du gehst sofort los! Nutz den Neurotransmitter Dopamin, der im präfrontalen Cortex des Gehirns ausgeschüttet wird, zur Überwindung! Dieses kurze »High« trägt dich von einem Intro zum nächsten.

Wenn du noch unsicher bist, frag dich: Was würde ich tun, wenn ich der Held in einem Actionfilm wäre und ein ganzer Kinosaal voller Menschen jetzt zusähe? Diese Perspektive öffnet deine Fantasie und Vision für große Moves und starke

Auftritte. Sieh dich wie in einem Third-Person-Shooter-Videospiel die Mission meistern – dein Networking-GTA geht in die nächste Mission. Das funktioniert, weil Menschen in Drucksituationen sehr visuell geprägt sind: Turner und Turmspringer zum Beispiel stellen sich ihre Figuren und Rotationen immer ganz genau vor, bevor sie die Übungen machen. Alles, was du sehen kannst, wird Realität!

### EIN PAAR HACKS FÜR DEN ICEBREAKER

Der erste Satz ist in deiner Wahrnehmung immer der schwerste, deshalb mach ihn dir besonders einfach: keine langen Intros, keine auswendig gelernten Elevator Pitches, die keine Sau hören will, sondern ein kurzes Kompliment, mehr nicht. Und nichts, was dich merkwürdig wirken lässt, sondern einfach und klar und immer mit einem lockeren Lächeln: »Cooles Shirt!« »Ich mag deinen Hut!« »Guter Vortrag!« (Falls die Person auf der Konferenz gesprochen hat o. Ä.)

Aussagen, die einander verbinden, funktionieren ebenfalls gut. Emotionale Verbundenheit schafft immer eine gute Basis für ein Gespräch. »Heiß hier!« »Kompliziert mit den Parkplätzen.« »Die Hähnchen-Spieße sind der Hammer, oder?« Sobald eine emotionale Verbindung da ist, kommt das Follow-up mit einer Frage, die die Person im besten Fall heute nicht schon 200-mal vorher gehört hat. Fragen wie »Was machst du so?« stehen auf der Blacklist und gehen auf gar keinen Fall! Starke Fragen beschäftigen sich mit der Person und nicht mit dem potenziellen Nutzen dieser Person. Eine Frage wie »Woher kommst du?« ist super und schafft meistens eine solide Gesprächsgrundlage, vor allem wenn du gleich noch nachfasst: »Ah, aus Berlin, okay. Auch dort geboren? Nein? Was bringt dich von Köln nach Berlin?« Und schon sprichst du über Beruf, Background, Story und Hintergründe, und dein Gespräch hat das Potenzial, wirklich emotional wertvoll zu werden. Nur ein Gespräch, das emotional wertvoll ist, kann auch geschäftlich wertvoll werden. Warum? Weil Geschäfte zwischen Menschen gemacht werden und niemand mit einem Arschloch zusammenarbeiten will. Eines unserer Company-Prinzipien lautet: We don't work with assholes! Es ist, wie es ist! Und damit sind wir wieder beim Basispunkt: Sei nett zu jedem!

Icebreaker im One-on-one-Setting sind immer klarer gesetzt, als wenn du auf eine Gruppe zugehst. Ich halte mich mittlerweile an folgende Strategie und habe auch mit diesem Ansatz die meisten Erfolge verzeichnet: Zweiergruppen: lieber nicht reingehen. Dreiergruppe ist okay, solange du einen bescheidenen Auftritt hinlegst. Stark sind immer solche Intros, die sofort klarstellen, dass du eine weiße Flagge trägst und nichts Böses willst (nichts verkaufen, niemanden pitchen, keine Kontakte abgreifen). Das funktioniert besonders gut, wenn du bezüglich deiner Kompetenz für einen Augenblick unterperformst. Etwa so: »Hey, entschuldigt bitte, wenn ich kurz störe. Ich bin zum ersten Mal hier, kenne niemanden und wollte fragen, ob ich eben bei euch reinhören darf, ich geb auch gern ein paar Drinks aus!« Das sollte meistens kein Problem sein. Und irgendwann wird Folgendes passieren: Jemand aus der Gruppe fragt, was du machst. Jetzt kommt eine ultrakurze Version des Teils deiner Story, der am griffigsten ist. Das bedeutet: der Teil der Story, auf den der andere wirklich Bock haben könnte, weil es eine Schnittmenge zwischen euch gibt. Über welche Themen schreibst du, woran arbeitest du gerade, was ist deine Expertise? Sobald es jemanden gibt, der hellhörig wird und genauer nachfragt, gib noch ein paar Key-Facts, validiere sein Interesse und eure Schnittmenge, und dann tauscht Kontakte aus, um in Ruhe mal darüber zu sprechen, wenn die Konferenz vorbei ist.

**FÜNF SMALL-TALK-BIG-POINTS:**

# 1. LÄCHELN

Geh mit einem Lächeln auf deine Zielperson zu und schau ihr locker in die Augen, das entkrampft jede Situation und zeigt, dass du »in Frieden« kommst. Ein offenes Lächeln funktioniert immer dann, wenn du wirklich lachst. Stell dir etwas Lustiges vor und lach kurz in dich hinein: Sofort ist dein Lächeln authentisch und überträgt sich optimal auf dein Gegenüber. Richard Branson nutzt diese Strategie immer und lächelt in Gesprächen und Interviews durchgehend.

# 2. INTRO

Keine holprigen Schachtelsätze, kein Namedropping, keine Laberei. »Hey, du bist mir eben aufgefallen und ich würde mich gern vorstellen, mein Name ist ...« – mehr brauchst du nicht und mehr würdest du auch nicht hören wollen, wenn sich jemand bei dir vorstellt. Niemand will hören, was du alles kannst und wen du alles kennst. Wenn du sichergehen willst, dass der erste Eindruck sitzt, mach ein nettes Kompliment (»Gute Rede!«, »Schöne Schuhe!« etc.). Komplimente sind weltweit anerkanntes Small-Talk-Gleitgel!

### 3. HANDSHAKE

**Kurz, fest und gut.** Kein Handauflegen wie beim Papst, keine Drehung wie bei einem Kung-Fu-Griff, keine Waschlappen und bitte keine schlechte Rechts-links-Faust-Kombi, die eh nicht funktioniert. Kurz, fest, gut!

### 4. WERTE SCHAFFEN

Du hast etwas zu geben, immer. **Zu keiner Party kommt man ohne Gastgeschenk!** Du willst helfen, du kannst unterstützen, supporten und connecten. Du hast dir Gedanken gemacht: »Du, ich habe mir deine XYZ angeschaut, und mir ist aufgefallen, dass ich jemanden kenne, der dir auf jeden Fall dabei helfen könnte, das Ganze noch besser abzubilden!« **Erst geben, dann nehmen –** wenn überhaupt. Deine Zeit wird kommen!

### 5. CONNECT

»Ich freue mich, dass wir uns gefunden haben. Lass uns gern mal connecten!« Die Visitenkarte ist zu schwach. Du lässt dir die Nummer geben und rufst sofort an, sodass dein Kontakt vor deinen Augen eingespeichert wird. Somit weißt du, dass dein Name angezeigt wird, wenn du dich meldest, und die Schallmauer des ersten Anrufs ist auch schon durchbrochen. Wenn dein Gesprächspartner keine Karten mehr hat (oder behauptet, keine mehr zu haben), seine Nummer nicht herausgeben möchte oder sonst irgendwie wichtigtuerisch unterwegs ist, dann frag nach der Person in seinem Team, der du schreiben kannst. Somit kommst du auch abseits des Events zumindest in die Peripherie deines Kontaktes.

### ABGANG

»Irgendwie schon spät geworden, ich glaube, ich bin mal weg!« Nein, bist du nicht: Du bist am Arsch! Keine peinlichen Verabschiedungen für deinen Abgang, die deine Vorarbeit ruinieren. Locker, nett und ehrlich: »Ich mache jetzt hier noch eine Runde, bist du später noch da? Hat mich wirklich gefreut, dich kennenzulernen. Schönen Abend noch und bis bald!«

## DAS FOLLOW-UP

Dein Follow-up sollte frühestens 14 Tage nach eurem Treffen stattfinden. Speicher dir am besten dazu eine Erinnerung für den Tag im Handy ein (mit ein bis zwei Punkten aus dem Gespräch, auf das du dich beziehen wirst). Nach 14 Tagen sollten sich die Wellen der Messe gelegt haben. Am besten verschickst du deine Mail an einem Dienstagnachmittag, gegen 15 Uhr. Damit ist sichergestellt, dass die Mails vom Wochenende bearbeitet sind und auch die Mails vom Vormittag durch sein müssten. Die Inbox sollte sauber und die Stimmung neutral sein. Hier kann dein Follow-up die höchste Öffnungsrate und den meisten Impact erzeugen. Ein guter Betreff ist immer »Unser Gespräch«, sodass klar ist, dass ihr euch auch schon face-to-face kennt, falls dein Name dem Gegenüber nicht mehr präsent sein sollte.

Small Talk muss Spaß machen. Go out and have fun und vergiss nie: Jeder freut sich darüber, nett angesprochen zu werden! Okay, ich weiß ganz genau, dass es jetzt Jungs geben wird, die sich denken: Alter, Matthew, wie ist das mit den Mädels? Funktioniert das genauso? Du hast ein Buch zu Business und Life in den Händen, also gebe ich zu, dass man argumentieren könnte, dass ich dir zumindest ein paar Zeilen zum Thema Dating schuldig bin. Aber hey, vielleicht entsteht ja was ganz Tolles, who knows – viel Erfolg und have fun!

## DATING

(Ich lächle breit, während ich dieses Wort in mein Business-Buch schreibe.) Kurzer Disclaimer: Ich sehe das hier nicht als Pick-up-Kram oder so, sondern als Denkanstoß für optimiertes Kennenlernen anderer Menschen, also als Produktivitäts-Shortcut für soziale Kontakte. Was du daraus machst, ist dein Ding. Viele dieser Gedankengänge stammen übrigens nicht von einem schleimigen Dating-Coach, sondern vom Computer-Hacker Samy Kamkar, der neben anderen Kuriositäten vor allem für den MySpace-Virus »Samy« verantwortlich war. Dieser hatte sich schneller verbreitet als jemals ein anderer Virus zuvor. Außerdem gründete Samy mit 17 Jahren das Start-up Fonality, das mit 46 Millionen US-Dollar finanziert wurde. Geiler Typ, google ihn!

Sieh dich als Produkt im Markt! Wie würdest du das Thema angehen, wenn du ein Produkt vermarkten würdest? Es gibt zig Bücher zu dem Thema und im Zeitalter von Online-Dating und verkürzten Kommunikationswegen ist hier viel zu optimieren:

Wenn wir davon ausgehen, dass du online versuchst, Menschen kennenzulernen (ich würde immer dazu raten, einfach – old school – Menschen auf der Straße anzusprechen), dann geht im ersten Schritt alles über das Bild, genau wie bei Produkten. Nimm deine drei Lieblingsfotos, schreib mit jedem Foto zehn Menschen an und notier die Conversion-Rate (die Anzahl der Rückmeldungen). So kannst du verstehen, welches Foto (ungeachtet deiner persönlichen Präferenzen) am besten angenommen wird im Markt.

### TESTE DEINE »VERKAUFSTEXTE«

Welche SMS-Texte, E-Mail-Betreffzeilen und Chat-Mechanismen ergeben deine gewünschten Ergebnisse? Schreib auf, was funktioniert und was nicht, und konzeptionier den optimierten »Verkaufstext«. Das klingt sicherlich komisch, aber Werbetexter ist ein hoch bezahlter, echter Beruf. Die Annahme, man könnte mit alltäglichem Blabla à la »Hey, na wie geht's …?« etwas »verkaufen«, ist völlig verrückt. Dreh das Szenario doch mal um: Stell dir vor, du bist ein attraktiver Mensch und bekommst ständig solche Anfragen. Würdest du anrufen? Würdest du »kaufen«? No way! Also, änder deinen Ansatz! Erzähl von dir, frag nach spannenden Dingen, die positive Emotionen hervorrufen. »Was war das interessanteste Ergebnis dieser Woche für Dich?« Geile Frage! Wenn du das gefragt wirst, musst du nachdenken, über schöne Dinge, du fühlst dich gut und jemand interessiert sich für das, was du fühlst. Nachrichten mit unkonventionellen Betreffzeilen wie »F* you!« werden immer geöffnet (ich bin kein Fan von Beleidigungen, aber ein großer Fan von guten Ergebnissen). Dann gegenarbeiten: »Das tut mir leid, natürlich wollte ich dich nicht beleidigen, ich wollte nur sichergehen, dass ich deine Aufmerksamkeit kurz bekomme, weil ich dich interessant finde und du sonst sicher nur von Jungs/Mädels angeschrieben wirst, die dich fragen: ›Hey, na wie geht's …?‹«

### VERKNAPPUNG

»Nur noch fünf Plätze verfügbar.« Schon mal gesehen? Bei der Flugbuchung zum Beispiel. Und, was ist das Ergebnis? Panik und Kaufdruck. Ein Satz im Telefonat, Chat oder via SMS (zum Höhepunkt eines Gesprächs) wie »Sorry, ich muss los, aber vielleicht treffen wir uns mal zum Kaffee?« ist stark, selbstsicher und verknappt das Angebot im Augenblick.

Übrigens: Kaffee ist immer besser als ein Abendessen, klingt weniger komisch und verbindlich, ist schneller und günstiger – wer weiß, ob du wirklich deinen Seelenverwandten triffst? Wenn ja, wird das Dinner folgen, wenn nicht, bist du schneller raus aus dem Starbucks und hast nicht zu viel Zeit und Geld in deine »Marktanalyse« investiert. Enjoy!

Ach ja: Immer ehrlich sein und deine Taktiken und Ideen schon beim ersten Kaffee offenlegen. Damit hast du einen witzigen Gesprächsstoff und du fühlst dich nicht wie irgendein komischer Pick-up-Hacker.

## 5. WAS VERSTEHT UNSER TEAM UNTER EXZELLENZ?

Wir sind am Start, alle haben Bock und wollen fantastische Arbeit abliefern, aber was bedeutet das überhaupt? Es ist essenziell, diese Definition, das heißt, die Erwartungshaltung an die Ergebnisse des Teams klar zu kommunizieren und sich gemeinsam über deren Bedeutung bewusst zu sein. Wenn Teams im Hinblick auf ihre Prinzipien und Mission nicht im selben Boot sitzen, ist das Gift für die Produktivität. In dem Moment, in dem nicht jeder im Team deutlich versteht, was das Ziel ist, an welchen Kriterien das Ergebnis gemessen wird und welchem Qualitätsstandard dieses Ergebnis genügen soll, infizieren Angst, Unsicherheit und schlecht zugemessene Ressourcen (Zeit/Geld) jede Arbeitsgruppe. Die Angst vor dem Auseinanderklaffen von Erwartung und Ergebnis resultiert im Team immer in zu wenig oder extra viel Gas und macht es unmöglich, eine prozessoptimierende »Mitte« zu erreichen. Um Klarheit zu schaffen und den Rahmen zu setzen, ist es wichtig für jeden Leader, das Ziel zu kommunizieren, klar auszumalen, wie es aussehen wird, wenn das Projekt fertig ist, und welche Bedingungen erfüllt sein müssen, um von einem »exzellenten« Ergebnis sprechen zu können.

*Perfektion vs. Exzellenz*

Hier ist es ganz wichtig, zwischen Exzellenz und Perfektion zu unterscheiden! Es gibt niemanden, der perfekt ist oder perfekte Arbeit produzieren kann. Der Anspruch an perfekte Ergebnisse behindert Lernprozesse und jeden Fortschritt! Die Besten der Besten interessieren sich nicht für Perfektion, sie wollen Exzellenz erarbeiten! Sie verlangen sich selbst einen hohen Standard ab, keinesfalls perfekt, aber immer außerhalb des Status quo und immer höher, als jeder andere erwarten würde. Der Muskel ist immer angespannt.

Menschen brauchen Bilder. Wie sieht ein Mensch aus, den du respektierst? Was begeistert dich an dieser Person und warum? Wie sieht Exzellenz in ihrem Leben genau aus? Versteh das genau, denn mit dieser Klarheit kannst du bessere Entscheidungen treffen. Entscheidungen für dich und dein ganz eigenes Bild von Exzellenz und bessere Entscheidungen führen zu besseren Ergebnissen. Wie würde dein Leben aussehen, wenn du dir wirklich diesen Standard auferlegen würdest? Wo wärst du persönlich und professionell und wie würdest du dich fühlen? Wenn du wirklich persönlich wächst, fühlst du dich gut. Du verschwendest deine Talente nicht. Das Team existiert auf höchstem Niveau. Du lebst das Leben, das du verdienst und dir selbst schuldig bist. Respekt und Energie folgen deiner besten Arbeit und echter Exzellenz, in dir und in deinem Team! Ein klares Bild schafft eine klare Perspektive, und klare Perspektiven ebnen auch die unwegsamsten Pfade.

## HIER SIND EINIGE IDEEN FÜR GROSSE PERSPEKTIVEN:

- Haben wir ein qualitativ hochwertiges Produkt (gemessen am Marktstandard) produziert, welches das Problem unserer Kunden löst? Sind wir alle im Team stolz darauf, hinter diesem Produkt zu stehen? Kann ich für dieses Produkt unterschreiben und es weiterempfehlen, mit meinem Namen und voller Ernsthaftigkeit?
- Haben wir einen qualitativ hochwertigen (gemessen an unseren Werten) zwischenmenschlichen Prozess verfolgt, während wir dieses Produkt produziert haben? Es geht nicht nur um die Qualität des Ergebnisses, nicht nur um das Ziel, sondern auch um den Weg und die Personen, die wir auf diesem Weg geworden sind. Ist unser Team an diesem Produkt gewachsen? Haben wir alle Menschen geehrt, die an diesem Prozess beteiligt waren?
- Haben wir unsere Mission respektiert? Ein hochwertiges Produkt und ein solider Prozess sind wertlos, wenn das Ergebnis die Werte, Prinzipien und das »Warum« deines Teams nicht untermauert. Das Fundament des Teams, die Struktur, die jede Firma existieren lässt, ist aufgebaut auf einem Glauben, einer Überzeugung und einer ganz bestimmten Vorstellung, die alle im Unternehmen teilen. Jedes Produkt, das deinen Laden verlässt, muss mit dieser Überzeugung übereinstimmen, um »exzellent« zu sein.

Stell dir diese drei Fragen, wenn dein Team ein neues Projekt startet! Durchleuchte das Ergebnis mit diesem 3-Step-Prozess für die Bemessung wahrer Exzellenz und bezieh dein Team immer auch mit in die Feedback-Runde ein!

Zusammen entscheidet ihr, was gute Arbeit für euch bedeutet, sodass jeder Einzelne genau weiß, was er tun muss, um effektiv, produktiv und langfristig erfüllend seinen Teil zum Team beizutragen.

Ich gehe zu diesem Zeitpunkt davon aus, dass die Werte und Prinzipien im Team stehen und belastbar sind. Falls nicht, geh drei Schritte zurück, setz dich mit deinem Team hin und erarbeitet gemeinsam die nachfolgenden fünf Fragen. Das Resultat wird aufgeschrieben und für alle sichtbar an einem speziellen Ort im Büro angebracht.

- Was sind unsere Werte und wofür stehen wir als Team?
- Warum machen wir jeden Tag gemeinsam unsere Arbeit?
- Wie gehen wir miteinander um?
- Was ist unser gemeinsames Ziel?
- Wie können wir unsere Kraft als Team auch neben der Arbeit nutzen?

Diese Grundwerte sind der Fels in der Brandung. Egal was passiert, hier kannst du immer und zu jeder Zeit nachlesen, worum es wirklich geht und worauf du dich berufen kannst, in guten und in schweren Zeiten. Diese Grundwerte sind dein Kompass: So werden du und dein Team niemals verloren gehen. Jetzt geht es nur noch darum, als Team wirklich atemberaubende Arbeit zu leisten und genau zu wissen, was das bedeutet. Alles, was dein Team jeden Tag unternimmt, sollte mit euren Werten und eurem Verständnis von Exzellenz übereinstimmen und alle erfüllen.

# 6. FLIEGEN, OHNE ABZUHEBEN

Jeder reflektierte Leader stellt sich immer wieder die gleiche Frage: »Wirke ich gerade arrogant?« Eine berechtigte Frage für jeden, der vorn steht, der anderen den Weg zeigt, der sagt, wo es langgeht. Wie wirst du zum stillen Leader, dessen Erfolg aber überall hörbar ist? Wie bist du gut sichtbar, aber ohne Scheinwerferlicht? Konzentrier dich nicht auf die Schönheit der Blüten, sondern auf die Wurzeln, die die Blüten versorgen! Hier sind ein paar praktische Möglichkeiten, wie du Menschen führen kannst, ohne dich aufzuführen.

# DEIN TEAM IST DEINE KATHEDRALE!

## EHRLICHKEIT UND AUTHENTIZITÄT

Wenn du du selbst bist, läufst du niemals Gefahr, arrogant zu wirken. Arroganz entsteht durch eine künstliche Fassade, die du unter Druck und aufgrund von wenig Reflexion aufsetzt: eine Rolle, die du spielst, ein Instrument, das du nutzt, um bestimmte Elemente deines Selbst und deiner Fähigkeiten und Erfolge zu erweitern. Dieser Prozess ist niemals natürlich und funktioniert nicht, wenn du deine Führungsprinzipien auf Ehrlichkeit und Authentizität aufbaust.

## SEI NAHBAR

Unnahbarkeit schafft Distanz, und Distanz wirkt immer arrogant und uncharmant. Leader, die nicht greifbar sind, suggerieren eine Klassengesellschaft und vergiften die Stimmung im Team. Solange du greifbar bleibst, offen bist, hilfst und verständnisvoll agierst, bleibst du auf emotionaler Augenhöhe mit deiner Mannschaft. Solange man deine Wärme spüren kann, bist du bei den Menschen. Tipp: Schau anderen in die Augen, sei erreichbar, berühr dein Gegenüber (zum Beispiel an der Schulter) und versuch stets, die Perspektiven zu verstehen und zu respektieren.

## SPRICH ÜBER DAS GUTE

Ineffektive Leader sehen sich leider immer als Feuerwehrmann. Wenn es brennt, kommen sie zum Löschen. Wenn etwas falsch läuft, schmeißen sie die Sirenen an. Viel interessanter ist der Leader, der auch da ist, wenn nichts brennt, der applaudiert, wenn die Dinge gut laufen. Erinnere dein Team an die Schönheit der Sonnenstrahlen, feiert das Gute und freut euch über die kleinen Siege. In einer punitiven (bestrafenden) Kultur gibt es nur »normal« und »Shitstorm«: Finde die Mitte und sei ein Leader, der gegenüber seinem Team offen ist für seine Gefühle wie Stolz und Freude. Diese gesunde Balance lässt jede konstruktive Kritik viel besser wirken, da der Mensch gute News gern wieder hören möchte.

## ERFOLGE SIND IMMER EIN PRODUKT DES TEAMS

Der Leader, der »seine« Erfolge immer wieder kommuniziert (gegenüber Team und Vorgesetzten), ist schwach. Nimm dich selbst raus. Alle wissen, dass du der Leader bist, du musst es nicht noch mal erzählen. Und natürlich hast du viele Big Points gemacht, das ist dein Job. Aber viel wichtiger ist dein Job als Vorbild. Als Leader führst du nicht nur ein Team, du führst neue Leader an ihre Rolle als Kapitän heran. Sie sollen so werden, wie du bist. Leader bauen Menschen auf, ohne dafür einen Applaus hören zu wollen. Der Applaus ist der Erfolg, den das Team einfährt, wenn vorn die Buden gemacht werden, weil du im Mittelfeld die wichtigen Pässe verteilt hast. Lass die Jungs jubeln und tanzen, wenn die Tore fallen, und freu dich im Stillen über den Scheinwerfer, den du auf sie richten konntest. Sei ein Spielmacher und Spiele-Spieler, und dein Team und das ganze Stadion wird dich dafür lieben.

## SEI EIN ARCHITEKT DER KOLLABORATION

Verbinde Räume, Etagen, Gebäude und Flügel. Entwirf Treppen und Gänge, Türen und Tore. Schaff Zugänge und Aufzüge, Keller und Speicher. Deine Entwürfe sind offen, weitläufig, durchdacht und wunderschön. Du verbindest Menschen und Emotionen, Talente und Fähigkeiten. Du schaffst Brücken und Tunnel. Du führst Hände zusammen, die sich finden müssen, baust unzerstörbar stabil und himmelhoch hinaus. Deine Gebäude stehen in Hunderten von Jahren noch, weil sie aufgebaut sind auf den Prinzipien eines echten Leaders. Auf einem stabilen Fundament stehend bilden die Träger und Säulen deiner Kunst ein komplexes und doch so simples Gewölbe aus Stärke und Synergie. Dein Team ist deine Kathedrale.

## GELD MACHT DICH NICHT GLÜCKLICHER

Wir kennen alle den alten Spruch: »Geld macht nicht glücklich!« Ich finde, diese Aussage ist problematisch. Geld und finanzielle Unabhängigkeit machen vieles einfacher und ermöglichen Menschen, schöne Dinge zu besitzen und zu erleben. Es ist aber tatsächlich belegt und stellt einen wichtigen Grundstein auf deiner Reise zurück auf den Boden der Tatsachen dar, dass es keine direkte Korrelation zwischen Glück und Geld gibt. Ich würde das sofort unterschreiben, ziehe aber noch einen Kollegen hinzu, um diesen Punkt wirklich unumstößlich fix zu machen!

Das sogenannte Easterlin-Paradox, das 1974 vom Ökonomen Richard Easterlin in seinem Aufsatz *Does Economic Growth Improve the Human Lot?* erstmalig vorgestellt wurde, untersucht genau diesen Zusammenhang: Geld/Glück. Im Rahmen seiner Studie hat Easterlin in verschiedenen Ländern und Kulturen immer wieder untersucht, wie glücklich Menschen waren, die gerade deutlich mehr Geld verdient hatten als sonst üblich (Gehaltserhöhungen, Boni etc.). Die Ergebnisse sind flächendeckend gleich und deutlich: Solange die Grundbedürfnisse der Menschen gestillt sind, bedeutet mehr Geld nicht automatisch mehr Glück.

Menschen passen ihre neuen Einkünfte sehr schnell einem neuen Lebensstandard an, und so sind sie meistens am Ende des Monats genauso blank wie vorher mit weniger Kohle. Mit der Veränderung in der Gehaltsabrechnung kommt meistens auch eine Veränderung im Kaufverhalten. Menschen denken, dass sie Dinge brauchen, um ihren Wohlstand zu kommunizieren – immer im direkten Vergleich mit den Nachbarn. So entstehen Messlatten und Zugzwänge, die ganze Stadtteile (das Villenviertel) in finanzielle Schieflage bringen. Alle müssen die teure Kiste fahren, alle Golf spielen, die Kids auf Privatschulen unterbringen. Nicht jeder kann das, aber es scheint, als müsste es jeder tun.

*[handschriftlich am rechten Rand: falscher Glaubenssatz!]*

Was jetzt passiert, ist eine Verzerrung von Wohlstand und Einkommen. Es geht um den Faktor Wohlstand, der pro verdientem Euro generiert wird. Wir betrachten die Allokation persönlicher Finanzen jetzt im Hinblick auf Produktivität und Effizienz. Meiner Meinung nach ist derjenige wirklich reich (vor allem an Weitblick), der es schafft, sein Einkommen durch langfristige Investitionen optimal zum eigenen Wohlstand zu konvertieren. Das funktioniert aber nur, wenn dir egal ist, was der Nachbar über dein Auto denkt, das du sonst viel zu teuer leasen musst, während du dabei deinen Faktor Einkommen/Wohlstand ins Negative drehst, um reich »auszusehen«. Derjenige, der den Mut hat, sich gegen den Strom zu stellen, ist wirklich frei und gleichzeitig clever!

Die enormen Missverständnisse über das Kaufverhalten wohlhabender Menschen stammen meistens aus den Medien. Reiche Menschen haben teure Sachen. Falsch – sonst wären sie nicht reich! Reiche Menschen sind statistisch erwiesen sparsamer als der Mittelstand, im Hinblick auf den Kosten-Nutzen-Faktor. Das von Millionären am meisten gekaufte Auto heißt nicht Porsche, sondern Toyota, ist nicht neu, sondern alt – viel Auto für wenig Geld, den 20- bis 30-prozentigen Wertverlust nach dem ersten Jahr optimal gehebelt für ein wirklich gutes Geschäft. Man wird nicht aus Glück Millionär, sondern aus bewussten Kaufentscheidungen, die Sinn haben.

*[handschriftlich: Rich Dad!]*

# QUICK TIPP

Ich fahre einen Smart, gekauft als Jahreswagen. Nicht weil es gerade nicht anders geht, sondern weil es gerade wirklich Sinn hat. Günstig in der Anschaffung, im Verbrauch, in der Steuer. Ich finde überall einen Parkplatz und muss nicht die halbe Welt nach Hause fahren, weil ich keinen Platz habe. Mein Auto ist ein Werkzeug, um von A nach B zu kommen, so effizient wie möglich. Wer sein Auto als Statussymbol kauft, um den Nachbarn zu beeindrucken, wird nicht glücklich werden (es gibt immer ein teureres, schnelleres Auto) und unnötig Geld verbrennen. Be smart! Ein Werkzeug muss Sinn haben; wir besetzen auch nicht den Hammer mit Diamanten.

Klarer Vorreiter in der Gruppe dieser Füchse: der Ingenieur. Laut Dr. Thomas Stanley, der in seinem Bombenbuch *Stop Acting Rich* (unbedingt lesen, Amigo) die typischen Mythen über wohlhabende Menschen und ihre in Wahrheit oft sehr bodenständige Art zu wirtschaften darstellt, sind es die smarten Ingenieure, die mit Abstand die gewiefteste und sparsamste Berufsgruppe ausmachen. Es geht hier um eine ganz eigene Art zu denken: analytisch, ergebnis- und problemlösungsorientiert, langfristig abbildbar, nützlich und logisch. Wie in der Konstruktion komplexer Denkprozesse zur Fertigung physischer Gegenstände nutzen Ingenieure immer auch die Gesetze der Natur zum eigenen Vorteil: Sie begegnen dem Markt anti-zyklisch – genial. Versuch das mal! Ich habe meine Snowboardaus-rüstung zum Beispiel im Juli gekauft, für 70 Prozent weniger, als ich im November bezahlt hätte. Urlaube werden früh oder very last minute gebucht, immer außerhalb der Stoßzeiten und an

**ACT SMART!**

Orte, die noch nicht Mainstream sind. Investiere, wenn alle verkaufen, verkaufe, wenn alle kaufen, fahr früher zur Arbeit, um Rushhours zu umgehen, geh am Mittwoch um 12 Uhr mittags zu IKEA. Denk deine Wege im Vorfeld durch und sei da, wo kein anderer ist. Mutig und smart, logisch und kalkuliert – werde der Ingenieur deines Alltags und deiner Finanzplanung!

Materielle Anschaffungen lösen allenfalls einen kurzen Adrenalinkick aus, erfreuen aber niemals nachhaltig, und so wird es immer wichtiger sein, professionelles Leben nicht nach potenziellen monetären Ergebnissen, sondern nach echtem Sinn und wahrer Signifikanz auszurichten. Wenn du dein bestes Leben lebst, bist du glücklich, nicht wenn du mehr Geld verdienst. Steigere deine Wertigkeit, ohne abzuheben, und die finanzielle Unabhängigkeit wird folgen. Aber Geld ohne Sinn ist ein Sturzflug!

# 7. SPRECHEN (JA, VOR DER GRUPPE)

»Es gibt Menschen, die lieber sterben würden, als vor einer Gruppe zu sprechen!« Schon mal gehört? Unglaublich, oder? Da existieren wirklich Menschen, die es vorziehen würden, ihr Leben zu beenden, um dem Vortrag vor einer Gruppe zu entkommen. Falls du dir gerade denkst: »Also, wirklich großen Bock, vor einer Gruppe zu sprechen, habe ich auch nicht«, habe ich eine wichtige Nachricht für dich. Du hältst ein Buch in den Händen, das ich für Menschen geschrieben habe, die etwas ändern wollen, die über sich hinauswachsen wollen, die Ideen generieren möchten und die den Status quo herausfordern wollen. Du gibst dich nicht mit dem zufrieden, was gerade angeboten wird, du willst mehr! Und für den Fall, dass es dieses »Mehr« noch nicht gibt, wirst du es entwickeln und realisieren. Diese Eigenschaft ist ein Geschenk, das du deinem Umfeld schuldig bist. Die Menschen um dich herum müssen es hören, müssen es sehen und wollen von dir abgeholt werden. Solange du dich nicht vor die Gruppe (Sinnbild für die Welt, die dein Geschenk erhalten möchte) stellst und sprichst, tust du dir und deinem Umfeld großes Unrecht. Du verwehrst deinem Umfeld die Möglichkeit, an deinem Geschenk, an deiner Kreativität und an deinem höheren Sinn teilzuhaben. Gleichzeitig nimmst du dir selbst die Chance, dir selbst zu beweisen, wozu du fähig bist.

Stell dir vor, du hättest nie angefangen, Fahrrad zu fahren. Sicherlich kein großes Problem, aber die Schnelligkeit, die Effizienz, der Lernprozess, die

Erfolgserlebnisse und die daraus resultierenden Meter, die du ein Leben lang locker auf deinem Bike machen kannst, würden nicht existieren. Du würdest sie nicht vermissen, weil du nicht wüsstest, auf welches Gefühl du verzichtest, aber ein ganzer Teil deines Lebens würde unbeschrieben bleiben.

Mit dem Sprechen ist es genauso. Natürlich ist es anfangs unangenehm. Das ist für jeden so, auch für mich. Das Adrenalin, das ausgestoßen wird, sobald das Scheinwerferlicht angeht, und der Fokus der ungeteilten Aufmerksamkeit erzeugen Druck, keine Frage. Aber ändere doch einfach mal das Bild. Sag dir nicht: »Oh Mann, der Laden ist voll, alle sind da, ich zittere, ich kriege kaum Luft, alles ist verkrampft, ich kann da nicht raus!« Sag dir vielmehr: »Oh Mann, der Laden ist voll, alle sind da, ich zittere, ich kriege kaum Luft, alles ist verkrampft, jetzt bin ich ready!« Die größte Angst ist dein größtes Wachstum, das kommt, um dich zu holen, geh mit!

**FÜR ALLE, DIE IMMER NOCH UNSICHER SIND, KOMMEN HIER EIN PAAR ERPROBTE TIPPS, DIE AUCH MIR VOR JEDEM GROSSEN VORTRAG UND JEDER SPEECH HELFEN, DIE ICH ZWISCHENDURCH IMMER WIEDER EINMAL FÜR GROSSE FIRMEN ODER SHOWS HALTEN DARF.**

- Angst ist Wachstum. Wenn die Angst am größten ist, bist du ready!
- Vorbereitung ist alles. Jeder, der sagt, dass du da schon irgendwie durchkommst, hat noch nie einen sauberen, dichten Vortrag gehalten. Lern jedes Wort, nimm dir Zeit, sei diszipliniert und freu dich über das Geschenk der Gelassenheit im Chaos der Vorbereitung.
- Baue Brücken! Nutz Schlagwörter, Eselsbrücken, gedankliche Verbindungen, denk in Bildern und Geschichten und versteh deine Inhalte wirklich ganz, damit du deinen Vortrag »zum Leben erwecken« kannst. Es reicht nicht, die Worte zu sprechen. Die Worte müssen fließen, ohne dass du über sie nachdenkst. Werde selbst zum Inhalt, leb die Message, spiel mit der Nachricht und du wirst durch deinen Vortrag fliegen.
- Erzähl Geschichten! Menschen lieben Geschichten, also gib ihnen, was sie lieben. Verpack die komplexesten Zusammenhänge in Geschichten aus dem Leben, in echte Beobachtungen und in Inhalte, die auf die Zuhörer übertragbar sind. Wer sich wiedererkennt, ist Teil der Story, egal um welchen Inhalt es geht.

- Sei echt! Versuch gar nicht erst, auf der Bühne jemand anderes zu sein – das merkt man sofort. Geh raus, sei echt, und die Menschen werden dich dafür lieben!
- Das Publikum ist auf deiner Seite. Jeder im Publikum will, dass du gewinnst. Die Zuhörer haben Respekt vor der Tatsache, dass du da oben stehst und ihnen etwas mitgeben willst (es sind sicher wieder einige dabei, die lieber sterben würden, als mit dir zu tauschen). Das sind deine Fans, allein weil du auf der Bühne stehst. Diese Leute supporten dich: Genieß es und hab keine Angst!
- Connect! Geh vor deinem Vortrag durch die Reihen und stell dich vor, wünsch den Menschen viel Spaß, schau ihnen in die Augen, schüttle Hände! Das nimmt dir und ihnen die Angst, und dein Vortrag wird zu einem entspannten Gespräch unter Freunden. Du hast ja auch kein Problem, vor deiner Familie am Esstisch zu sprechen.
- Gib ihnen etwas mit! Mach dir bewusst, dass jeder im Publikum etwas ganz klar Definierbares aus deinem Vortrag mitnehmen muss: einen Satz, ein Schlüsselwort, eine zentrale Message. Definier dies vorher und platzier es so, dass es unvergesslich wird!
- Ich kann wirklich sagen, dass das Sprechen vor der Gruppe einer der wichtigsten Bausteine in meiner Entwicklung als Mann und als Geschäftsmann gewesen ist. Sich der eigenen Angst zu stellen und sein Geschenk zu teilen ist ein unbeschreibliches Gefühl! Ich wünsche mir dieses Gefühl auch für dich und helfe dir gerne auf deinem Weg zum Sprecher mit meiner Mockridge School of Leadership. **www.matthewmockridge.com**

# 8. AUGEN AUF DIE STRASSE

Schau ganz genau auf die Straße, vor allem wenn du erfolgreich wirst! Wenn du erfolgreich bist (egal ob finanziell, persönlich, beim schwarzen Gürtel in Karate oder sonst irgendwie gut unterwegs), dann denkst du dir jetzt gerade: »Junge, bei mir läuft's! Was willst du mir erzählen?« Genau das: Wenn es läuft, und zwar so richtig, wenn plötzlich alles funktioniert, wenn alles, was du anfasst, zu Gold wird und dir buntes Konfetti auf den Wohlstandsbauch regnet, genau dann wird es total gefährlich! Dann schaust du nicht mehr konzentriert auf die Straße, wenn du mit 200 Stundenkilometern über die Bahn fliegst. Du unterhältst dich, telefonierst, winkst rechts, winkst links, schaust aus dem Fenster, vergisst das wichtige Telefonat, vergisst den Hunger von früher, alles ist super, Musik läuft – und dann knallt's! Aus dem Nichts, ganz plötzlich, keiner hat es kommen sehen, es lief doch alles so gut. Wie oft habe ich diesen Satz gehört, nachdem es so richtig gescheppert hat: »Eigentlich war alles okay, es lief super!« Wenn du richtig erfolgreich bist, wird es richtig gefährlich! Arroganz, Faulheit, Gelassenheit. Du hörst auf zu kämpfen, du hörst auf zu beißen, du bist entspannt.

Augen auf die Straße, vor allem wenn es plötzlich ganz schnell geht. Und das gilt für alle! Für jeden im Unternehmen, für jeden im Team. Vorstände, Geschäftsführer, Inhaber, Manager, Auszubildende, Praktikanten, alle! Bleib hungrig, greif weiterhin nach den Sternen, du musst richtig was wollen, nach wie vor, für etwas stehen, selbst dein Schicksal (und dein Auto) steuern, ganz bewusst, mit einem klaren Ziel, jeden Tag! Augen auf die Straße, vor allem wenn die grüne Welle den Weg so einfach erscheinen lässt. Bleib cool, bleib bescheiden, bleib du selbst! Vergiss niemals, von wo du gestartet bist, und übertrag diesen Gedanken auf alle Bereiche deines Lebens! Greif nach den Sternen im Unternehmen, aber auch in der Familie und in deiner Gemeinde.

Ein Job ist nur ein Job, wenn du dich dazu entscheidest, ihn nur als Job zu sehen. Meine Oma hat immer gesagt: »Jede Arbeit ist nobel, solange du sie mit deinem ganzen Herzen tust!« Schöner Gedanke! Der eigene Anspruch an jede Sekunde auf dem Spielfeld deines Lebens und deines Jobs bestimmt die Erfüllung und den Wert deiner Arbeit, ganz egal was du tust! Mach montagmorgens den Müllmann so, wie Michelangelo malte. Jede Arbeit ist eine Chance, dich den Dingen zu stellen, die dir Angst machen, um zu wachsen. Jede Arbeit ist eine Möglichkeit, deine Werte zu zeigen – deinem Team und deinen Kunden. Egal was du tust, hör niemals auf zu beißen, egal wie erfolgreich du wirst. Denn du bestimmst das Tempo, nicht dein Erfolg! Du kannst vom ersten bis zum letzten Tag deines Lebens Menschen inspirieren, den Hoffnungslosen Hoffnung schenken und all das geben, was in dir steckt. Erfolg ist ein Nebenprodukt, das dir Freiheit schenkt, das dich aber niemals bremsen darf. Jeder Tag, an dem du für deine Arbeit brennst, ist eine Möglichkeit, die Welt zu verändern!

Voller Respekt und sehr vorsichtig will ich dich um etwas bitten, Amigo: Vergiss bitte nie das Feuer des Anfängers, das dich überhaupt erst erfolgreich gemacht hat! Bleib kreativer, besser, schneller und innovativer als alle anderen. Fühl dich niemals sicher, bleib sharp! Das größte Risiko ist ein Leben ohne Risiko. Wenn es besser läuft, dann hör besser zu! Wenn du richtig gut wirst, dann lern mehr! Jeder neue Tag ist eine Möglichkeit, etwas Neues zu lernen und zu wachsen, egal was gestern war. Das Uhrwerk deines Erfolgs dreht sich entgegen den Rädern deines Status: Je erfolgreicher du wirst, desto bescheidener musst du werden.

## 9. WARUM LEADER ALS LETZTE ESSEN

Beim US-Militär gibt es eine fest definierte Reihenfolge, in der gegessen wird: Die Jüngsten essen zuerst und die Obersten essen zuletzt. Der Leader opfert sich symbolisch für das Team auf, damit das Team sich im Feld für ihn aufopfern wird. Der Leader ist der, der den ersten Schritt geht und als Erster ein Opfer bringt. Er lebt selbst das vor, was er von seiner Mannschaft verlangt.

Ich höre und sehe immer wieder das verzerrte Bild des Leaders, der nur seinen Status genießt und ausnutzt – der typische Bösewicht in jedem Film. Die Vorstellung einer Führungskraft, die nicht führt, sondern ausführen lässt, die nicht gibt, sondern nur nimmt, die genießt und nicht teilt, ist in der Realität nicht denkbar. Der »blöde« Chef ist immer entweder die fiebrige Illusion einer kranken Mannschaft oder das Produkt eines wirklich schwachen Leaders. Frust und Respektlosigkeit führen zur schwindenden Daseinsberechtigung eines jeden Leaders, der fälschlicherweise sein Amt bekleidet. Er beschwört diese Emotionen im Team herauf. Jemand, der über »Connections«, Familie oder sonst irgendwie hintenrum ganz oben eingestiegen ist, wird sofort auffallen. Ein Leader bahnt sich seinen Weg nach oben und wird nicht durch die Hintertür nach oben geführt.

**LEADER STELLEN SICH VOR IHRE MANNSCHAFT**

Menschen brauchen Sicherheit. Business ist die Front. Es tobt ein Krieg gegen Konkurrenz, Unsicherheit, Angst und den eigenen Willen. Märkte und Konkurrenten sind unkontrollierbar. Die einzige Kontrolle, die wir haben, ist die Kultur innerhalb unserer Firma, innerhalb unserer Mannschaft. Wenn Menschen sich sicher fühlen, genau wissen, dass der Leader das Beste für das Team will, dass er als Letzter essen wird, nämlich erst dann, wenn alle anderen satt sind, reagieren sie mit Vertrauen und Synergie. Erst dann geben Menschen alles, um gemeinsam die Gefahr und die Unkontrollierbarkeit draußen an der Front zu bewältigen. Angst vor dem Unbekannten braucht immer eine Stütze, einen Leader, der sich aufopfert. Angst vor dem Unbekannten, Angst voreinander und Angst in den eigenen Reihen lässt die stärksten Teams implodieren. Wenn Menschen denken, dass der Leader die

Ergebnisse den Menschen vorziehen wird, wenn sie denken, dass er nur dann als Letzter isst, wenn die Performance gut war, kehrt sich die Synergie zur Überlebensangst um. Menschen wenden Energie dazu auf, sich selbst zu beschützen. Ineffizienz verseucht das Team. Angst korreliert mit Schwäche.

Denk an dich selbst: Wie fühlst du dich bei den Menschen, mit denen du arbeitest? Wenn dir menschlich gegenübergetreten wird, tust du das Gleiche. Wichtiger Punkt: Nur Menschen können menschlich sein, also abstrahiere immer Zahlen und Fakten von Menschen und Emotionen. Für den Leader ist es eine Schlüsselfähigkeit, den Menschen zu sehen. Welche Menschen formen dein Team? Wer sind deine Kunden? Wenn deine Kunden menschlich werden, werden deine Entscheidungen besser und du wirst verantwortlich, ethisch und moralisch sofort um Klassen stärker. Wenn Menschen nichts als Zahlen bleiben, sind deine Entscheidungen schwach. Schwache Leader sehen nie den Menschen. Sie sehen die große Firma, den »bösen« Chef. Wenn du jedoch aufhörst, den Menschen zu sehen, versuchen alle zu schummeln. In einer schwachen Kultur unter schwachen Leadern machen Menschen nicht das Richtige für das Team, sondern das Richtige für sich selbst.

Der Leader, der zuerst isst, sucht den Vorteil für sich. Der Leader, der zuletzt isst, zeigt Vertrauen, Ehrlichkeit, Treue und Empathie. Wenn diese Emotionen im Team ankommen, reagiert das Team mit derselben Emotion. Menschen reagieren ehrlich auf Ehrlichkeit. Menschen reagieren mit Manipulation auf Manipulation. Das ist ein Naturgesetz und ein menschlicher Überlebensdrang. Wer denkt, wenig zu bekommen, geschnitten zu werden, der arbeitet nur noch für sich selbst – jegliche Synergie ist im Keller. Wenn Menschen wenig haben, aber zusammenhalten und die Emotionen gesund sind, helfen sie sich gegenseitig. Andersherum ist es leider schwierig: Wenn Menschen zu viel haben, schwindet die Wertigkeit. Wenn wir viel bekommen, beschützen wir unser Nest. Paradoxerweise ist das die Realität. In den ärmsten Vierteln der Welt, in denen die Emotion gesund ist, helfen sich Menschen gegenseitig. In den reichen Nachbarschaften dieser Welt verstecken sich Menschen hinter hohen Mauern und Alarmsystemen. Sie sind nicht mehr nahbar – physisch und psychisch. Egoismus. Klar gibt es viele sehr wohlhabende Menschen auf der Welt, die viel geben, ohne Zweifel, aber es liegt im Wesen des Menschen, wenig zu teilen und viel zu horten.

Um immer hungrig zu bleiben und sich nicht mit seinem Schatz hinter der egoistischen Verlustangst eines schwachen Leaders einzumauern, gilt es, stets große Visionen zu haben. Egal wie viel wir haben: Wir sollten mehr Hunger haben. Nicht weil wir nicht satt sind, sondern weil das Geschenk, das wir geben müssen, größer ist. Wir können unser Potenzial nicht ungenutzt lassen. Wir stehen immer noch ganz hinten in der Schlange der Essensausgabe, aber die Schlange wird immer länger und die Mannschaft immer hungriger. Der Motor: ein starkes »Warum?«. Es muss eine riesige Vision geben, die über allem steht, auch über jedem Leader. Die Vision muss größer sein als die Mittel, damit sie immer stärker bleibt als der Hunger. Jeder Unternehmer hat am Anfang eine große Vision, sonst nichts. Wenn du erfolgreich wirst, wird die Vision Realität und deine Ziele sind zu klein. Deine Visionen müssen immer größer sein als die Mittel, damit der Weg größer ist als du. Mit diesem Stern über der Front ziehen Kameraden furchtlos in jede Unsicherheit, jeden Tag. Sie wissen: Es geht hier um etwas ganz Besonderes. Wir sind alle Teil dieser Geschichte, wir schreiben sie gemeinsam. Der Stift wird erst dann kurz abgelegt, wenn alle sich stärken im Schutz der Ruhe und der Sicherheit. Aber der Leader isst zuletzt!

# 10. LEADER X FOLLOWER = EXPONENTIELLES WACHSTUM

Nicht jeder Mensch ist ein Leader; die Welt braucht Leader und Follower gleichermaßen. Nur wenn einer folgt, hat es Sinn, dass ein anderer vorausgeht. Follower sind die tragenden Wände des Hauses, unabdingbar wichtig und essenziell. Gute Leader brauchen ebenso gute Follower. Das Produkt aus Leader und Follower ist exponentielles Wachstum, sofern der Leader neue Leader aus den Followern heraus entwickelt und sich die Kraft der Gruppe immer wieder überschlägt!

Leader sehen in ihren Teams mehr als Menschen, sie sehen Potenzial, sie erkennen die Leader von morgen, die ungeschliffenen Rohdiamanten. Kennst du das auch, wenn dir jemand auffällt, der einfach stark ist? Der sich anders bewegt, der aus der Masse heraussticht. Du spürst es sofort: Dieser Mensch hat eine ganz andere Energie. Potenzial erkennen zu können ist eine Gabe, es zu fördern ist ein Geschenk, es über sich hinauszutreiben ist ein Schachzug des Meisters. Gute Leader sehen ein anderes Bild, ein selbstloses Bild. Sie sehen Menschen und Situationen mit ganz anderen Augen. Die Augen eines Helden sehen immer ein anderes Bild als die Augen eines Opfers, auch wenn die Oberfläche identisch zu sein scheint.

### PERSPEKTIVE DES OPFERS

Das Opfer sieht Probleme, erkennt Hindernisse ganz genau, malt sich den Schwierigkeitsgrad aus, versteht das Risiko, ordnet die Gefahr ein, holt sich Bestätigung bei seinem Umfeld und bei der Gesellschaft. Es argumentiert spitzfindig und schlagfertig im Sinne von: »Das funktioniert niemals!« Das Opfer wiegt sich in der Sicherheit der Mehrheit: »Ja, da hast du recht, das kann nicht funktionieren!« Aus der Konvention heraus entsteht eine Bewegung: Alle sehen gleich aus, alle haben dieselben Limitierungen. Die Gesellschaft hängt die Messlatte ganz vorsichtig gerade mal so hoch, dass jeder irgendwie drankommt, ohne sich zu strecken – alles entspannt, jeder kann hier mitspielen.

### PERSPEKTIVE DES HELDEN IM WILDEN WESTEN

Der Held sieht in der Gefahr seine ganz große Chance. Hier geht es nicht um Risikofreude oder Dummheit, sondern um eine Grundeinstellung: Wenn du richtig drücken musst, wächst der Muskel. Bei einer Generation, die sich in Konformität und vermeintliche Sicherheit innerhalb der Struktur und im Schatten der Gruppe hüllt, stapeln sich in den Personalabteilungen und Chefetagen die immer gleichen Bewerbungen von den immer gleichen Gesichtern und den immer wiederkehrenden Geschichten. Eine Herde Schafe wird im Kreis getrieben, wer rausfällt, steht allein da – für den Helden die einzig wahre Position. In einer Herde gibt es eine Richtung, eine Idee, ein Modell: irgendwie mitlaufen. Aber außerhalb der Herde ist der Wilde Westen. Außerhalb der Herde belohnt der steinige Weg, der zum ersten Mal beschritten wird, den mutigen Cowboy mit der endlosen Aussicht auf die schönsten Canyons. Hier siehst du Bilder, die kein

**FANG HEUTE ETWAS AN!**

anderer vor dir gesehen hat. Hier draußen gehen neue Welten auf. Hier draußen werden Helden geboren, deren Geschichten von Furchtlosigkeit und riesigen Erfolgen in den Herden kursieren und die Meute am Laufen halten: Wenn wir uns einfach weiterbewegen, dann muss was passieren, dann schaffen wir das auch. Bewegung gegen Befreiung.

Brich aus der Herde aus und geh in die andere Richtung! Dahin, wo noch niemand war. Mach etwas Neues, setz dich der Gefahr aus, und die Unendlichkeit der Prärie wird dich dazu inspirieren, die Gefahr zu erzwingen. Während die Herde im Kreis läuft, steigst du auf den Berg! Die Aussicht sowohl von unten als auch von oben ist die Perspektive eines Helden. Es geht um den Weg und das Ergebnis, immer wieder.

### PERSPEKTIVE DES HELDEN IM BÜRO

Der Held sieht keinen Schreibtisch, er sieht eine leere Staffelei. Seine Arbeit ist ein unfertiges Meisterwerk. Hier geht es nicht um Geld, hier geht es um die Überzeugung, sein Bestes zu geben! Du wirst wie das Top-1-Prozent belohnt, wenn du das tust, was nur das Top-1-Prozent gewillt ist zu tun. Stolz ist die Stimme in dir, die dir bestätigt, dass du dein Bestes gegeben hast. Diese Stimme lügt nie – sie ist dein Bio-Feedback, die Stimme der Natur, die Stimme deiner Seele, die Herzensstimme. Wenn du nicht alles gibst, was du dieser Welt zu geben hast, wird dein Stolz kommen und versuchen, es sich zu holen, denn er ist hungrig, und das ist gut so. Wenn du es ihm nicht gibst, wendet er sich von dir ab und fängt an, sich von dir zu distanzieren. Solange du deinen Stolz nicht gewähren lässt, solange du nicht auf die Stimme in dir hörst, wird die Distanz zwischen dir und deinem Stolz immer größer und der Schmerz immer intensiver. Die Distanz zwischen dir und deinem Stolz korreliert mit der Intensität deiner inneren Zerrissenheit. Dein Stolz hat immer recht, weiß genau, was du kannst und wozu du fähig bist. Der Kampf zwischen Stolz und Sturheit, zwischen Herz und Kopf, zwischen Leidenschaft und Lethargie tobt jeden Tag. Versprich dir selbst, dass du immer ganz nah bei deinem Stolz bist. Hör auf die Stimme in dir und lass sie dich zu unvorstellbaren Orten und fantastischen Sphären aus Erfüllung und Glück führen. Geh dahin, wo dein Stolz dich hinführt. Nimm die leere Staffelei und male nicht, um fertig zu werden (wir sind nicht im Kunstunterricht der achten Klasse), male, um ein Meisterwerk zu erschaffen! Fang heute etwas an! Mach heute etwas, für das dein zukünftiges Ich dir dankbar sein wird!

### PERSPEKTIVE DES HELDEN IM SPORT

Veränderung ist ungemütlich, Training ist hart, Fähigkeiten zu perfektionieren dauert Jahre. Aber dem Chaos der Hilflosigkeit, der Erschöpfung von Kraft und Wille, folgen immer Klarheit und Segen. Dein 400-Meter-Sprint der Veränderung ist beim Start unangenehm und du bist voller Angst. Nach der Hälfte der Strecke ist er chaotisch und unkontrolliert, aber ein Traum aus Klarheit, Erfüllung und Freiheit, sobald du die Ziellinie überquert hast. Also, lauf einfach weiter!

### PERSPEKTIVE DES HELDEN AM FLIESSBAND

Den ganzen Tag werden wir mit Ablenkung konfrontiert. Das Band des Lebens ist voll und läuft rund um die Uhr auf Hochtouren. Der Blick fürs Wesentliche ist deine Geheimwaffe. Du greifst gezielt zum vollen Fließband, immer wieder, und ziehst dir genau das raus, was du suchst. Ablenkung ist am Fließband des Lebens tödlich! Die Komplexität und Verwirrung, die Lautstärke und Ablenkung, die Versuchung der Alltäglichkeit lassen deinen Blick immer wieder schweifen. Aber der Held bleibt fokussiert und versteht, dass Reduktion und Fokus alles regieren. Ein klarer Blick, ein kurzer Griff: Du bekommst das, was du brauchst, und der übrige Müll läuft einfach an dir vorbei, unbeachtet, unberührt. Deine Augen sehen nur das, was dich weiterbringt, alles andere ist in Bewegung, auf dich zu, an dir vorbei.

### PERSPEKTIVE DES HELDEN AM MORGEN

Nicht der Kaffee weckt dich auf, du weckst dich selbst auf! Helden verstehen den Ursprung ihrer tiefsten Energie. Tief in dir ruht die Kraft, alles anzuschieben, alles loszutreten und jeden Sieg zu feiern! Kein äußerer Einfluss kann das Level an Kraft auf dich übertragen, das du dir selbst schenken kannst. Echte Kraft kommt von innen, niemals von außen! Keine Droge, kein Umfeld, keine Sonne oder Person wird in dir das auslösen können, was du selbst in dir entfalten kannst. Wenn du dich dazu entscheidest, dich selbst aufzuwecken, selbst den ersten Schritt zu gehen, selbst die Energie aufzubringen, belohnt dich dein Stolz sofort mit folgenden Gefühlen: Noch mehr Motivation wird in dir entstehen und dich dazu antreiben, wieder neue Energie in dir zu entwickeln, die wiederum zu mehr Motivation führt. Du bist jetzt im endlosen Energie-Motivations-Zyklus und kannst alles erreichen, was du willst. Erhöhtes Selbstbewusstsein macht dich jetzt noch stärker! Mental und körperlich verändert sich dein ganzes Wesen und mit jedem neuen Tag steigst du höher auf der Spirale aus Energie und Vertrauen!

## PERSPEKTIVE DES HELDEN IM TEAM

Helden wissen ganz genau: Aktion ist alles. Ein guter Plan in diesem Augenblick ist besser als ein genialer Plan in zwei Monaten, wenn es zu spät ist. Nicht die Großen fressen die Kleinen, sondern die Schnellen fressen die Langsamen. Gib Gas und zeig Aktion! Je größer deine Ziele sind, desto wichtiger wird das Team. Teamwork makes the dream work! Iss lieber weniger von einem großen Kuchen als alles von einem kleinen. Nicht nur wird der große besser schmecken, sondern die Freude und Erfüllung des gemeinsamen Essens und Teilens mit dem Team stellt jedes andere Dessert komplett in den Schatten. Beeinflusse dein Team durch dein gutes Vorbild und führe jeden Einzelnen zum Erfolg. Der Held macht den Schwächeren zum Helden und tritt selbst aus dem Scheinwerferlicht zurück. Der Held labert nicht viel rum, sondern lässt Taten sprechen. Im Team des Helden kann jeder ein Held sein, der wirklich etwas bewegt. Auch wenn Teammitglieder Fehler machen, ist der Held zufrieden, denn der einzige Fehler im Team des Helden ist der Fehler, etwas nicht zu versuchen.

## PERSPEKTIVE DES HELDEN IM FREUNDESKREIS

Helden umgeben sich mit anderen Helden, die sie inspirieren, weiterbringen, fordern und fördern, pushen und ihnen helfen! Helden haben immer auch eigene Helden, zu denen sie aufschauen und deren Routinen, Einstellungen, Ideen und Lebenswege sie »emulieren«. Helden wissen, dass sie jeden Tag dazulernen müssen. Der Held sieht sofort, ob Dinge ihn weiterbringen oder bremsen. Die Perspektive des großen Bildes, der langen Reise und des wichtigen Weges prägt den Fokus des Helden. Er sieht das Finale schon in der Vorrunde, den Sieg schon ab der ersten Minute. Es geht nicht um die einzelnen Spielzüge, nicht um die Ballverluste oder Gegentore, es geht um den Sieg am Ende! Der Held verliert diesen Sieg niemals aus den Augen. Helden kreieren Welten, die inspirieren und dabei helfen, Weltklasse-Leistungen abzuliefern, jedes Mal. Helden geben mehr, als sie bekommen wollen. Sie entwickeln Werte für möglichst viele Menschen. Die Frage des Helden lautet: »Wie kann ich einer Million Menschen helfen?«, nicht: »Wie kann ich eine Million Euro bekommen?« Geben ist der Beginn eines Automatismus, der dafür sorgt, dass du etwas bekommst. Nur wer gibt, bekommt auch etwas zurück!

## PERSPEKTIVE DES TRAURIGEN

Menschen essen giftige Nahrungsmittel, weil sie so viel tiefen Schmerz und so viel Zerrissenheit in sich spüren, dass die Erfüllung und die Betäubung durch ungesunde Nahrung ihr einziger Trost sind. Aus diesem augenblicklichen Trost wird ein Muster, ein Ritual. Der Trost wird zum Lebensmodell, der Körper vergiftet, das eigene Glück und der eigene Stolz weichen in immer weitere Ferne und das erneute Verlangen nach Trost wird immer größer. Ein Teufelskreis aus Enttäuschung und falschem Trost führt zu noch mehr Trauer und schiebt eine endlose Negativspirale an, die dich in den tiefen Keller deines persönlichen Unglücks führt, der mit jedem Tag schwerer zu verlassen wird.

Dein potenzielles bestes Leben sieht jeden Tag dabei zu, wie du mit dem Geschenk eines neuen Tages umgehst, und wird tief gebrochen. Selbst wenn du vergessen oder verstecken willst, was du jeden Tag tust: Dein bestes Leben sieht alles und weint jede Träne mit. Die Wurzel von echtem Unglück liegt im Verrat an deiner Authentizität, die dich an unvorstellbare Orte hätte führen können. Zurückzuschauen und nicht zu wissen, was du hättest sein können, ist der ultimative Schmerz.

Warum essen Menschen ungesund, warum machen sie sich über andere lustig, warum sind sie missgünstig und warum sind sie schadenfroh? Weil sie Schmerzen haben. Den Schmerz über die Entfernung zwischen Potenzial und Realität. Den Schmerz über die Entfernung zwischen Plan und Errungenschaft. Und die Momente, in denen diese Menschen aus ihrem Schmerz ausbrechen können, sind die Momente, in denen sie sich über andere erheben – körperlich oder verbal. Das sind die Momente, in denen sie maßlos leben, zu viel essen, zu viel trinken, zu viele Drogen nehmen, zu viel Sex »konsumieren«, die Momente, in denen sie ihre Schmerzen kurz vergessen, »high« sind von Adrenalin und Macht. Für einen kurzen Augenblick sind sie unbesiegbar, weil sie die Kontrolle haben. Aber in Wahrheit übertragen sie jegliche Kontrolle an die Suchtmittel ihrer Wahl und stürzen Hals über Kopf in eine Abhängigkeit, denn am nächsten Morgen beginnt das Spiel von vorn – das Schiedsgericht ist dein Gewissen.

In einem solchen Zustand siehst du die Welt nicht, wie sie ist, sondern du siehst die Welt durch die Brille deiner Philosophie. Du siehst die Welt aus der Perspektive, der du Glauben schenkst, und aus der Perspektive, die deine Umwelt dir anbietet. Wenn deine Eltern, die Nachrichten, deine Freunde, dein Chef oder Lehrer, die Zeitung und der Glaube der Gesellschaft dir eine Perspektive der Mittelmäßigkeit anbieten und du ihr Glauben schenkst, wirst du: mittelmäßig! Ganz einfach. Jeder Mensch sieht die Welt ein bisschen anders. Jede Perspektive fokussiert andere Elemente, jede Geschichte ist anders und wirft ein anderes Licht auf jede Szene deiner ganz eigenen Welt. Versuch nicht, die Welt zu ändern, ändere deine Perspektive, ändere deine Geschichte, steuere deinen eigenen Lichtwechsel, und deine Welt verändert sich sofort! Nicht das zu haben, was du willst, heißt nicht, dass du nicht fähig wärst, es zu bekommen, aber es heißt, dass deine Geschichte und deine Perspektive dir suggerieren, dass du es nicht verdient hättest, es für dich unerreichbar wäre oder dass du es dir nicht leisten könntest!

Gute Nachrichten: Du bezahlst mit einer Währung, die du selbst drucken kannst. Die Währung, in der abgerechnet wird, bestimmst du ganz allein! Die Kosten des Glücks sind dein ganz eigener Input. Wie viel bist du bereit zu geben? Wie viel bist du bereit zu trainieren? Du kannst den scheinbar unbezahlbaren Preis des Glücks immer bezahlen, denn du wirst reich, wenn du Gas gibst. Du wirst reich, wenn du fokussiert die wenigen Dinge machst, die essenziell sind für deinen Erfolg. Du weißt genau, was du tun musst (Gewinner-Routine): Tu es und du wirst reich an Glück. Tu es nicht und dein Glückskonto wird überzogen, tief ins Minus gerissen. Du zahlst zu wenig ein und hebst zu viel ab. So kannst du nicht existieren!

In dem Moment, in dem dein Mut, deine Arbeit, dein Wille und dein Biss weniger wiegen als das, was du dir nimmst, um glücklich zu sein, bist du emotional insolvent. Zahl immer ein auf das Konto des Glücks, jeden Tag, und nimm dir erst etwas davon, wenn du es wirklich verdient hast. Ohne Abkürzung! Opfer wollen immer alles schneller, besser und mit möglichst wenig Aufwand haben. Wo ist die Geduld? Der Traum von der Glückspille ist ein Märchen! Ohne Input gibt es keinen Output. Jeder sieht das Resultat, aber keiner sieht den Weg. Jeder will den Marathon überspringen und trotzdem die Medaille gewinnen. Das kann nicht funktionieren!

# TEAMWORK MAKES THE DREAM WORK!

# Nachwort

Congrats, Amigo!

Wenn du diese Zeilen liest, möchte ich ganz deutlich machen, wie sehr ich dich respektiere und schätze: Ich bin ein Fan von dir! Menschen lesen Bücher (wenn überhaupt) nur zu Teilen, fangen an, hören wieder auf und ziehen es einfach nicht bis zum Ende durch, wie so viele Dinge im Leben. Der Weg des geringsten Widerstands wird zur Standardstrecke, und ein Standardleben wird zum Alltag.

Dinge durchzuziehen ist der heilige Gral, das einzige Geheimnis des Lebens und der große Unterschied. Wenn die Augen bereit sind für deine Brillanz, sehen sie plötzlich Dinge, die vorher unsichtbar waren – dieser Zeitpunkt ist jetzt gekommen. Menschen sind fasziniert von Ergebnissen, nicht von Prozessen. Sie sehen nicht die ganze Wahrheit. Es geht um das Tor, nicht um die 89 Minuten davor, den tollen Körper, nicht das jahrelange Training, den großen Firmenverkauf, nicht den steinigen Weg. Warum funktionieren immer wieder halbseidene Investment-Betrügereien, »Get rich quick«-Scamming-Machenschaften, Glücksspiel und Lotto? Ergebnisse, nicht Prozesse! Seit es Menschen gibt, faszinieren schneller Reichtum und Erfolg – eben nur das Ziel, nicht die Reise!

Jetzt, da deine Augen bereit sind, da du dieses Buch komplett abgeschlossen hast, die Reise auf dich genommen hast, den Prozess respektiert und gegen die Quote und den Mainstream etwas durchgezogen hast, wirst du verstehen, worum es in diesem Buch die ganze Zeit ging: um den Prozess! Es geht auf jeder einzelnen Seite dieses Buches darum, ein Leben zu entwickeln, das auf starken Prozessen basiert, auf einem unerschütterlichen Fundament, auf Werten und auf deiner einzigartigen Reise! Wenn du das wirklich verstehst, dann verspreche ich dir etwas: Du musst dir nie wieder Sorgen um deine Ergebnisse machen! Sie werden deine größten Träume übertreffen!

Dieses Buch verspricht ein Ergebnis! Schau dir nur mal den Titel an. An der Oberfläche ging es bei unserer Verabredung nur um das Ergebnis – die große Idee. Warum? Weil Menschen Ergebnisse wollen. Dieser Titel maximiert die Anzahl der Hände, in die dieses Buch fallen wird – meine Chance, möglichst vielen Menschen, die Ergebnisse wollen, von der Wichtigkeit des Prozesses zu erzählen. Ein Buch über den Prozess, über Gedanken, die echten Erfolg und wahres Glück überhaupt erst möglich machen, eingekleidet in attraktive, schnelle Ergebnisse.

Es ist mein größtes Ziel und ein echter Wunsch, dass du diese Zeilen liest und den großen Kreis verstehst, den dieses Buch jetzt schließt. Der Weg, jeder neue Schritt, jede neue Sekunde, in der du dich für dein bestes, authentisches Leben entscheidest – das ist die alles entscheidende Idee!

Wenn du das verstehst und den Wert dieser Reise spürst, dann mach es wie ich: Nutz die Kraft dieses Buchtitels – den großen Weg, versteckt im schnellen Ergebnis. Verschenk dieses Buch an jemanden, der es verstehen wird, der es braucht, der es wissen muss! Verschenk dieses Buch an jemanden, der dir dafür ehrlich dankbar sein wird, weil du wirklich an diese Person und ihren Weg geglaubt hast!

Ich hoffe, du blickst immer mit einem Lächeln, mit Stolz und mit Freude zurück auf die Stunden, die wir beide zusammen mit diesem Buch verbracht haben – ich tue es jeden Tag!

Ich wünsche dir von tiefstem Herzen nur das Beste, respektiere dich und bedanke mich ehrlich für dein Vertrauen!

Ich würde mich wirklich freuen, von dir und deinem Weg zu hören! Schreib mir gerne unter: www.matthewmockridge.com/hey.

DANKE,

DEIN FAN MATTHEW

# Thank you!

Unglaublich! Während ich diese Zeilen schreibe, erfüllt mich ein tiefes Gefühl der Freude und des Stolzes – ich trage ein breites, ehrliches Lächeln im Gesicht. Mein erstes Buch ist fertig! Ein Herzensprojekt, das mich über zwei Jahre lang täglich begleitet hat. Auch wenn nur mein Name auf dem Cover steht, gibt es einige Menschen, ohne die dieses Buch niemals geschrieben worden wäre. Diesen Menschen möchte ich gern hiermit meinen ganz besonderen Dank aussprechen ...

### AN MEINE FAMILIE

Mama, you're the perfect fan und du hast immer recht! Dad, thanks for being my role model and showing me great footsteps to follow. Babicka, ti volio tanto bene! Nicky – tiger with the purest heart, thanks for being my big brother! Luki, you amaze me every day, thanks for lending your unbelievable story to this book! Lenny – Nosi, you have a true gift and watching you live your love for music is an inspiration to us all. You are the only person I know (beside Dad), who knew, what he wanted so early in life and went and got it! Jeremy, you are exactly where you need to be, feels great to know that my special brother is in such a special place, enjoy every second! Liam, you are one of the happiest people I know – vergiss nie, wie das funktioniert!

### AN MEINE DREI BESTEN FREUNDE

Flo, deine unvergleichbare Gabe ist in jedem Artwork dieses Buches zu sehen, danke. Deine Visionen verleihen unseren verrückten Ideen immer wieder ihre unvergleichlichen Gesichter. Deine unerschütterliche Prinzipientreue und deine Liebe zu unserer Gemeinschaft freut und inspiriert mich jeden Tag – du bist für mich ein echter Künstler.

Sigga, dein Fleiß, deine klaren Gedanken und deine Rationalität sind die tragenden Mauern in diesem besonderen Haus, das wir alle zusammen jeden Tag weiter aufbauen dürfen. Du trägst eine Kombination aus Klarheit und Liebe in dir, die mich ehrlich beeindruckt, wirklich fasziniert und mir immer ein Gefühl von Sicherheit schenkt – danke.

David, ein Blick genügt, wir verstehen uns blind. Selbst jede stille Sekunde zwischen uns kann sprechen und erzählt von so vielen unvergesslichen, gemeinsamen Momenten. Die härtesten Tage dieser verrückten Reise hast du an der Front gekämpft, wie es kein anderer von uns hätte tun können – thank you!

Flo, Sigga, David: Ich schätze und respektiere jeden Einzelnen von euch als Mann und Partner so sehr und bin ehrlich stolz darauf, euch meine Freunde und Partner nennen zu dürfen. Ich bin jeden Tag von Herzen froh und richtig glücklich über das, was wir zusammen haben. Ich freue mich auf jeden neuen Tag mit euch und bin immer für euch da!

Vielen Dank an meinen Buddy Dr. Stefan Frädrich – lieber Stefan, deine offenen Arme haben diesen Stein erst ins Rollen gebracht!

### AN DEN GABAL VERLAG

Vielen Dank an das ganze Team für eure Hilfe und die tolle Zusammenarbeit! Liebe Ute, du bist mein »Partner in Crime«, we did it – danke für dein Vertrauen!

### AN DICH

Aus tiefstem Herzen möchte ich zuallerletzt dir danken! Du hältst dieses Buch in den Händen und machst das alles hier möglich! Nur durch dein Interesse, deine Wissbegier, dein Wachstum, deine Freude am Lernen und durch diesen Moment habe ich die Chance, meine Geschichte und meine Gedanken zu teilen, um dir und anderen Menschen zu helfen, deine und ihre Träume zu verwirklichen – dafür bin ich dir ewig dankbar!

LOVE,
MATTHEW

# Über den Autor

**MATTHEW MOCKRIDGE** studierte in den USA International Business und Management. Er ist Jungunternehmer, Autor und Speaker. Als Spross der Schauspieler und Protagonisten der Fernsehserie *Die Mockridges* Bill Mockridge (Erich Schiller, *Lindenstraße*) und Margie Kinsky wächst Matthew in einer etwas anderen Familie auf. Als Bruder von Comedy-Superstar Luke Mockridge, Regisseur Nick Mockridge, Kinoschauspieler Jeremy Mockridge, Musiker Leonardo Mockridge und DJ Liam Mockridge landete Matthew natürlich auch im Unterhaltungsgeschäft. Mit seiner revolutionären Event-Idee NEONSPLASH – Paint-Party® platzierte er einen internationalen Party-Superhit, der schon in über 60 Städten mehrere Hunderttausend Gäste begeisterte! Der Jungunternehmer wurde damit in der internationalen Live-Entertainment-Szene über Nacht berühmt.

»Eine filmreife Jungunternehmer-Geschichte!«
ALEX JUST, PRO7 TAFF

# LITERATUR

**Amabile, Teresa:** Creativity In Context: Update to the »Social Psychology of Creativity«. Westview Press: Boulder/USA 1996

**Berggruen, Nicolas; Gardels, Nathan:** Klug regieren. Politik für das 21. Jahrhundert. Verlag Herder: Freiburg 2013

**Burkus, David:** The Myths of Creativity. The Truth About How Innovative Companies and People Generate Great Ideas. Jossey-Bass: San Francisco/USA 2013

**Collins, Jim:** Good to Great. Why Some Companies Make the Leap … and Others Don't. HarperBusiness: New York/USA 2001

**DeMarco, MJ:** The Millionaire Fastlane. Crack the Code to Wealth and Live Rich for a Lifetime. Viperion Publishing Corporation: Phoenix/USA 2011

**Easterlin, Richard:** Does Economic Growth Improve the Human Lot? Some Empirical Evidence. In: David, Paul A.; Reder, Melvin W. (Hrsg.): Nations and Households in Economic Growth: Essays in Honor of Moses Abramovitz. Academic Press: New York/USA 1974, S. 89–125

**Gladwell, Malcolm:** Der Tipping Point. Wie kleine Dinge Großes bewirken können. Berlin Verlag: Berlin 2000

**Godin, Seth:** The Dip. A Little Book That Teaches You When to Quit (and When to Stick). Penguin: New York/USA 2007

**Karim, Ibrahim:** Back to a Future for Mankind. CreateSpace: North Charleston/USA 2010

**Kirchner, Steffen:** Totmotiviert? Das Ende der Motivationslügen und was Menschen wirklich antreibt. GABAL Verlag: Offenbach 2015

**Masterson, Michael:** Ready, Fire, Aim. Zero to 100 Million in No Time Flat. Pearson Education: Upper Saddle River 2008

**McGonigal, Jane:** SuperBetter. A Revolutionary Approach to Getting Stronger, Happier, Braver and More Resilient – Powered by the Science of Games. Penguin Press: New York/USA 2015

**Mohr, Tara:** Playing Big. Find Your Voice, Your Mission, Your Message. Avery Publishing: New York/USA 2014

**Stanley, Thomas J.:** Stop Acting Rich … and Start Living Like a Real Millionaire. John Wiley & Sons: Hoboken 2009

**Thiel, Peter; Masters, Blake:** Zero to One. Wie Innovation unsere Gesellschaft rettet. Campus Verlag: Frankfurt 2014

# BILDNACHWEISE